中华全国总工会职业教育与产业工人技能提升研究项目
教育部职业院校数字化转型行动研究项目
校级人工智能与职业教育研究项目

人工智能——

技术技能、职业教育与产业工人的发展

殷锋社 郝 平 编著

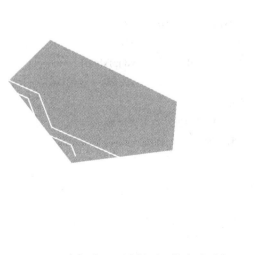

西安电子科技大学出版社

内 容 简 介

本书从人工智能这一颠覆性技术的前世今生说起，对我国人工智能发展历程、人工智能应用领域以及人工智能对社会经济的影响进行了梳理，深入探讨了人工智能背景下实体经济、产业工人、技术技能、职业教育等相关领域交叉融合的关系以及面临的挑战与对策，提出了智能化进程中技术技能、职业教育与产业工人的发展互动路径。

全书共七章，具体为：人工智能大爆炸，实体经济高质量发展，技术技能与产业工人的发展，职业教育与产业工人的发展，人工智能时代技术技能、职业教育与产业工人的发展，产业工人队伍发展演化——技术技能、职业教育与产业工人的发展互动，人工智能时代产业工人队伍改革发展面临的挑战及对策。

希望本书能够为政府部门、国有大中型企业、职业院校等各单位/各职能部门进一步了解人工智能及其背景下的技术技能、职业教育与产业工人的协同发展问题提供有效的帮助。

图书在版编目(CIP)数据

人工智能：技术技能、职业教育与产业工人的发展 / 殷锋社，郝平编著. --西安：西安电子科技大学出版社，2023.12
ISBN 978-7-5606-7107-9

Ⅰ. ①人…　Ⅱ. ①殷…　②郝…　Ⅲ. ①人工智能　Ⅳ. ①TP18

中国国家版本馆 CIP 数据核字(2023)第 221415 号

策　　划　李惠萍
责任编辑　李惠萍
出版发行　西安电子科技大学出版社(西安市太白南路 2 号)
电　　话　(029)88202421　88201467　　　邮　　编　710071
网　　址　www.xduph.com　　　　　　　电子邮箱　xdupfxb001@163.com
经　　销　新华书店
印刷单位　陕西天意印务有限责任公司
版　　次　2023 年 12 月第 1 版　　2023 年 12 月第 1 次印刷
开　　本　787 毫米×960 毫米　1/16　印　张　16
字　　数　317 千字
定　　价　41.00 元
ISBN 978-7-5606-7107-9 / TP

XDUP 7409001-1

如有印装问题可调换

中国已经踏上了实现第二个百年奋斗目标的新征程。为实现全面建成社会主义现代化强国，以中国式现代化全面推进中华民族伟大复兴，迫切需要培养大批高素质高技能型人才。习近平总书记强调：人工智能是引领这一轮科技革命和产业变革的战略性技术，具有溢出带动性很强的"头雁"效应。习近平总书记亲自谋划和部署了产业工人队伍建设重大改革，同时对职业教育工作作出重要指示。在新一轮科技革命、产业变革、产业工人队伍建设和职业教育改革的历史进程中，人工智能将扮演重要的角色。

面对百年未有之大变局，人工智能作为新一轮产业变革的核心驱动力，为我国供给侧结构性改革下的"新常态"经济发展注入了新动能，人工智能将成为新的重要经济增长点，为我国跻身创新型国家前列和经济强国奠定重要基础。为此，国家相继出台了《新一代人工智能发展规划》《新时期产业工人队伍建设改革方案》《关于推动现代职业教育高质量发展的意见》。这些文件提到，在人工智能引领下的第四次工业革命背景下，需要通过完善职业教育体系促进产业工人队伍建设。新一代人工智能不仅催生了新技术新产业，而且其与现有产业的深度融合也将改变甚至重塑传统行业，并深刻地影响着现有产业工人队伍的改革和职业教育体系的构建。随着人工智能与产业领域的互动不断深入与扩大，先进技术、复杂装备在生产过程中被广泛运用，产业行业对劳动者的技能要求不断提高，使得高技能型人才短缺的问题日益凸显。因此，探索人工智能、产业工人与高职人才培养之间的关系既有政策支持，又有现实需求，对人工智能时代技术技能、职业教育与产业工人的发展研究意义重大。本书正是为顺应这一趋势而编写的。

本书是陕西工业职业技术学院大数据与人工智能创新团队关于人工智能与职业教育方面的研究成果，是中华全国总工会工会理论研究会(中国特色社会主义工会发展道路研究会)2023年度招标课题"深化职业教育助推产业工人技能提升问题研究(编号：2023-QZYJH-05)"及教育部职业院校数字化转型行动研究课题"'数智化'驱动下高职学生数字素养培育模式构建与实践(KT22049)"的阶段性研究成果。本书也是学院创新团队与西部现代职业教育研究院(陕西(高校)哲学社会科学重点研究基地)、陕西工业职业技术学院西部产教融合研究院进行深度合作的成果，是一次跨学科的尝试。本书首先从人工智能这一颠覆性技术的前世今生说起，对人工智能产业全貌、最新进展和发展趋势进行了清晰的梳理，同时对人工智能给个人、企业、社会以及实体经济带来的机遇与挑战进行了深入分析；然后深入探讨了人工智能背景下职业教育的变革所体现出的融合、创新、跨界、终身化的新特征，探究了智能化进程中如何化解智能化对传统产业工人的冲击，分析了技术技能、职业教育与产业工人的发展互动；最后探讨了人工智能时代产业工人队伍改革发展面临的挑战及对策。

本书共七章，由陕西工业职业技术学院殷锋社、郝平编著，其中殷锋社负责编写第三章、第五章至第七章，郝平负责第一章、第二章、第四章。本书作为人工智能背景下产业工人队伍、职业教育改革方面的系统性读物，以通俗易懂的方式，为大家介绍了人工智能、技术技能、职业教育的方方面面，让不同知识水平的读者都能从中获益。

希望通过本书能够增进人工智能、产业工人队伍、职业教育领域跨学科的思考、交流和探讨。希望本书能够成为政府部门、互联网企业、职业院校等各单位/各职能部门进一步了解人工智能的窗口，能够使广大读者对人工智能有一个清晰的理解，并且帮助相关人员更好地参与到人工智能带来的产业变革这一时代浪潮中。

本书在编著过程中参考了许多论文、教材与专著，在此一并向这些文献的作者表示诚挚的谢意。

由于编著者的水平、专业领域和视野有限，本书很难做到面面俱到，也难免有疏漏或不当之处，敬请广大读者不吝赐教。

作者邮箱：yinfengshe@sxpi.edu.cn。

作 者

2023 年 10 月

目 录 CONTENTS

第一章 人工智能大爆炸

　　世界正处于新一代信息技术驱动发展的重塑时期，人工智能作为重要的技术之一，对整个世界及国家科技发展的影响巨大。为了更好地开启人工智能世界的大门，走进人工智能世界，运用人工智能语言，我们首先要弄清楚何为智能，智能的类型有哪些，人工智能是什么，我国人工智能有哪些发展历程，人工智能应用于哪些领域，人工智能对社会经济有哪些影响等问题。这些问题都是值得我们深入探索的。

1.1 人工智能的定义及前世今生

　　人工智能内涵丰富，演变复杂。古今中外多方学者对智能、人工智能的内涵有不同的见解和定义，在了解人工智能对社会经济发展的影响之前，我们首先来看一下相关概念。有关人工智能的几种定义见表1-1。

表 1-1 人工智能的定义

序号	概 念 内 涵	引 文 来 源
1	人工智能是指用机器去实现所有目前必须借助人类智慧才能实现的任务，其本质是对人类智能的模拟甚至超越，让机器像人类一样感知、思考、行动等。	石健，蒲松涛. AI 新基建 新机遇 新挑战[J]. 互联网经济，2020，(05)：12-17.
2	人工智能的实质是"赋予机器人类智能"，通过赋予机器感知和模拟人类思维的能力，使机器达到甚至超越人类的智能。	张鑫，王明辉. 中国人工智能发展态势及其促进策略[J]. 改革，2019，(09)：31-44.
3	人工智能是研究、开发用于模拟、延伸和扩展人类智能的理论、方法、技术及应用系统的一门新的技术科学。	谢毅梅. 人工智能产业发展态势及政策研究[J]. 发展研究，2018，(09)：91-96.
4	人工智能是通过获取和使用知识而形成的机器学习或深度学习，模仿人类体力和智力能力解决人类社会发展相关问题的计算机科学技术。	耿子恒，汪文祥，郭万福. 人工智能与中国产业高质量发展——基于对产业升级与产业结构优化的实证分析[J]. 宏观经济研究，2021，(12)：38-52+82.

序号	概念内涵	引文来源
5	人工智能是研究如何让计算机执行过去只能由人类执行的智能任务的学科，它以知识为对象，利用计算机模拟人类的智能行为，训练计算机学习人类的学习、判断、决策等行为。	Caiming Z, Yang L. Study on Artificial Intelligence: The State of the Art and Future Prospects[J]. Journal of Industrial Information Integration, Volume 23, September 2021 (prepublish)：391-396.
6	人工智能是用来模拟、延伸和扩展人的智能，感知环境、获取知识并使用知识获得最佳结果的理论、方法、技术及应用的系统。	房超，李正风，薛颖，等. 基于比较分析的人工智能技术创新路径研究[J]. 中国工程科学，2020，22(04): 147-153.

1.1.1 智能概念的前世今生

智能(intelligence)是人类所特有的区别于一般生物的主要特征。智能可以解释为人类感知、学习、理解和思维的能力，通常被解释为"人认识客观事物并运用知识解决实际问题的能力，它往往通过观察、记忆、想象、思维、判断等表现出来"。

"智能"这个概念最早可以追溯到 17 世纪。1666 年，德国科学家莱布尼兹最先从"符号表征"和"逻辑推理"两个思路提出了关于智能的设想：机械推理者[①]。1822—1834 年，查尔斯·巴贝奇(Charies Babbage)发明了"差分机"和"分析机"，一种新的智能实现方法被提出：自动函数演算[②]，该方法体现了早期的计算机编程思想，为之后的人工智能发展提供了理论基础。1849—1864 年，乔治·布尔创立了逻辑代数(又称布尔代数)，奠定了现代智能理论的逻辑基础[③]。1931 年，哥德尔提出的"不完备(全)性定律"为人工智能理论提供了逻辑基础[④]。进入 21 世纪后，相关学科紧密交叉，如神经科学结合计算机科学，原先的知识工程、专家系统不断得到改进。然而目前流行的深度学习、机器学习等都只是从不同的角度解释智能的概念，即将智能的概念分立为若干分离的子系统。我国人工智能学先驱涂序彦教授对于智能的基本观点为"智能"基于"信息"，"智能"寓于"系统"，"系统"基于"物质"、"系统"控于"信息"[⑤]，主要从宏观的角度阐述了智能的含义及实现智能的相关途径。

综上所述，"智能"已从最初的机械推理发展到了如今集"感知-语法-语义-推导-执行"

---

① 齐磊磊. 计算的理念——从机械推理者到元胞自动机再到 3D 打印机[J]. 系统科学学报, 2016(2):14-17.
② 张志群. 计算机先驱者巴贝奇[J]. 自然杂志, 1999, 21(2):116-121.
③ 辛学, 林政鸿. 乔治·布尔(George Boole). 计算机工程与应用[J], 1981(z1):121.
④ Gödel K, Meltzer B, Schlegel R. On Formally Undecidable Propositions of Principia Mathematica and Related Systems [J]. Philosophical Books, 2009, 4(1):17-18.
⑤ 涂序彦. 广义智能系统的概念、模型和类谱[J]. 智能系统学报, 2006, 1(2):7-10.

为一体的系统概念，支撑系统智能的五个关键要素为感知、语法、语义、推导、执行。感知是对信息的收集，语法是对感知信息的规范，语义是对信息的解释，推导是对信息更进一步的认知和理解，执行是实现对信息的控制。随着现代科学技术特别是人工智能的发展，"智能"正日益成为日常交流用语，普通大众、不同人文领域及科技领域的工作者等对该词有不同的理解，人们对智能这个概念的定义争论不息，至今尚无定论。

1.1.2　人工智能概念的前世今生

人工智能(Artificial Intelligence)，英文缩写为 AI，是一门研究和开发用于模拟和拓展人类智能的理论方法和技术手段的新兴科学技术。随着时代的发展，人工智能带来技术变革的期望，也曾经历过产业发展的低谷。这一路，科学家们披荆斩棘、乘风破浪，才有了今天的人工智能产业的繁荣景象。重温那段历史，我们将人工智能从诞生至今分为八个重要阶段，下面对每个阶段的重要事项进行介绍。

- **第一阶段：20 世纪 50 年代，人工智能概念萌芽。**

1946 年 2 月 14 日，第一台电子计算机 ENIAC 在美国诞生(另一说法是 1937—1943 年间开发的阿塔纳索夫-贝瑞计算机为第一台电子计算机，ENIAC 为第二台)。ENIAC 如图 1-1 所示，全称是电子数字积分计算机，最初是作为辅助炮兵计算炮弹轨迹的工具，于 1942 年开始制造，但直到 1945 年停火时还没有完成。1942 年，军方发现了 ENIAC 的大量其他用途，比如用大量真空管构成的集成电路实现氢弹设计的计算功能。

图 1-1　世界上最早的计算机

在这段时间里，科学家们试图弄清楚机器是否具有真正的智能，以及如何区别有意识的人类和无意识的机器。虽然计算机为人工智能的研究提供了必要的技术基础，但是直到

20 世纪 50 年代早期人们才注意到人类智能和机器之间的联系。诺伯特·维纳是美国著名数学家、控制论的创始人，是最早研究反馈理论的科学家。人们最熟悉的反馈控制的例子是自动调温器，它将收集到的房间温度与希望的温度比较，并做出反应——将加热器开大或关小，从而控制环境温度。这项对反馈回路的研究其重要性在于：维纳从理论上指出，一个通信系统总是根据人们的需要传输各种不同内容的信息，一个自动控制系统必须根据周围环境的变化调整自己的运动，具有一定的灵活性和适应性。所有的智能活动都是反馈机制的结果，而反馈机制是有可能用机器模拟的。这项发现对早期 AI 的发展影响很大。

1950 年，图灵发表了一篇题为《计算机器与智能》的划时代的论文，试图去定义什么是机器的智能。文中预言了未来创造出具有真正智能的机器的可能性，并提出了著名的图灵测试：如果一台机器能够与人类展开对话(通过电传设备)，只要有 30%的人类测试者在 5 分钟内无法辨别出其机器身份，那么就称这台机器具有智能。

1955 年，纽厄尔和司马贺(卡内基梅隆大学计算机系创立者)编制了一个名为逻辑专家的程序，这个程序被认为是人工智能应用的开端，是第一个 AI 程序。它把每个问题都总结为一个树形模型，然后通过一些算法，选择最有可能是最终答案的那个树枝来回答问题。逻辑专家的出现是 AI 研究领域的一个重要里程碑。

- **第二阶段：1956 年，人工智能正式诞生。**

人们普遍认为，人工智能的概念第一次真正被提出来，是在 1956 年的达特茅斯会议上，人工智能被定义为："原则上，学习的每个方面或智能的任何特征都能被精确地加以描述，以至于可以制造出一台机器来模拟它；人们将尝试发现如何让机器使用语言，形成抽象的概念，解决目前人类面临的各种问题，并改进人类自己。"[1]被誉为人工智能之父的达特茅斯学院数学系教授约翰·麦卡锡组织召开了一次为期两个月的会议，邀请了对机器智能感兴趣的专家，包括哈佛大学的明斯基(Minsky)、IBM 公司的罗切斯特、贝尔电话实验室的香农、维纳的学生塞弗里奇(模式识别的奠基人)，以及纽厄尔和司马贺。这次会议的召开其实并不成功，但是在会议上首次提出了人工智能的概念，并对自动化计算机如何模拟人脑的高级功能、如何具有语言能力、如何搭建神经元网络、如何计算规模理论、如何自我提升等作出了研究。在这次会议上，集中了人工智能领域的创立者，奠定了人工智能领域的研究基础。2006 年达特茅斯会议当事人重聚，如图 1-2 所示。

"人工智能"作为以智能方式来解决问题的计算机系统，由于是在计算机上运行的，故又被称为"机器智能"(Machine Intelligence)。在人工智能发展的七十多年里，不同学科和不同领域给出了多种不同的"人工智能"的定义，且至今没有权威性定义可将"人工智能"概念进行统一。

---

[1] KAPLAN J. Artificial Intelligence: What Everyone Needs to Know. Oxford: Oxford University Press, 2016: 13.

(左起：特伦查德·摩尔、麦卡锡、明斯基、塞弗里奇、所罗门诺夫)

图 1-2 2006 年达特茅斯会议当事人重聚

在技术领域，尼尔斯·约翰·尼尔森(Nils John Nilsson)将人工智能定义为关于人造物的智能行为，包括知觉、推理、学习、交流和在复杂环境中的行为，并包含了科学和工程的双重目标。[①]中国电子技术标准化研究院在 2018 年的《人工智能标准化白皮书》中也给出了人工智能的定义，即"利用数字计算机或者数字计算机控制的机器模拟、延伸和扩展人的智能，感知环境、获取知识并使用知识获得最佳结果的理论、方法、技术及应用系统"[②]。人工智能的研究不仅是技术领域的专家所要关注的，更需要人文社会科学尤其是哲学领域专家的关注。一定程度上，让哲学与技术联姻，才会推动人工智能技术向良性方向发展。"人工智能的主要设想是，可以用计算机的逻辑运算来模拟人类思考的过程。"[③]

在应用研究领域，对"人工智能"的定义可以从四个维度进行分析，一是开展图灵测试，分析"人工智能"是否能像人一样行动；二是认知建模，分析"人工智能"是否能像人一样思考；三是思维法则，分析"人工智能"是否能像人一样进行推理并解决问题；四是感知能力，分析"人工智能"是否能像人一样进行自主学习。[④]也就是说，智能的呈现不仅可以通过现存的人脑形式来呈现，也可以通过意识、心理能力等方式来展现。

结合学界现有的对"人工智能"的定义，我们将"人工智能"界定为："人工为模拟人

① NILSSON N J. Artificial intelligence：a new synthesis[M].San Francisco:Morgan Kaufmann Publishers，1998:1.
② 中国电子技术标准化研究院.人工智能标准化白皮书[R].北京：中国电子技术标准化研究院，2018:5.
③ 〔英〕多夫·加贝，〔加拿大〕保罗·萨加德，〔英〕约翰·伍兹(原作者)；郭贵春，殷杰(中译本编者).爱思唯尔科学哲学手册：技术与工程科学哲学(下). 张培富，等，译. 北京：北京师范大学出版社，2015.
④ 罗素，诺维格. 人工智能：一种现代的方法. 殷建平，译. 北京：清华大学出版社，2013.

类，智能为智能技术和应用，人工智能即一种模拟人类智慧的技术或应用系统，该技术或者应用可以模拟人类的感知能力、思维能力、交往能力等，在一定应用系统上可以辅助或替代人类智能。

1955 年后，大批科学家开始研究人工智能，卡内基梅隆大学、麻省理工学院、IBM 开始组建人工智能研究中心，并出现了一批显著的成果。1956 年至 1974 年期间的重要工作包括研究通用搜索方法、自然语言处理及机器人处理积木问题等，主要是方法和算法的研究，离实用相差甚远，但是整个行业的乐观情绪让人工智能获得了不少的投资。

- **第三阶段：20 世纪 60 年代后期，人工智能第一次走向低谷。**

20 世纪 60 年代后期到 70 年代末，机器学习的发展步伐几乎停止，人工智能第一次走向低谷。计算机性能的瓶颈、计算机复杂性的增长以及可供学习的知识不足，使得找不到足够的数据库去支撑算法的训练，智能也无从谈起。学者们要求机器对这个世界具有儿童水平的认识，但很快发现这个要求太高了。1970 年没有人能够做出如此巨大的数据库，也没有人知道通过一个程序怎样才能学到如此丰富的信息。很多项目的停滞也影响了资助资金的走向，人工智能进入了长达数年之久的低谷。

- **第四阶段：20 世纪 80 年代，专家系统带领人工智能崛起。**

20 世纪 70 年代，人们发现人工智能不仅要研究解法，还得引入知识，于是专家系统出现了，使人工智能的研究出现了新的高潮。由于当时计算机已有巨大容量，专家系统有可能从数据中得出规律，预测在一定条件下某种解的概率。1972 年，一款用于细菌感染患者血液诊断和治疗的专家系统 MYCIN 研发成功，这个系统是后来专家系统研究的基础，如图 1-3 所示。DENDRAL 化学质谱分析系统、PROSPECTOR 探矿系统、Hearsay-II 语音理解系统等专家系统的研究和开发，将人工智能引向了实用化。

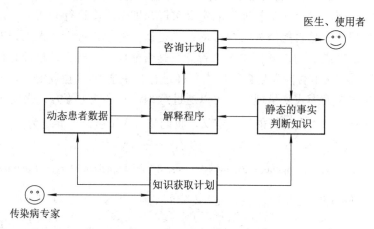

图 1-3　第三代 MYCIN 架构

进入 20 世纪 80 年代后，人工智能的发展更为迅速，并进入了很多商用领域。1986 年，美国和人工智能相关的软硬件销售达到了 4.25 亿美元。诸多大公司引入了专家系统，譬如美国 DEC 公司(数字设备公司)用 XCON 专家系统为 VAX 大型机编程，杜邦、通用汽车和波音公司也进入了专家系统。

- **第五阶段：20 世纪 90 年代初，人工智能的第二次危机。**

20 世纪 90 年代之前，大部分人工智能项目都是靠政府机构的资金资助支撑着其实验和研究工作，经费的走向直接影响着人工智能的发展。80 年代中期，苹果和 IBM 的台式机性能已经超过了运用专家系统的通用型计算机，专家系统的风光随之褪去，人工智能研究再次遭遇经费危机。1987 年之后，虽然研究还在继续，但是人工智能已经很少被提及了。

- **第六阶段：20 世纪 90 年代后期，人工智能强势崛起，IBM 深蓝被世人所知。**

20 世纪 90 年代后期，PC 普及潮使其从学院走入家庭，互联网技术的发展为人工智能的研究带来了新的机遇，人们从单个智能主题研究转向基于网络环境的分布式人工智能研究。专家系统之后，机器学习成为人工智能的焦点，其目的是让机器具备自动学习的能力，通过算法使得机器从大量历史数据中学习规律并对新的样本作出判断、识别或预测。另外，Hopfield 多层神经网络模型的提出，使人工神经网络研究与应用出现了欣欣向荣的景象。在这一阶段，IBM 无疑是 AI 领域的领袖。1996 年深蓝(基于穷举搜索树)战胜了国际象棋世界冠军卡斯帕罗夫成为人工智能发展的标志性事件，如图 1-4 所示。世人大多是通过深蓝获胜事件了解人工智能的。

图 1-4　1996 年 2 月 10 日，深蓝首次挑战国际象棋世界冠军卡斯帕罗夫

- **第七阶段：21 世纪初，深度学习带来人工智能的春天。**

机器学习发展分为两个部分：浅层学习(Shallow Learning)和深度学习(Deep Learning)。浅层学习起源于 20 世纪 20 年代人工神经网络的反向传播算法(Back-propagation)，该算法使得基于统计的机器学习算法大行其道，虽然这时候的人工神经网络算法也被称为多层感知机(Multiple Layer Perception)，但由于多层网络训练困难，所以该算法通常针对的是只有一层隐含层的浅层模型。

深度学习带来了机器学习的第二次浪潮。其实，深度学习并不是新生事物，它是传统神经网络(Neural Network)的发展。人工神经网络研究领域的领军者 Hinton 在 2006 年提出了人工神经网络深度学习算法，使人工神经网络的能力大大提高，向支持向量机发出挑战。Hinton 和他的学生 Salakhutdinov 在顶尖学术刊物 *Science* 上发表了一篇文章，开启了深度学习的研究。这篇文章有两个主要观点：第一，多隐层的人工神经网络具有优异的特征学习能力，学习得到的特征对数据有更本质的刻画，从而有利于可视化或分类；第二，深度神经网络在训练上的难度，可以通过"逐层初始化"(layer-wise pre-training)来有效克服，而逐层初始化是通过无监督学习实现的。

深度学习的概念源于人工神经网络的研究。神经网络和深度学习两者之间有相同的地方，采用了相似的分层结构，而不一样的地方在于深度学习采用了不同的训练机制，具备强大的表达能力。传统神经网络曾经是机器学习领域很火的方向，后来由于参数难以调整和训练速度慢等问题淡出了人们的视野。之后，深度神经网络模型成为人工智能领域的重要前沿阵地，深度学习算法模型也经历了一个快速迭代的周期，Deep Belief Network、Sparse Coding、Recursive Neural Network、Convolutional Neural Network 等各种新的算法模型被不断提出，而其中卷积神经网络(Convolutional Neural Network，CNN)更是成为图像识别领域最炙手可热的算法模型。

深度学习被《麻省理工学院技术评论》杂志列为 2013 年十大突破性技术之首。随着深度学习技术的成熟，人工智能正在逐步从尖端技术慢慢变得普及。大众对人工智能最深刻的认识就是 AlphaGo 和李世石的对弈。AlphaGo 具备了人工智能最关键的深度学习功能。AlphaGo 中有两个深度神经网络——Value Network(价值网络)和 Policy Network(策略网络)。其中 Value Network 评估棋盘选点位置，Policy Network 选择落子。这些神经网络模型可以通过一种新的方法进行训练，即可以学习人类比赛中的棋谱，并在自己和自己下棋(Self-Play)中进行强化学习。也就是说，人工智能的存在，能够让 AlphaGo 的围棋水平在学习中不断上升。人工智能神经网络不断深化，其发展历程如图 1-5 所示。

- **第八阶段：2016 年，五大科技巨头成立地球最强 AI 组织。**

2016 年 9 月 28 日，Google、Facebook、Amazon、IBM 以及 Microsoft 正式宣布成立一个名为 "AI 合作" 的组织(Partnership on AI)，这是一个非营利性的组织。该组织的全名为保障 AI 利于人类社会组织(Partnership on Artificial Intelligence to Benefit People and Society)。AI 合作组织旨在研究和形成人工智能领域最好的技术实践，促进公众对人工智能的理解，并作为一个公开的平台来讨论人工智能本身及其影响，保障人工智能在未来能够安全、透明、合理地发展。

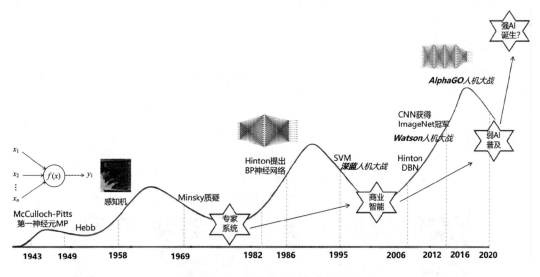

图 1-5　人工智能神经网络发展历程

　　从医疗、教育、制造业、智能家居到交通，人工智能的发展已在各方面提高了人类生活水平。但现如今，人类出现了诸多人工智能威胁论，如著名科学家 Stephen Hawking 和科技大亨 Elon Musk 所提出的，AI 最终将会终结人类。虽然 AI 能否终结人类还只是一个推测，但是微软推出人工智能机器人 Tay 上线不到 24 小时就被教坏，成为一个满嘴脏话的种族主义者，这样的事情让越来越多的人开始担忧，人工智能是否会带来隐患，是否会对人类社会产生一定的危害。为了应对这一点，微软、IBM 等公司已经成立了人工智能伦理咨询委员会。Partnership on AI 在未来的工作重点之一，就是改变 AI 威胁论这一现状。

　　随着大数据、云计算、互联网、物联网等信息技术的发展，泛在感知数据和图形处理器等计算平台推动以深度神经网络为代表的人工智能技术飞速发展，大幅跨越了科学与应用之间的"技术鸿沟"，诸如图像分类、语音识别、知识问答、人机对弈、无人驾驶等人工智能技术实现了技术突破，迎来了爆发式增长新高潮。

1.1.3　人工智能与人的未来

　　人工智能将引发社会、经济、政治和外交政策领域的划时代的变革，这种前景预示着它的影响超出了任何一位学者或单个领域内专家的传统关注范围。事实上，要解决它所带来的问题，需要的知识甚至远超人类已有的经验。人工智能不是一个行业，更不是单一的产品。用战略术语来说，它甚至不是一个"领域"。它是科学研究、教育、制造、物流、运输、国防、执法、政治、广告、艺术、文化等众多行业及人类生活各个方面的赋能者。

人工智能的特点，特别是它的学习、演化和让人大吃一惊的能力，将颠覆和改变所有这些方面。

1. 人工智能势不可挡

智能手机、无人汽车、无人超市、智能手环等悄悄走进了人们的生活，或许你还未感受到智能的存在，可是当你看到你身边的这些智能产品时，你是不是有一点点的触动，人工智能的时代已经到来，如图 1-6 所示。人工智能的发展是时代不可阻挡的趋势，它的应用已然逐步渗透到人们工作、生活领域的各个方面，影响甚至改变我们的行为方式、思维方式和生活方式。与此同时，人们对人工智能的发展和应用始终伴随着充满忧虑的反思，认为它的发展和应用会危及人的生存和发展。可以说，作为当前时代最大的社会现实和不确定因素，人工智能使得人们不得不思考人类未来应该如何发展。

图 1-6　人工智能的时代已经到来

2. 马克思哲学视角下"人的未来"

"人的未来"的问题本质上是关于人类历史发展趋势的问题，也是追问现存社会运行方式的问题。因此，与其说"人工智能将把人的未来带向何处"这类问题的回答取决于对人工智能的理解，不如说取决于对历史和现存社会的理解。而马克思能够实质性地介入这个问题的讨论中，正是因为他的思想如海德格尔所说"深入到历史的本质性维度中去了，因此，马克思主义的历史观优越于其他的历史观"。所以，借助 19 世纪的马克思哲学讨论 21 世纪的人工智能问题，绝不是将人工智能单一地还原为机器、生产力或一般智力等概念，"套入"到马克思的技术哲学中，而是将人工智能视为发展中的社会现实，从马克思提供的历史性原则中考察人工智能作为不同要素对社会生活不同维度的影响，以及它们的相互关系。未来若干年，或许机器人和人类会结合孕育"婴儿"，如图 1-7 所示。

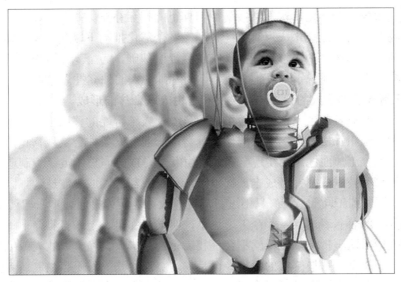

图 1-7　未来若干年或许机器人和人类会结合孕育"婴儿"

正如贝淡宁(Daniel Bell)教授所言，马克思解释了机器在不同经济制度下的使用，如何帮助促进或阻碍了美好生活的实现。马克思也预测了几乎类似于人工智能的先进技术的发展，这些先进技术能促进人类的繁荣。从马克思的哲学出发，我们不难构想人工智能促进美好生活之实现的积极意义，它们构成了马克思路径的四个基本命题，亦即如下四个方面的可能性：

(1) 人工智能有助于异化劳动向自由自觉的劳动的转变。

在关于人工智能发展的诸多"红利"中，最常被学者提及的当属人工智能对人类劳动的解放。因为作为生产力的人工智能带来了生产领域的技术创新，提高了生产效率，使得一系列繁重的、有害的、重复性的劳动的承担者由人变成了人工智能。当人的劳动生产率提高后，人可以拥有更多的可支配时间来从事"自由自觉的劳动"。此外，自由自觉劳动的具体形式已经部分地展现在互联网的各种非营利、分享性质的创作劳动中。这些形式的劳动不是出于"强制"，因而人们便不会"像逃避瘟疫一样"逃避这些确认人的本质性力量的劳动。互联网的发展已经极大地拓宽了人们的想象力与创造力，并且降低了创造的门槛，而人工智能的发展势必拓宽其深度与广度。

(2) 人工智能有助于社会关系朝着人与人之间直接交往的方向发展。

人不是孤立的劳动者，在资本主义生产关系下，人的交往依赖于货币媒介，每个人都是彼此交换的私有者。智能技术的发展使知识与信息等共享性资源在社会生产中日益占据决定性地位。与土地、资本相比，作为新生产要素的"信息、知识的显著特征就在于它具有可共享性"。私有财产占有者的身份一旦转变为信息资源的共享者，人与人之间的交往关系就能摆脱货币媒介的异化，实现直接交往和真正的相互补充。并且，以共享性、公益性为原则的万物互联的智能技术成果有可能超越经济全球化推动下以交换为原则发展起来的交往模式，为马克思所说的"世界交往"的发展提供基础，为全球范围内人的自由联合奠定基础。这样，人类就摆脱了"以物的依赖性为基础的人的独立性"，走向人的自由个性。

(3) 人工智能有助于人的自由全面发展和自由人联合体的形成。

当一个自由职业者在当下已经实现了劳动自由，人工智能的移动平台将为人们学习新的劳动技能和增强相互协作提供更大的便利。自由职业者有条件会实现真正的劳动自由，而且在消除强制分工片面性后会实现全面的自由发展。3D打印技术被赋予制造业"民主化"的期望，一旦这些技术成熟并且成本大幅下降，每个人都可以成为制造者。因此，有人设想"现在我们要回到工匠的世界，只不过我们现在改称他们为'创客'"。于是，马克思关于消灭强制分工的著名表述——"今天干这事，明天干那事，上午打猎，下午捕鱼，傍晚从事畜牧，晚饭后从事批判，这样就不会使我老是一个猎人、渔夫、牧人或批判者"——可能会获得一个更有"科技感"的版本。但是，马克思主张的不是自由制造者们"孤立的单个人的所有制"社会，而是"联合起来的、社会的个人的所有制"社会，个人生产者在自由联合中实现相互补充。自由人的联合体借助人工智能平台超越空间的变革将更有可能以网络空间而非自然地理空间的形式存在，人工智能时代的"公社主义"(Communalism)很可能是一种互联网和物联网基础上的"网络公社"形态。

(4) 人工智能有助于自由人联合体中按需分配原则的确立。

人工智能向更加广泛的共享性发展的潜能，既为劳动和交往的真正共享、相互补充奠定了基础，同时也为分配原则的根本变革奠定了基础。在马克思看来，"消费资料的任何一种分配，都不过是生产条件本身分配的结果，而生产条件的分配则表现了生产方式本身的性质"。因此，当人工智能有助于推动生产领域的劳动和交往方式的变革被确认后，新生产方式基础上的"各尽所能，按需分配"原则也将看到可能性。简言之，如果生产最大限度地成为按需生产，分配方式上的"按需分配"也就是自然而然的了。

"人工智能"与人的未来的形象表现如图1-8所示。

当人工智能推动劳动成为自由自觉劳动的原则确立后，马克思所说的"迫使个人奴隶般地服从分工的情形已经消失，从而脑力劳动和体力劳动的对立也随之消失"，而"劳动已经不仅仅是谋生的手段，而成为人们生活的第一需要"也就满足了；当人工智能推动社会关系走向直接交往的原则确立后，不依赖于物关系的社会关系也就实现了，交往真正成为联合起来的人们的"相互补充"；当人工智能推动人的自由全面发展和自由人联合体的原则确立后，马克思所说的"随着个人的全面发展，他们的生产力也增长起来，而集体财富的一切源泉都充分涌流之后……社会才能在自己的旗帜上写上：各尽所能，按需分配"就成为现实。

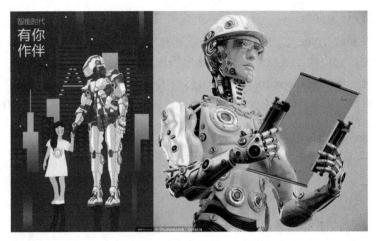

图 1-8 "人工智能"与人的未来

3. 人工智能构成要素

算法、算力和数据是人工智能三大核心要素,如图 1-9 所示。算力为人工智能提供了基本的计算能力的支撑,计算机、芯片等载体为人工智能提供基本的计算能力。算法作为人工智能的核心,是挖掘数据智能的有效方法。海量优质的应用场景数据是训练算法精确性的关键基础。大数据、算力、算法作为输入,只有在实际的场景应用中进行输出,才能体现出其实际的价值。

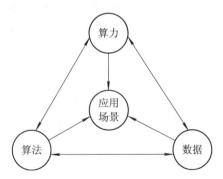

图 1-9 人工智能核心要素构成

算法、算力和数据驱动人工智能不断地向前发展。AI 算法持续突破创新,模型复杂度指数级提升,算法的不断突破创新也持续提升了算法模型的准确率和效率,各类算法加速方案快速发展,并在各个细分领域落地应用,同时不断衍生出新的变种,模型的持续丰富也使得应用场景的适应能力逐步提升。

4. AI 技术成熟度曲线

技术成熟度曲线(Hype Cycle)是用来描述新技术在媒体上的曝光度或可见度随时间变化而变化的曲线，它反映了某项新技术从诞生到逐渐成熟的动态过程，同时也具有对该技术的发展周期进行评估的预测功能。全球信息技术研究和顾问公司 Gartner 发布的 2022 年人工智能技术成熟度曲线(Hype Cycle for Artificial Intelligence, 2022)如图 1-10 所示，此图显示了目前人工智能技术处于快速发展阶段。

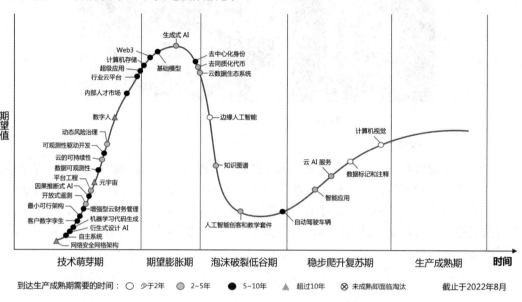

图 1-10　Gartner 2022 年人工智能技术成熟度曲线

该曲线上值得关注的 25 项新兴技术正在推动沉浸式体验的进化和扩展，加快 AI 自动化，并优化"技术人员的交付"。元宇宙、超级应用程序和 Web 3 属于打造进化型沉浸式体验的核心技术。预计生成式 AI 将在 2～5 年内进入成熟期，带来大量的应用机会和商业潜力；生成式 AI 被认为是年度五大影响力技术之一，未来将可能颠覆和改变整个市场；生成式 AI 市场规模将逐渐成为 AI 行业的领头羊，是当下最引人注目的人工智能技术之一。

(1) 不断进化和扩展的沉浸式体验。未来的数字化体验是沉浸式体验。一系列新兴技术通过客户和人员的动态虚拟表示、环境及生态系统以及新的用户互动模式来支持这类体验。借助这些技术，个人可以控制自己的身份和数据，并体验可以与数字化货币相集成的虚拟生态系统。这些技术有助于以新的方式接触客户，从而加强或开辟新的收入来源。

(2) 提供不断进化和扩展的沉浸式体验值得关注的技术。这些技术包括元宇宙、非同质化代币(NFT)、超级应用(SuperAPP)、Web 3、去中心化身份(DCI)、内部人才市场、数字人、数字孪生。

(3) **加快 AI 自动化**。AI 的采用率在提高，成为产品、服务和解决方案不可或缺的一部分。人们正在加快创建专用的 AI 模型，专用的 AI 模型可用于模型开发、训练和部署实现自动化。AI 自动化重新聚焦人类在 AI 开发中扮演的角色，从而能够实现更准确的预测和决策，并能够更快地实现预期效益。

(4) **支持加快 AI 自动化的技术**。这些技术包括自主系统、因果推断式 AI、基础模型、衍生式设计 AI 和机器学习代码生成技术。

(5) **优化技术人员的交付**。这些技术专注于构建数字业务的关键组成部分：产品、服务或解决方案构建者社区(如融合团队)及其使用的平台。这些技术提供反馈和洞察力，优化和加速产品、服务与解决方案的交付，并提高业务运营的可持续性。

(6) **优化技术人员交付的其他关键技术**。这些技术包括增强型敏捷金融、云数据生态系统、云可持续性、计算型存储、网络安全网格架构、数据可观测性、动态风险治理、行业云平台、最小可行架构、可观测性驱动开发、Open Telemetry 和平台工程。

Gartner 预计，到 2025 年，生成式人工智能(AIGC)将占所有生成数据的 10%，而目前这一比例还不到 1%。生成式人工智能作为生成式 AI 的重要子集，也将在未来几年间迎来快速发展，成为人工智能领域不可或缺的组成部分。

1.2 我国人工智能发展历程

由于历史原因，中国人工智能起步较晚，而且走过一段很长的弯路。不过，改革开放以来，中国人工智能逐步走上发展的康庄大道。如今，中国人工智能迎来了发展的春天，正在酝酿一场重大的人工智能变革与创新，必将为中国的现代化建设做出历史性贡献。中国人工智能产业发展如图 1-11 所示。

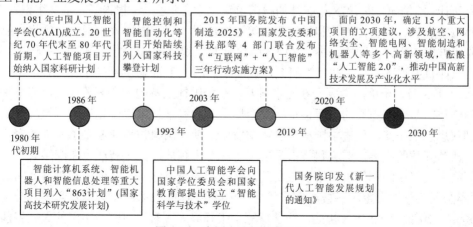

图 1-11　中国人工智能产业发展

1.2.1 迷雾重重艰难起步

20 世纪五六十年代，人工智能在西方国家得到重视和发展，而在苏联却受到批判，被斥为"资产阶级的反动伪科学"。当时，受苏联批判人工智能和控制论(Cybernetics)的影响，中国在 20 世纪 50 年代几乎没有人工智能研究；20 世纪 60 年代后期和 70 年代，虽然苏联解禁了控制论和人工智能的研究，但因中苏关系恶化，中国学术界将苏联的这种解禁斥之为"修正主义"，人工智能研究继续停滞。那时，人工智能在中国要么受到质疑，要么与"特异功能"一起受到批判，被认为是伪科学和修正主义。上海外国自然科学哲学著作编译组所编的《摘译：外国自然科学哲学》第三期(1976 年)刊文称："在批判'图像识别'和'人工智能'研究领域各种反动思潮的斗争中，走自己的道路。"这足见中国人工智能研究迷雾重重的艰难处境。

20 世纪七八十年代，知识工程和专家系统在欧美发达国家得到迅速发展，并取得重大的经济效益。当时中国相关研究处于艰难起步阶段，一些基础性的工作得以开展。第一，派遣留学生出国研究人工智能。自 1980 年起中国派遣大批留学生赴西方发达国家研究现代科技，学习科技新成果，其中包括人工智能和模式识别等学科领域。这些人工智能"海归"专家，已成为中国人工智能研究与开发应用的学术带头人和中坚力量，为发展中国人工智能做出了举足轻重的贡献。第二，成立中国人工智能学会。1981 年 9 月，中国人工智能学会(CAAI)在长沙成立，秦元勋当选第一任理事长。于光远在大会期间主持了一次大型座谈会，讨论有关人工智能的一些认识问题。他指出："人工智能是一门新兴的科学，我们应该积极支持；对所谓'人体特异功能'的研究是一门伪科学，不但不应该支持，而且要坚决反对。"1982 年，中国人工智能学会刊物《人工智能学报》在长沙创刊，成为国内首份人工智能学术刊物。第三，开始人工智能的相关项目研究。一些人工智能相关项目已被纳入国家科研计划。例如，在 1978 年召开的中国自动化学会年会上，报告了光学文字识别系统、手写体数字识别、生物控制论和模糊集合等研究成果，表明中国人工智能在生物控制和模式识别等方向的研究已开始起步。又如，1978 年把"智能模拟"纳入国家研究计划。不过，当时还未能直接提到"人工智能"研究，说明中国的人工智能禁区有待进一步打开。

1978 年 3 月，全国科学大会在北京召开。在华国锋主持的大会开幕式上，邓小平发表了"科学技术是生产力"的重要讲话。大会提出"向科学技术现代化进军"的战略决策，打开解放思想的先河，促进中国科学事业的发展，使中国科技事业迎来了科学的春天。这是中国改革开放的先声，广大科技人员出现了思想大解放，人工智能也在酝酿着进一步的解禁。吴文俊提出的利用机器证明与发现几何定理的新方法——几何定理机器证明，获得 1978 年全国科学大会重大科技成果奖就是一个好的征兆。1978 年全国科学大会会场如图 1-12 所示。20 世纪 80 年代初期，钱学森等主张开展人工智能研究，中国的人工智能研究进一步活跃起来。但是，由于当时社会上把"人工智能"与"特异功能"混为一谈，使中国人工智能走过一段很长的弯路。一方面，包括许多人工智能学者在内的研究者把人工智能与特异功能搅在一起"研究"；另一方面，社会上在批判"特异功能"时将"人工智能"一起进行批判，把两者一并斥为"伪科学"。

图 1-12　1978 年全国科学大会会场

　　在社会科学研究方面，我国学者对人工智能的探索，归根结底是在探索两个问题：人工智能与人的关系，人工智能与人类智能的关系。"机器能否替代人的思维？"马克思主义研究领域的诸多学者对此展开了激烈的讨论，1978 年，陈步首次从马克思主义认识论角度论证了机器不可能比人聪明。1982 年，吴伯田首次从辩证唯物主义的角度说明机器不可能具有思维，因为思维是人脑的机能。此后的大多数学者(范荣宝，1986；姚炜，1990；丁玲珠，卫东，1991；陈凡，程海东，2017；等等)都认为机器不能替代人进行独立思维活动，但他们也充分肯定人工智能在未来社会上的发展具有无限可能性，甚至会随着人类对未知事物的探索而不断优化和帮助人类进行思考。庄忠正认为人工智能是人类本质的对象化，是对人类及其本质的确证和实现。[①]肖峰将机器与人工智能进行对比，发现人工智能和机器在功能使用上、生产用途上以及工作设定程序上具有极高的相似性，坦白来讲，就是机器是由人设定和制造的对人的体力劳动的模拟，帮助人进行重复性工作的后生机械；人工智能是由人制造并且提前设定程序，模仿人的智力进行思考的智慧机械。无论是机器还是人工智能，其本质是从属于人类的社会活动，由人进行设定和制造，帮助人类更好地进行生产生活。但是它们均是难以突破人类思维而进行独立思考的机器，都具有程序化、标准化、机械化的特点。[②]我国学者首先对人工智能的本质进行了探索，明确了人工智能与人的关系以及人工智能与人类智能的关系后，就确定了机器不能完全代替人进行思维这一论点，为后续人工智能的发展奠定了良好基础。

[①] 庄忠正. 人工智能的人学反思：马克思机器观的一种考察[J]. 东南学术, 2019(02):83-88.
[②] 肖峰.《资本论》的机器观对理解人工智能应用的多重启示[J]. 马克思主义研究, 2019(06):48-57+159.

1.2.2　积极探索迎来曙光

20 世纪 80 年代中期，中国的人工智能迎来曙光，开始走上正常的发展道路。国防科工委于 1984 年召开了全国智能计算机及其系统学术讨论会，1985 年又召开了全国首届第五代计算机学术研讨会。1986 年起把智能计算机系统、智能机器人和智能信息处理等重大项目列入国家高技术研究发展计划(863 计划)。形容机器学习的图片如图 1-13 所示。

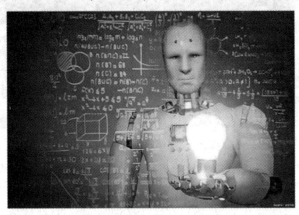

图 1-13　机器学习

1986 年，清华大学校务委员会经过三次讨论后，决定同意在清华大学出版社出版《人工智能及其应用》著作。1987 年 7 月《人工智能及其应用》在清华大学出版社公开出版，成为国内首部具有自主知识产权的人工智能专著。接着，中国首部机器人学和智能控制著作分别于 1988 年和 1990 年问世。1988 年 2 月，主管国家科技工作的国务委员兼国家科委主任宋健亲笔致信蔡自兴，对《人工智能及其应用》的公开出版和人工智能学科给予高度评价，指出该人工智能著作的编著和出版"使这一前沿学科的最精彩的成就迅速与中国读者见面，这对人工智能在中国的传播和发展必定会起到重大的推动作用……我深信，以人工智能和模式识别为带头的这门新学科，将为人类迈进智能自动化时期做出奠基性贡献。"宋健对该书的高度评价，体现出他对发展中国人工智能的关注和对作者的鼓励，对中国人工智能的发展产生了重大和深远的影响。在这封信中宋健还提到："十年前，当我们和钱先生修订工程控制论时，尚无系统参考书可言，只能断断续续介绍一些思路。现在钱先生看到此书，也一定会欣喜万分。"这体现了宋健的谦虚品德，也表现出钱学森当时对人工智能的热烈支持。

1987 年《模式识别与人工智能》杂志创刊。1989 年首次召开了中国人工智能联合会议(CJCAI)，至 2004 年共召开了 8 次。此外，还曾经联合召开过 6 届中国机器人学联合会议。1993 年起，智能控制和智能自动化等项目被列入国家科技攀登计划。1993 年 7 月，宋健应邀为中国人工智能学会智能机器人分会成立题词"人智能则国智,科技强则国强",向成立大会表示祝贺。本题词很好地阐明了人工智能与提高民族素质、增强科技实力和建设现代化强国的辩证关系,也是国家科技领域领导人对中国人工智能事业的有力支持以及对全国人工智能工作者的殷切期望。

1.2.3 政策红利高速发展

人工智能产业政策具有技术创新的根本特征,而技术创新政策是对一国政府为了影响或者改变技术创新的速度、方向和规模而采取的一系列公共政策的总称,其主要目的是通过缩短技术创新从发明到商业应用之间的时滞,加快科学技术成果从潜在生产力向现实生产力的转化。因此,人工智能产业政策就是一个国家的中央或地方政府为人工智能产业全局利益和长远发展而主动对该产业进行各种干预活动的政策总和。人工智能产业政策由理念变为现实必须依靠各种政策工具的设计、搭配与合理运用。2015—2023年中央政府直属机构发布了一系列支持人工智能技术及产业发展政策(如表1-2所示),这对促进我国相关产业发展提供了重要的政策保障。

表 1-2 中央政府直属机构人工智能产业政策

序号	政 策 名 称	发文时间	发文机构
1	《中国制造 2025》	2015.05	国务院
2	《机器人产业发展规划(2016—2020 年)》	2016.03	工信部、发改委、财政部
3	《"互联网+"人工智能三年行动实施方案》	2016.05	发改委、科技部等
4	《新一代人工智能发展规划》	2017.07	国务院
5	《促进新一代人工智能产业发展三年行动计划(2018—2020 年)》	2017.12	工信部
6	《高等学校人工智能创新行动计划》	2018.04	教育部
7	《关于促进人工智能和实体经济深度融合的指导意见》	2019.03	国务院
8	《新一代人工智能治理原则——发展负责任的人工智能》	2019.06	人工智能治理专业委员会
9	《国家新一代人工智能创新发展试验区建设工作指引》	2019.08	科技部
10	《关于"双一流"建设高校促进学科融合加快人工智能领域研究生培养的若干意见》	2020.01	教育部、发改委、财政部
11	《国家新一代人工智能标准体系建设指南》	2020.07	国家标准化管委会、网信办、发改委、科技部、工信部
12	《全国一体化大数据中心协同创新体系算力枢纽实施方案》	2021.05	国家发展改革委、中央网信办、工业和信息化部
13	《数字中国建设整体布局规划》	2023.02	中共中央、国务院

1. 中国人工智能发展迅猛

根据互联网数据中心(Internet Data Center，IDC)最新预测，2024 年全球大数据市场规模将达到 2983 亿美元，到 2026 年将超过 3600 亿美元，中国在全球人工智能市场的占比将达到 15.6%，成为全球市场增长的重要驱动力。预计中国人工智能市场规模在 2023 年将超过 147 亿美元；2024 年，近 20%的 IoT 系统将支持人工智能，而近 30%的边缘基础设施系统、超过 35%的数据中心系统和近 90%的 IT 客户端系统将支持人工智能；到 2026 年大数据市场规模将超过 263 亿美元。IDC 中国人工智能及自动化市场预测如表 1-3 所示。

表 1-3　IDC 对中国人工智能及自动化市场预测

序号	预 测 具 体 内 容
1	中国目前将 AI 的应用视为战略机遇而非公共问题，AI 监管可能在 2025 年出现，届时对于 40%的中国 1000 强企业来说，AI 的推广因监管将被推迟，并变得复杂
2	到 2025 年，超过 60%的中国企业将把人类专业知识与人工智能、机器学习、NLP(自然语言处理)和模式识别相结合，做智能预测与决策，增强整个企业的远见卓识，并使员工的工作效率和生产力提高 25%
3	到 2024 年，50%的中国 1000 强公司在业务自动化方面的投资将会用于多模态无代码自动化平台，以支持专业开发人员和业务用户的数字赋能
4	到 2024 年，60%的中国企业将通过 MLOps(机器学习模型运营化)来运作其机器学习工作流程，并通过 Alops(智能运维)功能将 AI 注入 IT 基础设施运营过程
5	到 2025 年，有 20%的中国 1000 强企业将采用流程挖掘作为端到端业务流程的控制层，并将比没有采用的企业至少多出 20%的利润
6	到 2026 年，50%的中国 1000 强企业将投资于以神经网络为基础技术的气候灾害评估、适应和识别，并带来 25%的利润增长
7	到 2024 年，近 20%的 IoT 系统将支持人工智能，而近 30%的边缘基础设施系统、超过 35%的数据中心系统和近 90%的 IT 客户端系统将支持人工智能
8	到 2024 年，低代码开发平台将是软件技术市场的最重要组成部分，65%的应用程序将使用低代码模式构建，80%的技术产品和服务将由非技术专业人士构建

未来人工智能的应用场景范围将持续扩大，深度渗透到各个领域，引领产业向价值链高端迈进，同时也为改善民生起到重要作用。企业将加大自主研发投入，促进人工智能与大数据、云计算以及区块链技术的相互融合，将产生巨大的生产变革和经济增长。人工智能计算能力侧面反映了一个国家最前沿的创新能力，对于人工智能算力的投入，也说明国家在战略层面对人工智能的重视，以及企业希望通过人工智能的发展契机提升核心竞争力的迫切愿景。中国人工智能核心产业规模如图 1-14 所示。

2022 年中国生成式人工智能(AIGC)行业市场规模仅为 74 亿元人民币，市场呈现迅猛增长态势；AIGC 正经历一个渗透率快速提升的阶段，为人工智能行业打开全新的成长空间。据 Gartner 测算，目前人工智能生成数据占所有数据比重不到 1%；到 2025 年，人工智能生成数据占比将达到 10%。中国 AIGC 行业市场规模如图 1-15 所示。

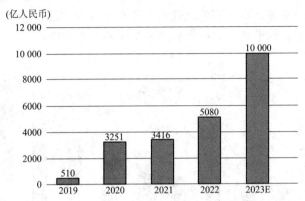

数据来源：工信部、深圳市人工智能行业协会，中国信通院，白春礼《关于人工智能发展的几点思考》，西南证券

图 1-14 中国人工智能核心产业规模

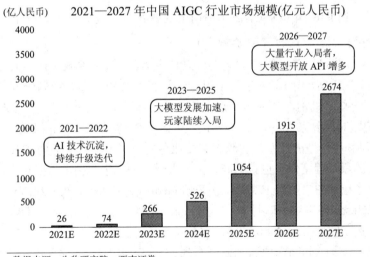

数据来源：头豹研究院，西南证券

图 1-15 中国 AIGC 行业市场规模

在数据、算法和算力三大要素的推动下，AI 模型的智能化水平持续提升。随着 AI 技术的升级迭代和算法模型的愈发成熟，AIGC 加速向文本、图像、音视频等多个领域渗透，AIGC 将迎来应用爆发期。据头豹研究院测算，2027 年中国 AIGC 行业市场规模将实现跨越式增长，规模将达 2674 亿元人民币，2022—2027 年 CAGR(复合年均增长率)为 105%。

2. 中国人工智能发展路径与美国不同

最初，国家自然科学基金和 863 计划等推动了中国的人工智能学术研究。而当前有三股重要动力源：一是研究机构、大学和国有企业；二是百度、华为、腾讯、阿里等中国数字平台引领者；三是众多开发、实施或使用人工智能技术的公司，包括很多初创企业及独角兽企业。中国人工智能带动行业综合解决方案服务市场规模及预测如图 1-16 所示。

图 1-16　中国人工智能带动行业综合解决方案服务市场规模及预测

1) 北京智源大会(中国的"AI 春晚")

2023 年 6 月 9 日开幕的智源大会上，来自中美两国 AI 领域的顶尖人才们围绕着大模型和 AGI(通用人工智能)的未来进行了讨论。智源大会的主办方智源研究院是中国最早进行大模型研究的科研机构，从率先开启大模型立项探索，率先组建大模型研究团队，率先预见"AI 大模型时代到来"，率先发布连创"中国首个+世界最大"记录的"悟道"大模型项目，由于非营利+科研型的特性，智源大会被业界视作"中国版的早期 OpenAI"。这次大会上，参会阵容的豪华程度似乎也意味着，关于大模型的未来，到了需要建立全球性行业共识的时刻。与会者包括图灵奖得主杰弗里·辛顿(Geoffrey Hinton)、杨立昆(Yann Le Cun)、约瑟夫·希发基思(Joseph Sifakis)和姚期智，Midjourney(AI 绘画工具)创始人 David Holz，OpenAI 创始人萨姆·奥尔特罗(Sam Altman)等。大会发布了完整的"悟道 3.0"大模型系列，包含的项目有"悟道·天鹰(Aquila)"语言大模型系列、FlagEval(天秤)大模型语言评测体系以及"悟道·视界"视觉大模型系列。智源研究院构建了支持多种深度学习框架、多种 AI 芯片系统的大模型开源技术体系，可以说"悟道 3.0"迈向了全面开源的崭新阶段。

2) 科大讯飞将发布讯飞星火认知大模型 V1.5

2023 年 6 月 6 日，科大讯飞发布公告，宣布该公司将在 6 月 9 日如期发布讯飞星火认知大模型的新进展，而且本次发布会将发布讯飞星火认知大模型 V1.5。据介绍，讯飞星火认知大模型 V1.5 开放式问答取得突破,多轮对话和数学能力再升级,文本生成、语言理解、逻辑推理能力持续提升。此外,星火认知大模型在学习、医疗、工业、办公等领域进一步的商业落地成果亦将同步发布。

3) 华为云盘古大模型 3.0 正式发布

在重塑千行百业华为云开发者大会 2023(Cloud)上,华为常务董事、华为云 CEO 张平安宣布盘古大模型 3.0 正式发布。张平安表示,盘古大模型是一个完全面向行业的大模型,包括 NLP(自然语言处理)大模型、多模态大模型、视觉大模型、预测大模型和科学计算大模型,针对政务、金融、制造、矿山等行业提供专用大模型,并可在各个垂直场景应用。

面对愈发激烈的国际竞争,不断深化应用场景和数据流成为我国发展 AI 产业的优势。阿里巴巴达摩院 2023 年十大科技趋势发布,生成式 AI、Chiplet 模块化设计封装、全新云计算体系架构等技术入选。达摩院认为,全球科技日趋显现出交叉融合发展的新态势,尤其在信息与通信技术(ICT)领域酝酿的新裂变,将为科技产业革新注入动力。AI 正在加速奔向通用人工智能。多模态预训练大模型将实现图像、文本、音频等的统一知识表示,成为人工智能基础设施;生成式 AI 将迎来应用大爆发,极大地推动数字化内容的生产与创造。人工智能诞生数十年,人类对通用 AI 的想象从未如此具体。2023 年阿里巴巴达摩院十大科技趋势如图 1-17 所示。

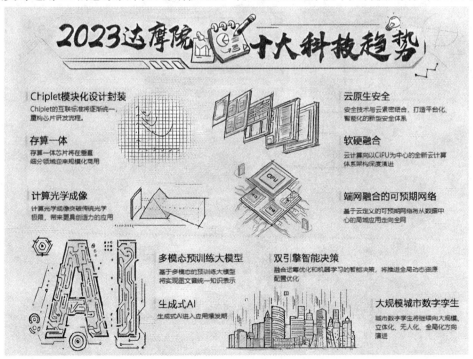

图 1-17　2023 年阿里巴巴达摩院十大科技趋势

3. 中国人工智能创新指数攀升

人工智能创新指数是反映国家人工智能创新水平的重要指标。2023 年 7 月 7 日在世界人工智能大会人工智能治理论坛上，中国科学技术信息研究所发布了《2022 全球人工智能创新指数报告》(以下简称《报告》)，《报告》中给出了创新指数排名，如图 1-18 所示。

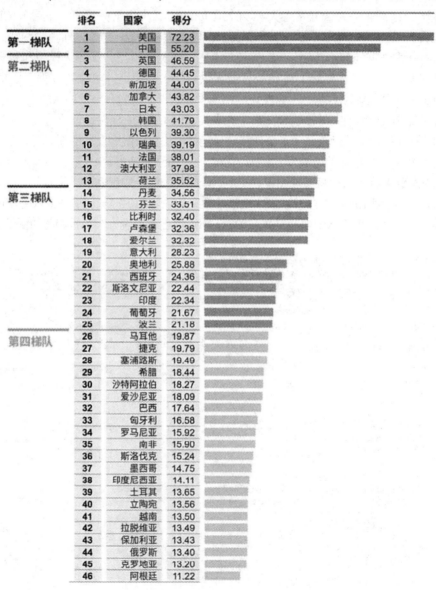

	排名	国家	得分
第一梯队	1	美国	72.23
	2	中国	55.20
第二梯队	3	英国	46.59
	4	德国	44.45
	5	新加坡	44.00
	6	加拿大	43.82
	7	日本	43.03
	8	韩国	41.79
	9	以色列	39.30
	10	瑞典	39.19
	11	法国	38.01
	12	澳大利亚	37.98
	13	荷兰	35.52
第三梯队	14	丹麦	34.56
	15	芬兰	33.51
	16	比利时	32.40
	17	卢森堡	32.36
	18	爱尔兰	32.32
	19	意大利	28.23
	20	奥地利	25.88
	21	西班牙	24.36
	22	斯洛文尼亚	22.44
	23	印度	22.34
	24	葡萄牙	21.67
	25	波兰	21.18
第四梯队	26	马耳他	19.87
	27	捷克	19.79
	28	塞浦路斯	19.49
	29	希腊	18.44
	30	沙特阿拉伯	18.27
	31	爱沙尼亚	18.09
	32	巴西	17.64
	33	匈牙利	16.58
	34	罗马尼亚	15.92
	35	南非	15.90
	36	斯洛伐克	15.24
	37	墨西哥	14.75
	38	印度尼西亚	14.11
	39	土耳其	13.65
	40	立陶宛	13.56
	41	越南	13.50
	42	拉脱维亚	13.49
	43	保加利亚	13.43
	44	俄罗斯	13.40
	45	克罗地亚	13.20
	46	阿根廷	11.22

图 1-18　全球人工智能创新指数排名

《报告》显示，中国人工智能创新指数排在美国之后，连续三年保持世界第二，人工智能发展成效显著，在人才、教育、专利产出等方面均有所进步，但基础资源建设水平有待提高。中国科学技术信息研究所所长、科技部新一代人工智能发展研究中心主任赵志耘在现场解读指数时说，今年指标体系进行了微调，增加了人工智能国际化的一级指标和开放数据指数的三级指标，更符合全球人工智能发展生态。

全球人工智能产业化进程加快，参评国家的人工智能企业总数和人工智能从业人口总数继续增长且增幅扩大，人工智能企业总数同比增长 25%，人工智能从业人口总数同比增长 53%。人工智能加速赋能科学研究也是国际趋势。2020—2022 年涉及环境科学、地理科学、材料科学等基础学科主题的人工智能论文数量不断增长，占人工智能论文总量的比重从 2020 年的 5%上升到 2022 年的 10%。

中国大力推进人工智能创新平台以及公用设施建设，科技专利申请数量跻身世界首位，人才不断壮大优化，综合实力不断增强。现在，人工智能已发展成为国家发展战略，中国已有数以 10 万计的科技人员和大学师生从事不同层次的人工智能相关领域研究、学习、开发与应用工作，人工智能研究与应用已在中国空前开展，硕果累累，必将为促进其他学科的发展和中国的现代化建设做出新的重大贡献。

1.3 我国人工智能产业发展

自 2010 年之后的 10 多年里，中国全力推动人工智能产业发展，对全球人工智能做出了重大贡献。斯坦福大学人工智能指数采用研究、开发和经济维度的多项指标，对全世界人工智能的发展情况进行评估，中国的全球人工智能活力度跻身世界前三。[①] 根据人工智能发展情况，可以将人工智能产业按照技术层级自下而上分成三个组成部分，即基础层、技术层和应用层，如图 1-19 所示。

基础层是人工智能产业的基础，主要是研发硬件及软件，为人工智能技术层和应用层提供计算能力及数据支撑。技术层是人工智能产业的核心，以模拟人的智能相关特征为出发点，构建技术路径。应用层是面向终端应用场景需求而形成的软硬件产品和解决方案，人工智能技术赋能各行业以及应用场景，实现技术与产业的深度融合。

随着信息时代的到来，人工智能产业已逐渐成为信息社会产业转型的驱动力。目前，我国已逐渐形成了涵盖计算芯片、开源平台、基础应用、行业应用和产品创新等在内的较为完善的人工智能产业。经过多年的发展，我国人工智能在技术与应用方面取得了巨大的进展，在国际上具备了一定的竞争力。但是在基础层，智能芯片、智能传感器等关键领域

---

① "Global AI Vibrancy Tool:Who's leading the global AI race?"，人工智能指数，斯坦福大学人类中心人工智能研究所(HAI)，斯坦福大学，2021 年排名.

仍较薄弱，这是目前制约我国人工智能行业发展的重要因素。

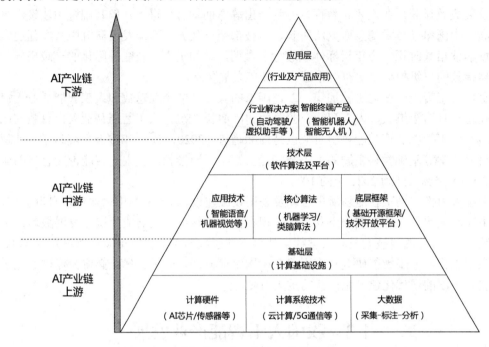

图 1-19　人工智能产业结构

1.3.1　人工智能产业市场规模

目前中国人工智能技术研究与运用正处于高速进步期，2017 年 7 月，国务院印发的《新一代人工智能发展规划》提出，到 2020 年人工智能总体技术和应用与世界先进水平同步，核心产业规模超过 1500 亿元人民币，到 2025 年人工智能核心产业规模超过 4000 亿元人民币，到 2030 年人工智能核心产业规模超过 1 万亿元人民币。目前，人工智能技术正在渗入教育、医疗、金融、机器人、安防等领域并将不断拓展。随着科技、制造等业界巨头公司布局深入，以及众多垂直领域的创业公司不断诞生和成长，人工智能产业级和消费级应用精品将相继诞生，并带动相关产业规模大幅增长。

据统计，2020 年中国人工智能行业核心产业市场规模为 1513 亿元人民币，同比上涨38.93%，带动相关产业市场规模为 5726 亿元人民币，同比上涨 49.82%。在新产业、新业态、新商业模式经济建设的大背景下，企业对 AI 的需求逐渐升温，人工智能产值的成长速度令人瞩目，预计到 2025 年，人工智能核心产业市场规模将达到 4533 亿元人民币，带动相关产业市场规模约为 16 648 亿元人民币。我国人工智能产业市场规模及增速如图 1-20所示。

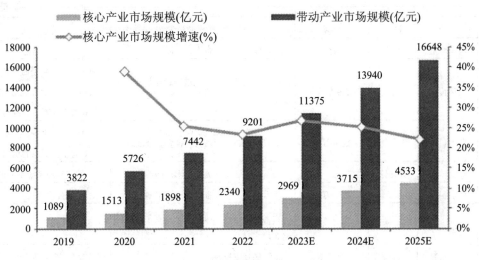

图 1-20　中国人工智能产业市场规模(单位：亿元人民币)及增速

1.3.2　人工智能产业投融资规模

根据《2021 人工智能发展白皮书》分析，从 2016 年开始我国人工智能领域投融资金额快速增长，2018 年达到历史峰值 1147.95 亿元人民币，2019 年投融资金额又恢复至 2017 年水平，2020 年则有明显的增幅。据多方数据不完全统计，2023 年 1 月份国内人工智能相关产业共发生 24 起融资，已披露的融资总金额超 80 亿元人民币，其中最大一笔交易为"飞诺门阵"企业获得近 6 亿元人民币 A+轮融资，其次是"双环传动"企业获得战略轮融资 2.9 亿元人民币，具体如表 1-4 所示。

表 1-4　投融资情况

序号	企业	轮次	金额	主要融资方	技术领域
1	行动元	Pre-A 轮	逾亿元	New Wheel Capital	智能算法和数字孪生
2	点甜科技	天使轮	千万元	/	农业智能机器人
3	九天智能	战略轮	近 5 千万元	四川院士基金、深圳九颂辰星基金、湖北宏泰零度基金	智能系统顶级供应商
4	谛声科技	B 轮	近亿元	清新资本、野草创投、金泉投资	声学 AI 技术服务商
5	中科智云	Pre-A 轮	数千万元	国家中小企业发展基金浙普(上海)基金	人工智能科技
6	飞诺门阵	A+轮	近 6 亿元	中能基金、中科碧华、广东红鼎	网安智能
7	小度科技	B+轮	/	国调基金	智能生活科技产品服务商

序号	企业	轮次	金额	主要融资方	技术领域
8	考拉悠然	A轮	近亿元	四川发展、蜀杉资本、策源资本	人工智能
9	双环传动	战略轮	2.9亿元	国家制造业基金、先进制造业基金、玉环国投	机器人关节高精密减速器、齿轮及其传动系统设计制造、测试分析和故障诊断、强度与寿命
10	轩辕科技	天使轮	数千万元	火眼资本、合肥市天使投资基金战略	应用于工业、服务、特种岗位等具有不同需求的机器人
11	擎动转向	天使轮	/	长新致远资本、美御资本、浩数创投	智能转向系统供应商
12	济驭科技	Pre-A轮	数千万元	纵目科技、佐誉资本、汉桥资本	线控底盘供应商
13	福瑞泰克	B+轮	数亿元	中交蓝色基金、清研资本、云享乌镇战略布局	智能驾驶解决方案服务商
14	昂泰微精	A+轮	千万级美金	淡马锡独家投资	超显微、高精度手术机器人平台
15	飞图影像	A+轮	数千万元	宜春国投	医疗影像数据管理、数据流转和数据应用
16	霞升科技	B轮	超亿元	启明创投、华泰紫金、天士力资本	心腔内超声
17	华鹊景医疗	A轮	数千万元	深创投独家投资	康复机器人
18	中科慧眼	C1轮	/	中鼎股份、讯飞海河基金	智能视觉解决方案
19	识光芯科技	Pre-A轮	/	BV百度风投、汇川产投、浦科投资	科技推广和应用服务业
20	北科天绘	B轮	1.8亿元	惠友资本、国联通铄、泓松资本	激光雷达
21	矽杰微电子	Pre-C轮	/	阳光融汇资本	毫米波雷达芯片及技术开发商
22	国数科技	A轮	近亿元	青岛恒汇泰产业发展基金有限公司	高新技术双软企业
23	奇勃科技	天使轮	数千万元	素道资本	商用清洁机器人
24	来飞智能	天使轮	超660万美元	IMO Ventures、XVC Fund III、Hunter Ventures	专注于草坪护理领域

(注：未加说明的均为人民币)

1.3.3 人工智能产业核心企业数量

2015 年人工智能技术快速发展，我国人工智能领域涌现了一大批优质创业公司，为 AI 产业发展注入了新的活力。2023 年 7 月，由中国科学院主管、科学出版社主办的行业权威媒体《互联网周刊》发布"2023 人工智能平台企业排行"，主要从突破性、智能化及影响力三大维度出发，通过桌面调研、企业走访、数据模型等环节，评选出在 AI 领域具有活力和创新基因、研发实力以及创新场景落地和具有市场竞争力的科技公司，如表 1-5 所示。

这 15 家拥有较强技术实力的公司代表我国人工智能创新平台企业的最新研究领域。

表1-5　2023人工智能平台企业排行

序号	品牌	突破性	智能化	影响力	综合	领域
1	百度	95.27	93.20	96.89	95.12	自动驾驶
2	阿里巴巴	95.00	93.51	96.03	94.85	城市大脑
3	华为	94.01	92.83	96.29	94.38	基础软硬件
4	字节跳动	94.56	92.02	96.21	94.26	智能推送
5	腾讯	93.44	92.81	96.49	94.25	医疗影像
6	小米	94.17	93.17	95.34	94.23	智能家居
7	科大讯飞	91.58	96.52	94.11	94.07	智能语音
8	360	90.79	94.60	96.05	93.81	安全大脑
9	京东	90.81	94.58	95.99	93.79	智能供应链
10	医渡科技	90.75	93.68	96.57	93.67	智慧医疗
11	北京君正	92.98	92.33	95.67	93.66	集成电路
12	海康威视	90.31	94.59	95.93	93.61	视频感知
13	寒武纪	91.52	92.38	96.69	93.53	智能芯片
14	电信智科	93.61	91.83	95.03	93.49	智慧政务
15	商汤科技	89.37	94.52	96.24	93.38	智能视觉

中国人工智能企业大致可以归为 5 类，第一是科技巨头，建立端到端的人工智能技术能力，并在生态系统内进行合作，同时为 B2B 和 B2C 企业提供服务；第二是传统企业，在内部转型、新品发布和客户服务中开发和采用人工智能技术，直接服务于客户；第三是垂直领域人工智能公司，为特定领域的用例开发软件和解决方案；第四是人工智能核心技术提供商，提供计算机视觉、自然语言处理、语音识别和机器学习能力，帮助其他企业开发人工智能系统；第五是硬件公司，提供硬件基础设施，满足人工智能在存储、计算能力等硬件方面的需求。

截至 2021 年底，中国人工智能相关企业数量达到 7796 家。从人工智能产业链布局来看，23.8%的人工智能相关企业处于基础层，代表企业有腾讯科技、海思半导体、镭神智能等；17.3%的人工智能相关企业处于技术层，代表企业有中科云从、思必驰、虹软科技等；58.9%的人工智能相关企业处于应用层，代表企业有大疆创新、优必选、海康威视等。

1.4　人工智能应用领域及其发展趋势

正如第一次科技革命，蒸汽机的出现深刻地改变了人类的生产生活方式一样，人工智能的出现，让人工智能技术成为时代的破局者。世界各国都看到人工智能技术的巨大力量和对整个产业的巨大影响力与变革力，所以都在不遗余力、想方设法地投入资金，加大科研力度，旨在抢占科技的制高点。人工智能技术事关国家安全，也同样与每个人的生活息息相关。十九届中央政治局第九次集体学习时，习近平总书记曾指示加快发展新一代人工智能是事关我国能否抓住新一轮科技革命和产业变革机遇的战略问题。

人工智能作为科技创新产物，正加速向医疗、交通、智慧城市等多领域渗透，在改变人类生产方式、促进社会进步、加快产业发展等方面发挥着越来越重要的作用。目前人工智能的应用场景在更进一步地拓展细分，正通过"AI+"赋能百业。随着人类需求更加"精、细、广"，未来在更多领域，人工智能技术的应用会更加深入和智能，机器和技术更像"人"，从而可以更好地为人类生产生活服务。

1.4.1 人工智能在工业领域的应用

人工智能与工业结合，推动智能工业快速发展。从最新一代人工智能技术的问世我们可以看到，从产品设计、生产到供应链等都充斥着人工智能技术的身影，人工智能技术的应用催生新产品、新模式和新业态的产生，推动了智能工业的快速发展。工业互联网与装备智能化的联系如图 1-21 所示。

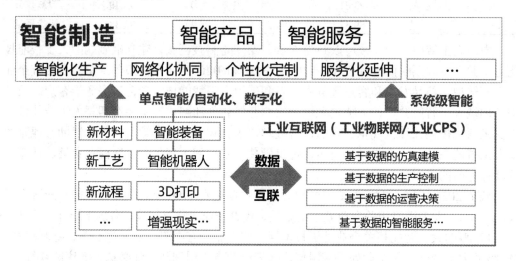

图 1-21　工业互联网与装备智能化

（1）**人工智能技术丰富了产品的品种和式样**。自 2017 年以来，国际顶级科技评论期刊《麻省理工科技评论》发布的全球十大突破性技术中，每年都有 3 项左右涉及新一代人工智能技术，如 2019 年的灵巧机器人、可穿戴心电仪和流利对话的人工智能助手等。

（2）**人工智能技术助推了智能化工业生产的模式创新**。将人工智能技术嵌入工业生产过程,通过深度学习自主判断最佳参数,可以实现数据的跨系统流动、采集、分析与优化,从而在生产过程中实时监测和调控变量,极大提升生产设备的智能化水平。

(3) **人工智能技术极大地推动了新业态的发展,降低了供应链的成本。**人工智能技术可以降低零售行业成本,推动工业领域企业智能化转型进程,从而节约资源,推动消费升级。

1.4.2 人工智能在农业领域的应用

农业是立国之本,农业的发展对国家经济发展具有至关重要的作用。近年来,人工智能技术的高速发展正在对农业生产方式进行重塑,传统农业"靠天吃饭"的生产方式正悄然改变。当前,人工智能技术已贯穿于农业生产的全过程,赋能农业智能化革新,可以在农业机械化、农业数据化等方面推动智慧农业的快速发展。在农业机械化方面,运用机器人、无人驾驶等技术,可以实现无人机植保以及无人插秧机、智能播种机、智能无骨双膜增压大棚等,极大地提高农业生产效率,加快推动现代农业发展。智慧农业溯源系统如图1-22 所示。

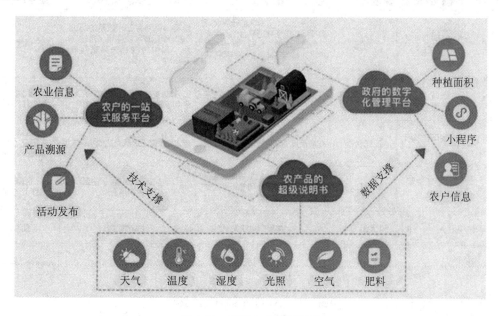

图 1-22 智慧农业溯源系统

(1) **支撑数据平台服务**。通过卫星遥感技术、无人机航拍以及传感器等收集气候气象、农作物、土地土壤以及病虫害等数据,建立数据服务平台,通过对数据进行分析,为农场、合作社以及大型农业企业提供可视化管理服务等。

（2）**支撑农机自动驾驶**。以计算机和传感器技术为基础，利用 GPS 卫星定位系统和机器视觉技术实现农机的精准定位，通过智能终端实时监测农机信息、作业状态及作业速度等。

（3）**支撑无人机植保**。搭载先进的传感器设备，根据地形、地貌搭配专用药剂对农作物实施精准、高效的喷药作业，通过人机药三位一体达到节水节药的作用。

（4）**支撑精细化养殖**。通过耳标、摄像头等监控畜牧动物生长情况，实时跟踪，且对收集到的图形等数据进行处理、分析，实现养殖的精细化管理。

1.4.3 人工智能在医疗领域的应用

目前，在就医过程中我们也可以发现很多人工智能应用的身影，人工智能正在成为医疗领域改善人们身心健康的主力军，可以帮助医生更好地进行诊断和评估，也可以帮助病人更好地掌握自身病情，对节约医疗资源、缓解医患关系、提升人们身心健康具有重要的作用。AI 辅助诊断行业现状如图 1-23 所示。

细分领域	应用方向	公司名称	主要业务	接入医院	客户群体
电子病历	病种专业化平台	索闻博识	博识医疗云（专业化的云端疾病数据库和电子病历平台），覆盖了肿瘤、血液、骨科、神经内科、神经外科、精神科、呼吸系统等几乎全部重大疾病	全国 400 余家三甲医院的超过 3000 个临床科室实现了落地应用，其中肿瘤相关科室超过 1400 个	三甲医院
	融合语音、语言和图像	云知声	面向物流网语音交互产品、行业决策支持工具与人工智能技术服务三大业务板块	已与 20 多家三甲医院合作，还有约 40 家医院正处于试运行阶段	医院医疗 IT 企业
	病历结构化处理	森亿智能	医疗大数据管理、健康医疗数智化应用及创新型应用、新一代医疗信息化等应用	与 200 余家三级医院达成合作关系	医院医疗 IT 企业保险、药企
	临床决策支持	零氪科技	HUBBLE 医疗大数据辅助决策系统、线下服务中心和创新保险支付等全生命周期服务	合作医院超过 330 家（覆盖国内前十大肿瘤医院）	医院医疗 IT 企业
导诊机器人		科大讯飞	"晓医"机器人	数家医院	医院
虚拟助理		康夫子	问诊系统	/	医院、患者

图 1-23　AI 辅助诊断行业现状

（1）**AI 医学影像**。Global Market Insight 的数据报告显示，人工智能医学影像市场是人工智能医疗应用领域的第二大细分市场，并将以超过 40%的增幅发展，预计 2024 年将达到 25 亿美元的规模，市场占比为 25%。目前，在中国人工智能医疗应用领域中，医学影像是最热门的领域，投资金额最高、投资轮次最多、赛道公司最多、应用最为成熟。

（2）**AI 辅助诊断**。AI 辅助诊断概念广泛，通常来说是指能帮助医生进行疾病诊断和提出治疗方案的辅助产品，其中最主要的细分领域包括 AI 医学影像、电子病历、导诊机器人、虚拟助理等。

（3）**AI 药物研发**。全球人工智能医疗应用市场中，第一大细分市场是药物研发，占比达 35%。国外创新药市场较为成熟，而我国 AI 药物研发相对落后，新药研发仍然以仿制药和改良药为主，且研发赛道公司不多，产业欠成熟。

（4）**AI 健康管理**。相对于诊断就医环节，健康管理是把被动的疾病治疗变为主动的自我健康监控，主要产品为智能可穿戴设备。与传统可穿戴设备相比，智能可穿戴设备能够进行长时间的实时监测以及数据多维管理和分析，目前主要的应用领域为慢病管理、母婴管理、精神健康管理和人口健康管理。基于中国当前正加速进入老龄化社会和逐步实施放开生育政策的基本国情，未来健康管理的市场潜力巨大。

（5）**AI 疾病预测**。这里的 AI 疾病预测有别于前文叙述的 AI 医学影像、AI 辅助诊断、AI 健康管理中人工智能应用于疾病预测的概念，主要指通过基因测序与检测，提前预测疾病发生的风险，也包括运用各种生化、影像、行为日常大数据来预测疾病发生情况。

1.4.4 人工智能在司法领域的应用

人工智能不仅可以应用于工业中，在司法领域也可以应用。伴随着技术发展对于司法的渗透与冲击，技术也在重塑着司法活动，智慧司法时代已然来临。人工智能在司法领域的应用正是实现司法推理定量化、过程精细化、行为规范化，使司法活动更加科学、公正、规范、高效的有效路径。智慧司法解决方案如图 1-24 所示。

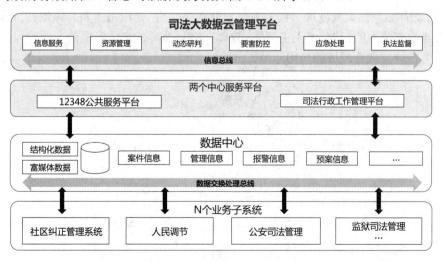

图 1-24　智慧司法解决方案

(1) **强化个性化司法服务能力**。大数据等信息化技术的应用将打破电子化诉讼中证据与身份认证的难题，从而实现完整意义上的网上立案、电子送达、电子认证、网络庭审。同时，通过大数据智能的无监督、半监督学习技术，可以从海量诉讼文书中自主抽取关键司法知识、构建国家审判信息知识库，为社会公众提供类案检索、诉讼风险分析、诉讼策略推荐等服务。

(2) **强化精准化司法办案能力**。利用大数据技术构建新型司法业务辅助模式，通过要素分割路径来解决人脑知识和记忆的有限性，代之以人工智能的检索能力来解放法官、检察官的脑力劳动。凭借类案智推、出庭公诉智能化支持系统、量刑建议辅助生成等大数据应用，法官、检察官司法理性实现了由个案经验到系统经验、由局部经验到整体经验、由片面经验到立体经验的优化。

(3) **强化静默化司法管理能力**。通过案件趋势预测、同案不同判预警、同案不同诉、庭审违规行为智能巡查等一系列大数据技术的突破，司法机关内部管理事项的自动化、流程化与智能化水平有望提升，管理事项得以减少。另一方面，上述应用实际上也强化了管理者的管理能力，也就是管理幅度得以有效扩展。

1.4.5 人工智能在教育领域的应用

人工智能被广泛认为是继信息技术革命之后的新一轮生产力革命，它将对诸多行业和领域产生巨大和深远的影响，而教育就是其中一个需要被高度重视的领域。在人工智能技术已在诸多领域产生了巨大影响的背景下，《"互联网+"人工智能三年行动实施方案》提出要鼓励开展人工智能基础知识和应用培训；《新一代人工智能发展规划》提出要利用智能技术加快推动人才培养模式、教学方法改革；《高等学校人工智能创新行动计划》与《教育信息化 2.0 行动计划》强调要发展智能教育。由此可见，将 AI 应用于教育领域已成为未来一段时间需要重点关注的问题，"人工智能+教育"将是教育信息化发展的高级阶段。图 1-25 所示为人工智能在教育领域的应用示意。

图 1-25　人工智能技术在教育中的应用

（1）**理念改革**。智慧教育的核心理念是促进师生有价值的成长。智慧教育时代，高等教育办学理念应真正做到"以学生为中心"，教育教学活动的本质不再是知识传输，而变成激发学生自身潜能，高校将成为具有挑战性、创新性、个性化、贯通性的学生成长基地。在智慧教育时代，教师的角色和身份也相应改变，要改革并完善教师的激励体系，打造教师智慧成长的阶梯，最终实现师生共同成长、双向激励。

（2）**体制改革**。智慧教育的核心，是打造无壁垒的跨学院、跨学科的教学组织。智慧教育时代的核心课程，应由学校统筹评估，教务部门跨学院组织，以此打破专业学科壁垒。智慧教育的体制改革还需要深化课堂革命，探索线上线下融合、项目牵引驱动的新课堂模式，将新技术广泛融入新课堂。

（3）**技术变革**。教育技术是帮助人得到发展的主体技术。智联网的发展为智慧教育的开展提供了技术基础。其中，感知层实现多元全面持续的协同感知，网络层建立泛在多尺度的教育信息网络，计算层着眼于教育数据挖掘和知识拓展，最终服务层提供多元个性化的教育定制服务，有望真正实现数据共享、知识互联、群智协同、教育智学。

1.4.6　人工智能在金融领域的应用

人工智能与金融业结合，推动智能金融快速发展。在金融领域，人工智能的发展解放了生产力，促进了金融业务的流程改革，提升了金融行业的工作效率，其作用具体来讲分为如下两个方面：

一是改变了传统客户来源，获取客户更为精准和迅速。在人工智能尚未应用在金融领域时，筛选客户的方式以传单、电话销售、口口相传等为主要渠道，但在人工智能应用在金融领域后，完全打破了传统金融业的工作方式，无论是互联网、银行、P2P 平台都可以通过大数据追踪精准识别客户群体，向目标客户精准投放广告，有效提升工作效率和服务水平[①]。

二是改变了身份认证和业务办理的流程，降低了金融工作的风险。客户可以通过应用软件对自己的身份进行远程智能识别，有效解决身份认证环节过于烦琐的痛点，这样就为多样化的远程业务场景提供了可能。目前随着二维码、线上支付、线上身份认证、人脸识别技术、身份证 NFC 识别技术、电子签名技术、图像自动识别技术等技术的普及，金融行业大大提升了业务效率并给客户以方便[②]。

人工智能+金融行业全业务场景如图 1-26 所示。

---

① 李辉，王天尧. 智慧金融领域人工智能专利申请态势及高价值专利培育思路[J].中国金融电脑，2022(03):64-67.
② 许家海，张利影. 人工智能技术赋能普惠金融发展研究[J]. 金融科技时代，2022，30(02):89-92.

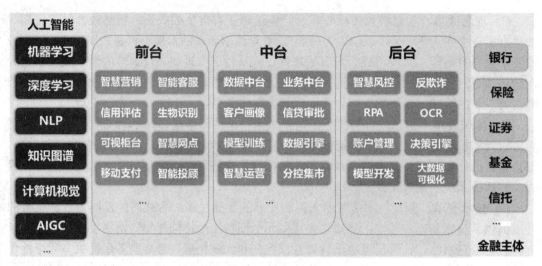

图 1-26　人工智能+金融行业全业务场景

（1）**充当智能顾问的角色**。投资个人或者机构提供投资的偏好、收益目标以及承担的风险水平等要求，人工智能就能在此基础上进行智能核算，对投资组合进行优化，提供最符合用户需求的投资参考，即人工智能充当了智能顾问的角色。对于投资机构而言，人工智能能够对金融数据进行整理分析，构建和调整交易的模型，逐步完善该投资模型；同时，人工智能还能对投资的风险进行发现，运用大数据综合剖析多方数据，了解其他竞争机构以及本机构的投资情况。对于普通个人而言，人工智能会搜集有关投资者的风险偏好、经济基础等个人信息，进而进行科学与客观的分析，制定符合个人的投资理财方案。

（2）**充当智能客服的角色**。在以银行为代表的金融机构中，智能客服不仅是一种服务手段，更是金融领域象征科技实力的标准化服务产品。目前，消费者在借助 APP、手机及网页等办理相关业务时，智能客服能够科学分析消费者的数据与需求，并给予消费者所需信息的及时答复，为消费者的业务咨询和办理提供方便。在特殊情况下，如果智能客服的服务不能令消费者满意，则系统会自动转入人工客服。智能客服的应用不仅有效降低了人工客服的工作压力，减少了相关企业的运营成本，还提升了消费者的服务体验。因此，需要加强对智能客服技术的更新，加强语言的识别与处理技术，使其应用更加广阔。

（3）**对风险进行管控**。人工智能技术在风险管控中的应用主要体现在能够在收集和分析消费者个人相关信息的基础上，构建出风险预测模型，进而能够确定风险程度。以银行贷款业务为例，早期的银行贷款业务需要经过人工审核，需要耗时好几天，甚至更长时间。但运用人工智能技术，在短短几秒时间就能够完成审批任务，知道审批结果。不仅能够有效避免银行在长时间审批过程中错失消费者，还具有短时间审批的优势，且风险管控模型更具有准确性和科学性。此外，人工智能还能有效识别国际监管的可疑交易，通过扫描数据库中的数据，提取利益的主体，继而对交易行为特征以及交易的轨迹展开分析，对相关的违法犯罪行为进行打击。最后，人工智能技术还能预防威胁金融稳定发展的不良因素的干扰，识别异常的风险主体，进而实现稳定金融发展的目标。

（4）**金融搜索引擎**。信息的甄别和筛选对于金融行业来说尤为重要，但其工作量和工作难度往往较大。金融搜索引擎正是为了数据和信息的收集、整理、分析而生，其实质就是信息平台，为供需双方提供撮合和对接服务。对于信息处理，人工智能不仅能够做到有序分级的收集、存储，还能够依据某些算法克服主观判断倾向带来的影响，从而更好地利用那些真正会对资产价格产生影响的信息。例如，金融搜索引擎 Alphasense 能够从大量数据噪声中寻找有价值的信息，通过对文件和新闻的研究整合投资信息，并进行语义分析，从而提高工作效率。此外，金融交易并不是在金融搜索引擎上直接进行，因此不会形成闭环，当然这也可能造成金融交易把控性的不足，但通过大数据风控系统，加强对第三方平台的监管，可以在一定程度上弥补该缺点。

1.4.7　人工智能在信息安全领域的应用

世界经济论坛发布《2021 年全球风险格局报告》，认为网络安全风险是全世界今后将面临的一项重大风险。人工智能是信息社会的革命性技术，是智能化的信息社会的核心技术，在信息安全领域可"大展拳脚"。人工智能在信息安全领域的应用十分广泛，包括生物特征识别、漏洞检测、恶意代码分析等诸多方面。大数据是人工智能技术研发和落地的基础，人工智能发展与数据安全问题相互交织、不可分割，数据安全是网络空间安全的基础，也是国家安全的重要组成部分。随着数据在各场景中被收集和利用，数据安全和隐私保护面临着巨大的风险与挑战。人工智能数据安全的内涵如图 1-27 所示。

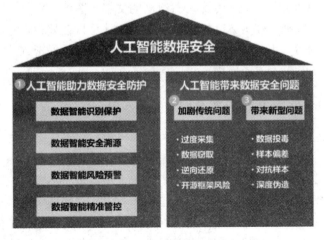

图 1-27　人工智能数据安全的内涵

1. 以人脸识别为代表的基于生物特征的身份认证技术

目前人脸识别技术已经进入实用阶段，智能系统对人脸的识别准确率已经超越人眼。机器通过对大量样本的反复学习和深度训练，可以掌握人类面部的细微特征，识别精度远远高于人类。有些人眼很难判断的情形，比如双胞胎的识别，判别对象在不同灯光下的拍摄效果以及服饰发型的改变，这些都逃不过人工智能明察秋毫的特征鉴别能力。这项技术对于智能安防、海量监测视频事件回溯、涉密人员户籍化管理、保密要害部门部位准入、访客管理等具有重要意义和价值。

2. 基于大数据的窃密监测与保密防护

面对互联网的海量数据，大数据技术提供了存储和处理机制，加之人工智能技术的应用，完全可以在网络空间形成以人工智能为核心的保密代理程序。这个虚拟的智能保密工作者通过模式训练和学习，熟悉保密工作的基本要素，掌握窃密行为的关键特征，可以 7×24 小时有效鉴别海量网络用户、数据和行为的异常，做到对涉密信息、涉密用户在网络空间的有效监管与防护。

3. 专家系统智能辅助定密和密级鉴定

定密和密级鉴定一向是保密领域的热点和难点问题。某一领域的专业信息是否关系国家安全和利益、涉及国家秘密的判断，既需要对保密管理和相关政策的深刻理解和熟练把握，又需要对该技术领域从整体到细节有行业专家级别的认知。因此，能够准确进行定密和密级鉴定的人员需具有行业专家和保密管理干部的双重角色，这样的人才少之又少。但是，这项极具挑战性的工作恰恰是机器学习技术擅长的领域。在某一专业范围内，只要把已有的涉密资料文档作为标注数据集对系统的人工神经网络进行训练，并不断反馈校正，最终，系统可以成为该领域的定密专家，对给出的文字、图像、视频材料进行辅助定密判决，当然最终的审核还要人工介入。需要指出的是，计算机在处理定密问题的时候，其实并不真实理解语义内容，现阶段人工智能这样的缺点却带来了保密领域实实在在的好处——不用担心定密人工智能专家系统泄密。

1.4.8 人工智能发展趋势的主要方向

1. 学科领域交叉渗透加速加深

作为一门复杂的前沿性学科，人工智能本身的研究范畴广泛而复杂，其发展需要与数学、认知科学、计算机科学等其他学科融合。随着生物技术、基因技术等其他前沿技术的突破，认知科学的发展进入了全新时代，人工智能有望和这些技术相结合，进入生物启发计算时代，借助生物学、脑科学、量子物理学等，人工智能的物理计算机有可能进一步发展成为生物计算机和量子计算机，同时人工智能也会反过来极大地促进上述学科的发展。

2. 从专项智能发展成为通用智能

人工智能从专项智能发展成为通用智能的道路艰难且漫长。但是这既是下一代人工智能发展的必然趋势，也为目前人工智能的技术路径提出了巨大的挑战。就目前的人工智能发展而言，即便是最顶尖的人工智能，也是在某一个专业领域的或者说某一个专项技术方面的发展。如谷歌(Google)公司的人工智能系统阿尔法狗(AlphaGo)，在围棋方面创造世界第一，打遍天下无敌手，但其在其他方面的能力几乎为零，不能有任何的作为。对于通用智能，西方国家已经开始致力于这方面的研究。

3. 人机混合发展初现苗头

人机混合技术是人工智能发展过程中必不可少、不可绕过的一个重要环节。在强人工智能实现之前，人机混合发展阶段将是相当长的一个历史时期。只有在人机混合方面积淀足够丰富的技术，强人工智能才有可能实现。人机混合智能主要是将人类的认知想方设法引入人工智能系统中去，使用生物或者神经网络方法发展人工智能，使人工智能和人类能够自然对接，最终达到人机协同处理问题的程度。目前不论西方发达国家还是在我国，新一代人工智能规划里人机混合都是十分重要的研究方向。

4. 自主智能系统研究加速

自主智能系统研究在人工智能下一步发展中十分重要。深度学习作为现阶段人工智能研究的最前沿技术和研究方向之一，就其过程来说并非宣称的那么智能，需要依赖神经网络模型和场景的设定以及大量数据的训练。而自主智能系统通过让人工智能拥有独立自主的学习能力(这种学习能力能够主动适应学习内容和学习环境)，进而完成独立的学习和知识积累，达到对某一事物认知的提升。例如阿尔法狗(AlphaGo)系统的后续版本阿尔法元(AlphaZero)从 0 开始，通过使用自我对弈方法，完全自主地学习了围棋、象棋等棋类项目，形成"棋类"通用智能能力。AlphaZero 不依靠任何人类的数据，仅仅通过 3 天的独立学习，就以 100∶0 的成绩打败了曾经战胜人类顶尖围棋高手的 AlphaGo 系统，让科学家和工程师们倍感惊叹。

5. 人工智能人文学科关注提升

人工智能技术发展不仅仅牵扯到技术方面的问题，也关系到人类社会生活的方方面面。随着人工智能技术发展速度的进一步加快、技术等级的进一步提升，对于人工智能的人文科学关注显得更加迫切，尤其是从哲学、社会学、法学、伦理学等社会科学层面对于人工智能的分析研究逐渐升温。不管是人工智能科学家还是关注此问题的哲学家，大家一致的共识是只有规范地研究和使用人工智能技术，才能持续造福于人类。因此从法律、哲学、伦理等方面对人工智能技术进行研究十分必要。2017 年 9 月，联合国犯罪和司法研究所(UNICRI)决定在海牙成立第一个联合国人工智能和机器人中心，规范人工智能的发展。

6. 国际竞争日趋激烈

人工智能技术作为人类科技的最前沿之一，不仅其技术本身蕴含着巨大的能量，同时人工智能技术的应用使得很多学科和技术获得"智能化"改造，实现质的飞跃。就目前来看，各国已经在人工智能领域拉开了明争暗斗的国际竞赛，不同的国家都在人工智能方面投入巨额资金和科研力量，大国在此领域的年投入总额以千亿级计算，力图抢占人工智能研究的制高点，从而对他国形成巨大的、以科技对比优势为代表的一系列综合优势。尤其是近年来，越来越多的国家意识到人工智能在军事方面广阔的应用前景，以及人工智能技术对一个国家军事力量脱胎换骨的改造与提升能力，引起了各个国家高度的关注和投入。

1.5 人工智能对人类社会的深刻影响

2013 年以后，全球都重视人工智能产业的发展，不仅美国、英国、德国和日本等发达国家在国家发展布局上重视人工智能产业的发展，而且人工智能技术对社会经济发展是把"双刃剑"：一方面，它助推智能制造、智能金融和智慧农业等高端高效智能经济的加速发展；另一方面，它或将对就业结构、收入分配、经济安全等方面产生负面效应①。

新世纪的到来，也伴随人工智能技术的飞跃式发展。同时，人工智能技术改变的不是学科或者技术本身的面貌，而是利用自身的算力优势和其他学科紧密融合，并利用自己的优势重新改写人类的生产和生活方式，整个社会面貌也在以人工智能为首的新科技的影响下暗潮涌动地改变着。中国人工智能的飞速发展也刺激着各行各业蓬勃发展，如图 1-28 所示。

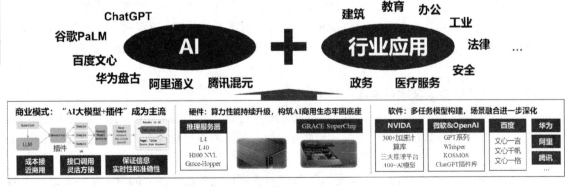

图 1-28 我国"人工智能 + 行业应用"发展框架

当今社会经济中，人工智能技术与工业、金融业、农业等进行深入融合发展，推动工

---

① 曹静，周亚林. 人工智能对经济的影响研究进展[J]. 经济学动态,2018(01):103-115.

业变成智能工业，金融变成智能金融，农业变成智慧农业，以及通过革新生产模式、改进分配效率、驱动消费升级等机制助推经济高质量发展[1]。人工智能赋能行业发展，如图1-29所示。

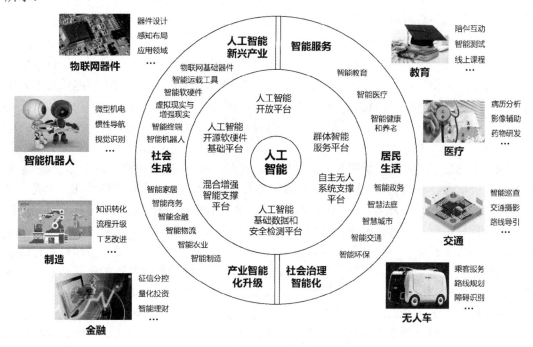

图1-29　人工智能赋能行业发展

1.5.1　人工智能对社会生产的影响

生产力由三要素构成，分别是劳动资料、劳动对象和拥有一定生产经验的劳动者。那么人工智能作为人类最前沿的科技之一，对生产又会产生怎样的影响？我们从以下三个方面来分析。

1. 学科融合和技术进步

作为复杂多学科和领域叠加作用的产物，人工智能学科的发展和相关技术的进步，对于其自身学科和其他相关学科以及所涉及的产业技术有巨大的推动作用，同时也导致了许多新兴学科的融合和跨越式发展[2]。就目前而言，和人工智能学科关联度比较高的学科有应用数学、计算机科学、神经科学、控制科学、信息科学、认知科学等，融合比较突出的技

① 师博. 人工智能助推经济高质量发展的机理诠释[J]. 改革，2020(01):30-38.
② 陈彦斌，林晨，陈小亮. 人工智能、老龄化与经济增长[J]. 经济研究，2019，54(07):47-63.

术有自动驾驶技术、大数据分析、区块链技术、自动化技术、介质识别技术、自动反馈技术等。此外，人工智能学科还和哲学、伦理学、数学、统计学、逻辑学、生物学、神经科学、心理学、语言学、计算机科学、控制论、机器人学等学科融合和交叉发展，并产生出很多新的值得深入研究的交叉点。

2. 新产业的不断出现

人工智能是当今最先进的科技之一，它带动了一系列学科和技术的发展，如自动化控制、生物识别、仿生机器人、大数据等，并与这些技术高度融合，迸发出超越原技术领域的力量。这些新兴产业可以称为智能制造产业链。因为人工智能所涉及的产业极其广泛，在此我们引用人工智能领域的一项技术——深度学习来说明人工智能对新兴产业的"引爆效应"。

深度学习技术是被人工智能打开的一扇新的窗户。2006 年，深度学习这一新概念为加拿大计算机学家、心理学家、被称为"神经网络之父""深度学习鼻祖"的杰弗里·埃弗里斯特·辛顿(Geoffrey Everest Hinton)所提出，其原理在于模拟人脑，用电子运算来建立可以像人脑一样分析学习的神经网络，让机器看起来"可以对信息进行记忆和吸收"并不断建立关联，是人工智能学习的全新领域，应用前景十分广泛。目前，深度学习的技术开始在各个领域广泛应用，如无人驾驶汽车技术成为包括我国在内的世界各国的研究热点。深度学习在无人驾驶领域主要用于图像处理，可以用于感知周围环境、识别可行驶区域以及识别行驶路径。再如语音识别、机器翻译，基于深度学习理论，借助海量计算机模拟的神经元，在海量的互联网资源的依托下，构造改进语音识别的各种不同技术和方法，建立从信号中提取有关信息和增强语音本身的技术，模仿人脑理解语言。目前此领域领先的是我国科大讯飞公司。此外，还有目标识别、情感识别、艺术创作、人脸识别、仓库优化、脑肿瘤检测、生物信息学等新兴产业都因为深度学习技术而得以出现和发展。

3. 岗位的重新塑造

2018 年故去的斯蒂芬·霍金(Stephen William Hawking)于 2016 年 12 月写下了这样一段话："工厂的自动化已经减少了传统制造业的就业岗位，人工智能的兴起，则有可能进一步破坏中产阶级的就业，只有那些最需要付出关怀、最有创意、最需要监督的岗位能保留下来。"[①]的确，人工智能技术发展中，很多学者都认为该技术的发展将导致"失业潮"的发生。2016 年"世界经济论坛"年会基于对全球企业战略高管和个人的统计与调研，得出这样一个结论：随着人工智能技术的崛起和普及，自动化和智能化设备被大规模采用，未来五年全球 15 个主要国家将减少 700 万个就业岗位。美国科学家摩西·瓦迪(Moshe Vardi)也有类似的观点，他预言到 21 世纪中叶就业岗位将减少 50%，这也就意味着一半人都将面

---

① 斯蒂芬·霍金. 这是我们星球最危险的时刻[J]. 领导决策信息，2017(05):26.

临失业的风险。图 1-30 给出了人工智能到来后有可能最先失业的岗位。

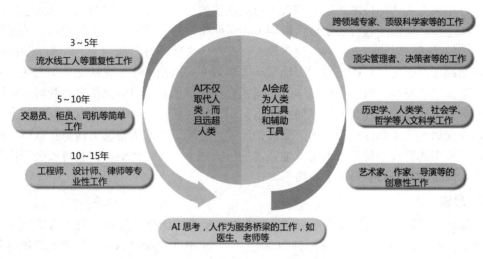

图 1-30　人工智能到来后有可能最先失业的岗位

　　但是我们也不用过于担心人工智能对于人类工作岗位的代替，虽然人工智能机器人效率高、成本低，但我们也应看到人工智能的另外一面。传统的工作岗位在被科技发展淘汰之后，确实出现了相关行业的人群丢失了传统工作机会、被迫失业的现象。但就生产主体而言，依然是人而非机器，也非人工智能。人类经过了一次又一次生产方式的重大变化，尤其是三次科技革命改变了人类社会的整个面貌，每一次发展和飞越其实也是人类生产的发展和飞越，生产力获得了极大的提高，在人类不断掌握新生产技术的过程中，成千上万的传统岗位被改造，成千上万的新岗位被创造，变化的只不过是人类使用科技的水平和我们工作的名称罢了，就好像历史上的马车夫变成了司机，流水线上的装配工人变成了自动化设备操作员一样。

1.5.2　人工智能对人类生活的影响

　　人工智能对人类社会的影响不仅体现在生产方面，就其现实性和直接性而言，它对于人类社会生活的影响则更为直观和直接。

1. 学习方式

　　教育是百年大计，每一个国家、每一个社会都十分重视教育，但是因为贫富差距和社会现实原因，教育公平问题成为一个普遍的"老大难"问题。譬如美国的教育水平要远远高于贫穷国家，北京的教育水平也要高于欠发达省份，北京不同的区、不同的学校，其教育水平也不尽相同。教育公平问题的解决从来都是"永远在路上"，而又永远难以达到终点。

这种棘手的问题随着科技和网络技术的不断发展，出现了很多新的解决手段和转机。尤其是近年来人工智能技术的发展和人工智能设备的普及，人们获取知识的方式也在不断地改变和进步，优质的教育资源被大量地上传至网络，很多并不收取任何费用，缺乏优质教育资源的孩子可以通过人工智能设备接入互联网，进行随时随地的学习。人工智能设备的智能化程度不断提升，越来越有力地推动着学习方式的简单化、灵活化、丰富化，人工智能识别技术的发展使得现在很多学习的问题直接通过拍照就可以上传至互联网，然后被识别并解答。比如数学和几何图形问题，以前由于输入形式的限制，难以在互联网上进行求助，现在通过人工智能识别技术，通过拍照便可实现识别并可将其上传至互联网。这些微小而又实用的科技都得益于人工智能技术的巨大进步。可以相信，在教育不公平问题的解决上，人工智能势必会扮演重要角色。

2. 思维方式

有这样一组数据，最早来自联合国教科文组织所做的调查：在 18 世纪，人类知识更新周期为近 100 年，20 世纪初期缩短到 30 年左右；到 20 世纪中叶以后，知识更新速度猛增到 5~10 年就全部换代；到了 20 世纪末，知识更新周期已经迈入 5 年大关；而 21 世纪的今天，科技日新月异，知识更新周期已不足 3 年。人工智能技术的发展在继续加速缩短知识更新的周期，人们的思维不再像前人那样保守和僵化，知识扩充的要求越来越高，思维的更新速度也越来越快。

另一方面，在很多逻辑判断和计算方面，人们开始更多地借助人工智能类设备来实现，从而代替自身"动脑子"的过程，尤其人工智能发展到专家系统阶段，很多人更愿意相信智能机器的判断和决定，缺乏自己的独立思考和判断。譬如现在很多学生过分依赖计算机设备，大大减少了进行数理运算和逻辑思考的训练，造成了他们独立解决此类问题的能力减弱甚至丧失，这也是在人工智能设备设计和开发过程中提早要考虑和预防的问题。

3. 娱乐方式

娱乐和游戏是人的本性，古往今来人们在娱乐和游戏领域的创造极好地反映了人的主体能动性发挥的效用，不论是达官贵族，还是平民百姓甚至是狱中囚犯，都有属于自己的娱乐方式。尤其在快节奏、高压力的现代社会，娱乐产业更是获得了前所未有的发展，而人工智能的出现让全人类的娱乐水平再创新高。

从计算机运行的游戏软件到需要互联网联机的游戏平台，再到各种便捷的游戏终端、智能穿戴设备，只要科技不断进步，游戏设备就不断更新。人工智能技术的发展，让娱乐的项目更加丰富，娱乐的内涵更加深入。当前，VR(Virtual Reality)技术和 AR(Augmented Reality)技术的发展，让虚拟和现实得以以某种形式连接起来，电子游戏行业逐渐成为被认可的产业，电子竞技得到了官方的认可并走向奥运会等世界赛事舞台，大众也对于电子娱乐寄予了更多的热情。可以看到，智能化的游戏是未来的趋势，人工智能等技术的发展，让游戏机器和被设定的电子游戏变得异常具有挑战性和吸引力，电子游戏中人机对抗虚拟算法的发展，从某种意义上极大地促进了人工智能的发展，并在人与人工智能关系问题上给人类以启发。

4. 消费方式

人工智能技术的发展，对于消费方式的影响是深刻的、颠覆性的。就消费客体方面来讲，消费的对象呈现出丰富化、多元化趋势。人工智能技术的发展，衍生出种类繁多的高科技工业产品，人们早已不再满足于基本的吃穿住行等消费；人工智能技术为人类还创造出了更高级的消费产品，如各种智能终端、便捷智能设备、可穿戴智能设备等，不仅包括电脑、手机，甚至汽车、微波炉、冰箱、洗衣机等都已经应用了人工智能技术来使得设备更加智能、更加友好。就消费主体而言，人工智能技术和大数据算法相结合，消费主体的消费行为被实时进行解读。人们在哪里有消费，消费了什么，大数据会记录下来并进行数据挖掘，通过智能计算推测出人们的消费偏好，进而可以对不同喜好的消费人群进行精准的广告宣传。

就消费的方式而言，最直观的就是无现金支付，智能算法和二维码技术的结合，让电子扫码支付迅速在我国普及，我国大小城市都迈向无现金消费或者极少使用现金消费的阶段。此外，消费的场所也在不断发生变化，传统的实体商业面临着来自电子商务的强烈冲击和挑战，越来越多的智能终端的普及和互联网速度的极大提升，以及全国范围内快速配送网络的不断完善和升级，消费行为在某种意义上已经超越时空，随时随地用手机等智能移动终端就可以消费。

1.5.3 人工智能对职业教育的影响

1. 人工智能时代智能职业教育的价值本质

随着人工智能技术的兴起，社会经济文化、产业发展、社会分工等都发生了极大的变化，整个社会对教育的诉求也有所改变。以培养社会发展所需技术技能型人才为目标的职业教育必须顺势而变，才能应对社会转型对职业教育提出的新要求。世界经济论坛创始人、经济学家施瓦布指出，人工智能技术将会对所有国家的所有行业产生巨大影响，并称之为第四次工业革命。世界经济论坛发布的《第四次工业革命：未来就业、技能和劳动力战略》报告指出，未来大部分职业的核心技能将至少有三分之一与今天的不同。一方面，第四次工业革命会像前三次工业革命一样转移劳动力，使农业劳动力数量锐减；另一方面，促使劳动力要有某一方面擅长的专业技能，对沟通能力、问题解决能力、突发事件处理能力和创新能力的要求更高。总之，人工智能技术将导致大部分职业技能需求发生根本性转变，这种转变是职业教育发展的根本动力。人工智能技术赋能的智能职业教育是什么？有怎样的特征？智能职业教育该何去何从？这些都是值得深入探讨的问题。

大数据、云计算、人工智能等新兴技术的发展生成了复杂多元的职业劳动形态，社会变革促使职业教育再次站在面临选择的十字路口上。职业教育的价值本质是什么？如何应对飞速发展的新兴技术带来的挑战？这是我们必须面对的问题。

关于职业教育的价值探讨主要有以下两种观点：一种观点是强调职业教育的经济价值，认为职业教育是一种投资活动。基于此，研究者剖析了职业教育投资与农村劳动力增收之间的关系，分析了技术对劳动力技能的影响，以深入探究智能时代职业教育对经济发展的促进作用。国际劳工组织发布的《技术对工作数量与质量的影响》中也指出新技术有增加就业机会的潜力，能够改善市场就业环境。职业教育能帮助年轻人掌握适应社会发展所需要的能力，进而促进社会经济发展。另一种观点则认为，过度强调职业教育的经济价值与"以人为本"的教育理念相违背，提出职业教育应重视人本价值，培养具有人文关怀、身心健康、职业伦理和工匠精神的高素质技能型人才。在信息技术飞速发展的今天，职业教育更要回归"以人为本"的核心，强调对个体的尊重与爱护。因此，职业教育的培养目标应突破工具论，注重人文关怀，以培养现代人为目标，将数字智能与工匠精神相统一，将敬业乐业与德艺双馨相结合，培养出具有人文气质的技能型人才。

2. 人工智能时代职业教育的机遇与挑战

人工智能技术的发展不仅引发了职业教育价值本质的探讨，也给职业教育带来了机遇与挑战。2019年2月，国务院印发《国家职业教育改革实施方案》(简称"职教20条"，见图1-31)，为办好新时代职业教育提出了7个方面20项举措。"职教20条"指出，职业教育要适应"互联网+职业教育"的发展需求，运用现代信息技术改进教学方式方法，推进虚拟工厂等网络学习空间的建设和应用。该方案表明了深化智能职业教育研究的必要性。智能技术的发展及其在职业教育领域的应用使职业教育的质量、方法、流程都发生了重大变革。随着新一代信息技术的普及，充分运用智能技术实施技能型人才培养不仅能重构智能化职业教育体系，提升职业教育质量，还能促进职业教育向智能化、多元化、终身化方向发展，培养出更加适应智能时代需要的技能型人才。人工智能等新兴技术在职业教育领域的应用，能够将师生从传统机械重复的教学工作中解救出来，让教师有更多的精力关注智能技术难以实现的人文关怀、情感陶冶和批判创新等能力。创新职业教学空间、教学模式和教学管理的发展，为教学空间设计、教师队伍建设、学校组织机构治理等一系列的创新发展提供了新模式、新思路，改善了职业教育空间，丰富了职业教育资源，拓展了职业教育场景，完善了职业教育管理体系。

机遇与挑战并行。人工智能技术的发展在为职业教育的智能化和多元化发展提供机遇的同时，也为传统职业带来了被替代的风险，如图1-32所示。智能机器人和智能装备等技术已经替代了一些传统职业，其中影响最大的主要是可预测的物理活动工作，如流水线操作工、销售员、客服、银行职员等。《人口与劳动绿皮书：中国人口与劳动问题报告No.20》

指出，人工智能对中国制造业工人的替代率高达 19.6%。人工智能的发展颠覆了传统行业，也使得人工智能领域高技能专业性人才短缺，使招工难和就业难的问题并存。社交能力、问题解决能力和创新实践能力较强的人才会继续享受人工智能技术带来的红利，技术含量高、有交叉学科背景的复合型人才在市场中呈现较大需求。综上，人工智能技术替代了传统机械重复性的工种，对一专多能和具有创新能力的技术技能型人才需求更高，这使得传统职业教育不得不向智能职业教育转型，来培养社会需要的创新复合型人才。

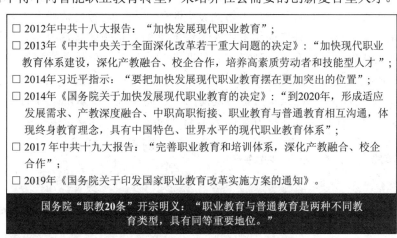

图 1-31 党中央国务院对职业教育的指示

图 1-32 人工智能背景下的职业技术教育

3. 智能职业教育的内涵

在人工智能时代，智能职业教育是解决人才市场供需不匹配的关键。虚拟现实、增强现实等人工智能技术将进一步丰富传统职业教育资源，促进学习者之间、学校之间、城市之间、国家之间的交流沟通，以学生发展为本，为每一位接受职业教育的学习者创造资源丰富的探究式学习空间，将职业教育从传统职业学校拓展到社区、工厂甚至是虚拟工作间、虚拟实验室，让学习者在接近真实的学习环境中提升问题解决能力、沟通交流能力和反思创新能力。

职业教育指的是让受教育者获得某种职业或生产劳动所需的职业技能知识和职业道德的教育，主要包括中等职业教育和高等职业教育。其目的是培养技术技能型人才，强调受教育者的实践技能和工作能力培养，能为经济社会发展提供有力的人才和智力支持。智能职业教育是职业教育在智能时代背景下新的发展阶段，是职业教育依托人工智能技术、物联网技术和虚拟现实等技术来实现教育生态系统的重构，是职业教育中注入智能技术这一催化剂后的反应结果。具体而言，狭义的智能职业教育指的是以培养掌握智能化专业知识的人才为目标，将智能化的知识作为教学内容的职业教育；广义的智能职业教育指的是帮助学习者通过掌握智能知识，具备人机协同能力，进而实现个体智能提升的教育过程。

专业人才培养一体化系统解决方案如图 1-33 所示。

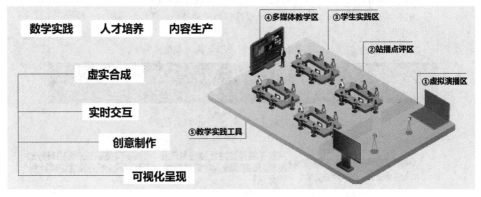

图 1-33　专业人才培养一体化系统解决方案

与传统职业教育不同的是，智能职业教育具有一定的适应性、个体性、实用性和时代性等特征。适应性指的是智能职业教育的环境、方式及管理等都要始终处于主动适应智能时代社会市场经济需要的位置。个体性指的是智能职业教育的立足点是现实生活中的个人，其需求和能力决定了职业教育的目的、内容、方法和形式。实用性不仅表现在教学方法、技术和经验上，还表现在注重学生个体需求、立足和回归现实生活等方面。时代性是智能时代职业教育相较于传统职业教育的本质差异。综上，智能职业教育是智能时代以帮助学生个体获取智能化技术技能专业知识为目标，运用人工智能技术促进教学空间、教学模式、教学管理的转型，以帮助学生适应社会需要，最大化满足学生全面发展的过程。

第一，全面感知的智能化学习空间。

学习空间是学习发生的最直接的环境因素，是决定职业教育质量的关键。智能职业教育的基本依托是全面感知的智能化学习空间。运用智能技术可以打破学习场景间的物理壁垒，实现互联互通，让学习者在任何时间和地点都能快速获取学习所需的任何资源。如汽修专业职教学生，在"汽车故障诊断与维修"课程中，由于缺乏实践环境支持，难以真正感知到有故障汽车的具体表现及其对应原因，导致课堂知识学习难以激发学生的兴趣。全面感知的智能化职业教育空间能帮助教师和学习者及时调用故障汽车图片和视频资源，甚至是基于AR/VR技术的虚拟故障汽车，辅助职业教育学习者感知和理解汽车故障，在实践中学习汽车修理相关技能知识，加深对知识的理解和掌握。此外，在智能化学习空间中，每一位学习者都能找到与其志同道合的学习同伴和导师，为其技术困惑和职业发展指明方向，帮助其开展个性化学习。智能化学习空间框架如图1-34所示。

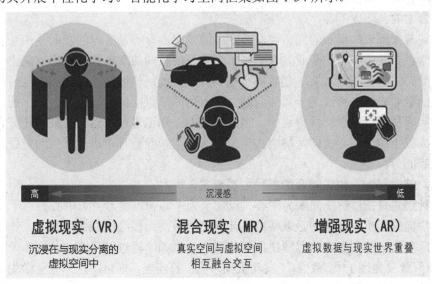

图1-34　智能化学习空间框架

　　人工智能技术支持下的多模态数据感知、大数据学习分析等技术将赋能学习空间和智能导师，实现对学习者的资源需求、学习状态和技能学习过程的深度感知，并以此为依据实现个性化学习服务。在学习环境方面，智能化学习环境能够实时感知学习者对资源的需求，并根据学习者的学习状态和学习需求为学习者提供相关资源支持。在学习状态方面，智能学习空间能基于面部表情识别技术、眼动技术和脑电技术感知学习者的投入度和注意力水平，全面掌握学习者的学习过程特征，为学习者提供精准可靠的学习报告，为出现分心、疑惑、沮丧等负面学习状态的学习者及时提供个性化的支持，为基于过程的评价提供数据支撑。在技能学习过程感知层面，基于大数据对学习者在学习过程中的技能学习情况进行实时分析，了解学习者的技能优势与短板，为个性化的学习路径规划和知识服务提供参考。智能职业教育在资源需求、学习状态、技能学习过程层面的实时分析能为学习评价和个性化教学服务提供依据。

第二，自适应调整的智能教学模式。

随着人工智能技术的发展，传统固化的操作性知识已经无法适应智能时代的需要，应以问题为中心，让学习者在真实情境中通过真实问题的解决来提高问题解决能力，通过亲身实践来学会沟通交流和突发事件处理能力，从"学以致用"转向"用以致学"，培养智能时代所需的复合型人才。自适应调整的智能教学模式能打破学科专业界限、学校与社会的界限，为学习者营造丰富而真实的智能学习环境，进而实现以资源推荐为主的自适应学习，其最终目的是帮助学习者在智能学习环境中实现以问题解决为中心的技能学习。因此，自适应调整的智能教学模式主要体现三大特征：打破学科专业界限，与生活实践相融合，以资源推荐为主的自适应学习。

人类智慧来源于知识观的完整性，技术技能知识本身不是零碎的，而是相互联结的。传统的以学科专业为中心的职业教育不利于学生系统技能的发展和综合思维能力的培养。近年来广受关注的 STEM 教育、创客等都强调知识技能间的联结性，强调学生可以通过融合跨学科的专业知识来解决某一具体问题，进而培养学生的综合实践能力。因此，根据生活中的实际需要，以问题解决为目的，将跨学科专业知识进行联结，打破传统分科教学的壁垒，形成以主题为中心的问题解决式学习将有助于职业教育中培养学生的问题解决能力和创新实践能力。

第三，跨学科专业知识融合的三种主要形式。

这三种形式是指以解决问题为中心、以知识为中心和以学习者为中心。

以解决问题为中心强调的是以某一具体问题的解决为核心的探究式学习，让学习者通过解决实际项目中的问题来培养解决问题的能力。例如，通过解决诸如"汽车发动机点火困难""排气管冒黑烟/白烟/蓝烟""发动机噪声大"等问题，来帮助汽修专业学生掌握汽车常见故障的诊断与维修方法。

以知识为中心强调的是问题背后的知识原理，分析各学科专业的知识单元，根据知识单元间的相互联结来使跨学科知识形成逻辑联系，构建以知识为中心的认知网络。例如，汽修专业学生主修的课程之间是紧密关联的，汽车维修课程不但涉及制图、力学和电工等基础知识，还与汽车理论和汽车构造等知识有关。在智能职业教育中，这些跨学科知识联结而成的汽修知识网络能辅助学习者进行知识关联，促进有意义学习的发生。

以学习者为中心则强调技能学习的发生要基于学习者个体认知特征及其知识背景特征，技能学习是学习者通过社会实践和问题解决过程与已有经验相互联结，从而自主探索并建构的。

因此，要实现有意义的学习，促进学习者投入学习过程，需要以学习者为中心，关注其前期经验和个体特征。不论是以解决问题为中心、以知识为中心还是以学习者为中心，都离不开生活实践。目前职业教育存在的最大问题在于学习者知识的获取缺乏亲身实践的感知，这会导致教学缺乏对学习者主观能动性的考虑，难以调动学习者的积极性。因此，智能职业教育不能脱离社会生活实际，要为学习者营造真实的学习场景，让学习者在相对真实的情境中以解决问题为中心进行探究，开展深度学习，培养其解决问题的能力和创新实践能力。

第四，与生活相融合的场景学习的三大特征。

一是知识学习与生活相关联，学习不再固定于课堂中，而会根据实际情况遍布于场馆、植物园、医院、工厂生产车间或汽车维修厂中，甚至可以是适合学习的任何城市场所。

二是教学的主体不仅限于传统的师生，还可以是参与解决问题的任何组织和个人，如为解决某一问题而形成的探究小组、场馆讲解员、植物学家、医生或技术人员等。这些学习主体因某一问题的驱动而形成探究小组，进而引导学生发现问题、探究问题和解决问题；使学生在解决问题的过程中掌握创新实践能力，进而将其内化为自己的知识经验和技能。

三是学习空间不仅限于传统物理空间，还可以拓展到虚拟学习空间。AR/VR 技术为学习者构建的虚拟探究空间让学习者可以随时随地进行探究学习，如图 1-35 所示；学习将不受微观世界或抽象世界的限制，学习者能真实体验到知识的直观刺激，促进有意义学习的发生。

图 1-35　VR/AR 在学生技术技能培育方面的应用

打破学科界限以及与生活实践相融合是为了促进生成以资源推荐为主的自适应学习。自适应学习可以为具有不同认知水平、不同认知风格的学习者提供与其相适应的个性化服务，优化学习资源服务并实现以学习者为主体的个性化学习。以资源推荐为主的自适应学习通过分析学习者的技能水平、学习风格、兴趣爱好和实践经验等信息，并依据分析结果在专业技能知识库中提取相应资源，为学习者提供个性化的自适应学习服务，促进学生的技术技能培养。自适应调整的智能职业教育模式是智能时代职业教育发展的必然。

4. 灵活创新的智能教学管理

有效的教学管理是教学活动得以正常运行的基本保障。灵活创新的智能教学管理主要从资源管理、教学管理和生态管理三方面来培养技术技能人才。培养技术技能人才是职业教育的根本目标，职业教育出现的现实问题有时会阻碍这一目标。部分学校基于书本的课堂讲授开展教学活动，缺乏对学生个体需求的考虑，缺失过程性的教学数据，这显然不利于学生职业技能的培养。全社会参与的职业教育治理生态有待完善。人工智能技术支持下的智能职业教育管理要关注智能学习资源的自适应服务、教学过程的动态管理和利用智能技术构建全社会参与的教育治理生态，培养适应智能时代需要的技能型人才。

在智能学习资源自适应服务方面，主要基于学习者模型、专业技能领域知识模型、自适应模型来为学习者提供个性化的专业技能知识服务。其中，学习者模型是根据学生学习过程进行数据构建的，包括学生学习目标、偏好、技能、经验等信息的数据模型，是自适应学习资源服务的重要依据，能根据学习者的特点为其提供个性化的知识技能、学习内容和学习活动，提升学生的学习效果。专业技能领域知识模型能为职教学生提供学习的方向，是基于职业教育的专业技能标准构建的专业技能知识库，主要由元数据层、知识层和资源层构成。元数据层表示学习目标在知识领域的位置信息，如所属专业技能类别。知识层由学习目标和知识点构成，是领域知识模型的核心。知识点是最小的知识单元，不可再分。知识点间有先验和后继关系以及平级关系等。相关性高的知识点可以聚合为学习目标。资源层主要包括与知识层相对应的学习内容、学习活动和知识测试等学习相关资源。自适应模型应用合适的推荐算法自适应地调整学生的学习路径和资源推送，减少学生的无效学习行为，提升学生的学习效率。自适应学习服务是基于学习者模型与专业技能知识模型间的差距分析来展开的，主要有基于知识点逻辑结构的推荐和基于学习同伴的推荐。基于知识点逻辑结构的推荐根据学习者的当前技能水平和专业技能知识结构来推荐学习路径，这种方法能够解决冷启动问题。基于学习同伴的推荐根据学习者的认知风格、兴趣爱好、历史学习记录等来匹配学习同伴，进而寻找与其相似的优秀学习同伴，将其学习路径推荐给目标学习者。两种推荐方法均能实现个性化的学习资源服务。

在教学过程的动态管理方面，基于文本数据、眼动数据、语音数据、情感数据和行为数据的多模态学习行为数据进行教学内容管理、教学活动管理、教学行为管理和教学评价管理。其中，教学内容管理主要运用数据挖掘、聚类和关联分析等方法实现学习资源的自适应服务；教学活动管理主要基于多感官共建、多方式共享、启发式探索和自适应学习活动推荐来提升学习者的学习投入度和学习效率；教学行为管理主要运用全面监控、异常检测、眼动追踪和及时反馈等智能技术来智能化管理教学过程，提升学生的学习投入度。通过全方面、多维度、全过程分析教学过程，能为教学评价提供客观、真实可靠的数据支撑，促进智能化的职业教学评价管理。

智能教学资源管理系统框架如图 1-36 所示。

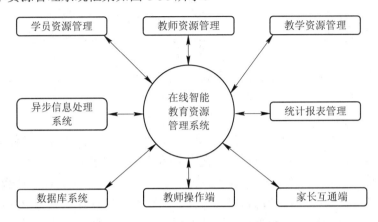

图 1-36　智能教学资源管理系统框架

利用智能技术构建全社会参与的教育治理生态需要完善参与渠道。职业教育管理本身是一项庞杂的工程，需要全社会的共同参与。以智能管理系统为依托，建立政府、学校、企业、家庭和社会等多方协同的沟通机制是促进全社会参与职业教育管理的基础。应以大数据为支撑，完善引导机制，鼓励公立和民办职业院校协同发展，为职业教育发展营造更广阔的空间。应充分利用智能管理系统，完善参与反馈机制，鼓励学校以多样化的方式引入各领域的优秀人才，帮助学生从社会需求层面建立职业认知，拓展学生视野，促进学生全面发展。应以高层次技术技能人才培养为目标，构建职责明确、规范可行的创新实践管理制度，保障智能职业教育的管理效果和质量。

5. 智能职业教育的发展

人工智能技术为职业教育带来的机遇与挑战呼唤智能职业教育的发展。智能职业教育发展主要有以下四条路径：

(1) 人才培养复合化，培养"数字智能+工匠精神"的复合型人才；

(2) 教育模式智能化，创建以学习者为中心的智能教育模式；

(3) 学习形式终身化，营造学习型教育生态；

(4) 校企合作一体化，促进产教融合深度发展。

1) 人才培养复合化，培养"数字智能+工匠精神"的复合型人才

在人才培养目标方面，将数字智能与工匠精神相融合，以高精尖的复合型人才培养为目标，既要关注学习者的数字身份、数字创造力和数字竞争力等数字智能发展，又要重视学习者实践创新能力的提升，以培养智能时代具有数字智能和工匠精神的复合型人才。数字智能(Digital Intelligence，DI)是与智商、情商一脉相通的智能时代人类智力发展形态。世

界经济论坛 2018 年发布的《忘掉智商吧，未来数字智能更重要》报告中强调了智能时代数字智能的重要性。在"数字时代的六大行动"中，培养公民的"数字智能"是其中的关键行动之一。党的十九大报告指出，要弘扬劳模精神和工匠精神，营造劳动光荣的社会风尚和精益求精的敬业之风。工匠精神已然成为国家精神和教育共识。因此，培养"数字智能+工匠精神"的复合型人才是智能时代的呼唤。在人才培养模式方面，为学习者构建可以深入探究的智能学习环境，将精益求精作为智能时代的职业操守，不仅强调学生创新实践能力和数字智能的培养，更要让学生在探究学习的过程中养成专注、科学的思维和行为习惯。在智能时代背景下，应将爱岗敬业作为基本职业态度，培养学生在智能时代下对智能技术的求实创新精神和精益求精的社会担当。在人才培养生态构建方面，应以社会发展中的实际问题解决为核心，以"数字智能"和"工匠精神"为导向，基于智能职业教学管理系统，依托职业院校并充分发挥企业单位和研究机构的能动性，培养企业所需的复合型人才来反哺企业发展，实现共同进步。应为参与职业教育的学生搭建技能人才表彰与展示平台，营造关注智能素养、崇尚工匠精神的学习氛围，充分发挥优秀学生的示范和带动效应，利用智能技术为智能时代"数字智能＋工匠精神"的复合型人才培养创造良好的教育生态。

2) 教育模式智能化，创建以学习者为中心的智能教育模式

智能教育模式是智能职业教育的新形态。人工智能的发展与职业教育的改革是相互影响、有机统一的关系。人工智能技术赋能智能职业教育发展，可以通过以下四个方面促进职业教育效能最大化：

(1) 职业教育营造虚实结合的教学空间。

在学习空间方面，全面感知的智能化学习空间为职业教学活动提供了多样化的学习情境。大数据和云计算技术为个性化课堂教学提供了可能，师生可以根据需要组建主题探究式的学习小组，获取相应的教育资源，实现个性化的职业教育。在技能实训环节，人工智能技术突破了传统时空限制，能为学习者的技能训练提供仿真实训场景，让学习者在实践中深化对知识的理解，提升其问题解决能力和创新实践能力，促使理论与实践相结合。例如，乐清市职业中等专业学校的汽车专业实训基地可以使学生在虚拟环境中学习汽车构造原理，甚至是汽车拆装与维修。新知识和新技术的出现对职教学生提出了更高的要求，有限的实习基地和实训设备一定程度上限制了学生的实训操作。利用 VR 辅助教学不仅为学生提供了实践机会，还增强了学习的趣味性，提高了学生的学习投入度。

(2) 为教学活动提供多样化和个性化的教学资源服务。

在资源服务方面，人工智能技术为学习者的学习行为分析、知识结构分析、认知风格分析提供了科学依据，能进一步促进个性化学习路径规划，为学习者提供个性化的教学服务，真正实现因材施教；推动课程内容从分科教学向知识融合方向发展，以学习者发展为核心，以问题探究为依托，基于 VR/AR 技术和大数据、云计算等人工智能相关技术，为学

习者个性化的深度学习提供支持。智能技术将进一步拓展翻转课堂、混合式教学等模式，虚实结合，为职业教育技术技能人才培养提供支持。例如，湖南汽车工程学院运用智能技术和大数据技术，为学习者营造一个以实践为中心的学习环境，让学习者有机会与企业生产现场实时连线，深入一线项目，真正做到教学过程与企业生产对接。

(3) 为教师提供丰富的专业提升路径。

在职业教育教师发展方面，智能技术能为教师信息化教学能力提升赋能，提高教师信息素养和信息化教学的理解与应用能力，丰富教学活动设计与组织方式；鼓励教师参与信息化教学资源的设计与开发，为其提供适合教学情境的信息化教学资源；充分利用人工智能技术优势，根据实际教学需要，从教学空间、教学内容、组织形式、教学管理和教学评价等环节为教师实施智能职业教育提供个性化服务；推动职业教育教师培养基地建设，为职业教育教师专业发展提供个性化的实训平台，促进教师智能职业教学能力的提升。

(4) 为教学评价提供基于过程的精准评价方法。

在教学评价方面，通过智能化教学过程跟踪和学习路径分析，为智能诊断教学效果提供支持，促进智能职业教育质量提升。基于大数据和云计算等技术，从教师、学生、教学内容、问题解决等方面综合评价教学质量；基于数据的教学活动分析、教学内容分析和教学交互分析等可以综合评价课堂教学的深度与广度；在教师、学生、家长、企业等多主体参与下，从学生学习投入度、认知建构和创新实践能力等方面运用定性定量相结合的方法实施多主体支持的学习分析；基于技术技能学习涉及的组织机构，根据具体问题解决情况和技能掌握情况综合分析教学效果。

3) 学习形式终身化，营造学习型教育生态

人工智能技术的发展对很多传统行业造成了颠覆性的影响。智能职业教育背景下，自适应调整的教学方式能进一步构建终身化职业教育生态，为学习者提供更加全面的职业教育公共服务，帮助中低技能人员提升信息化劳动技能，促进其职业发展。职业教育终身化需要向前和向后延伸拓展职业教育发展，将智能职业启蒙教育纳入基础教育阶段，完善终身职业教育智能服务机制，重视新型智能技术人才的培养，为更多人创造更广阔的教育发展机会和就业提升机遇。

(1) 以人工智能教育和劳动教育为依托。

将智能职业启蒙教育融入基础教育阶段，引导学校和家庭重视智能职业教育的价值，深化学生对智能职业教育的认知，提升其计算思维和动手实践能力，引导其认识和理解智能职业教育的内涵、类型以及发展趋势，为培养学生的数字智能奠定基础。例如，杭州市余杭区商贸职业中学将各种新型技术和产品，如 3D 打印、VR 技术、无人机等引入校园，让学生提前接触人工智能技术及智能制造技术的基础知识，来帮助学生在未来学习中增加对智能系统的理解，更好地适应与智能设备共同工作的情境。

(2) 完善终身职业教育智能服务机制。

为中低技能人才提供智能技术教育服务，促进其技能提升，以适应智能时代的需要，进而为其职业发展提供更广阔的空间。目前，进城务工人员主要从事第二产业和第三产业工作，以简单重复性劳动为主，难以适应智能时代发展的需要。为进城务工人员提供智能技术指导与技能培训，不仅能促进新生代农民工转型为新时代智能型人才，还能促进智能社会终身职业教育的发展。

(3) 重视新型智能技术人才的培养。

人工智能技术替代了很多传统重复劳动力的职业，导致部分人员失业。为应对这一社会问题，需要重视这些重复劳动职业人员的新型智能技术培训，促进其适应智能时代的职业转型；对于由此造成的失业人员，根据其本身特点为其提供智能教育服务，为其职业发展创造更多空间。

4) 校企合作一体化，促进产教融合深度发展

2021年4月，习近平总书记就职业教育工作作出重要指示强调，要深化产教融合和校企合作，加快构建现代职业教育体系。灵活创新的智能职业教学管理可以依托政府、学校、企业、家庭和社会五位一体的智能职业教育平台，强化政府引导，创造多途径的人才培养模式。

(1) 构建政府、学校、企业、家庭和社会五位一体的智能职业教育服务平台。目前，我国人才培养供给侧与产业需求侧不匹配现象突出，结构性失业问题严重，究其原因，主要是产业链、教育链、人才链的脱节造成的。因此，充分发挥大数据、云计算等智能技术优势，构建政府、学校、企业、家庭和社会五位一体的智能职业教育服务平台是促进产业链、教育链和人才链重新衔接的关键。政府在顶层设计方面发挥全面部署优势，加强学校人才培养和企业发展需求的深度沟通，让企业深度参与职业院校人才培养的各个环节，促进人才培养目标与企业需求的深度融合，进而促进智能职业教育的发展。

(2) 强化政府的引导机制，提升学校、企业、家庭和社会的参与热情。目前，产教融合存在"产教两张皮"的现象，例如，在职业教育学生实习方面，企业对于职教学生的实习接纳数量有限，由此导致职业学校与企业的深度融合受到限制。政府如果能充分利用职业教育大数据、云计算等智能技术支持，为参与职教的学员提前做好培养计划，使实习学生也能为企业发展贡献力量，那么将有助于企业和职业院校的协调，真正实现产教融合。

(3) 创造多途径多方位参与的人才培养模式。开发智能职业培训市场，扶持产教融合企业。借鉴德国双元制人才培养体系，在人才培养初期，鼓励参培人员与企业签订合同，学校为企业的智能化人才培养提供支持，这样可以促进智能产业发展与职业教育的深度融合，保证人才培养与企业需求的无缝衔接。满足人才发展需要，构建智能教学工厂。将工厂中的智能制造元素纳入职教当中，让学生在学校环境中能相对真实地感受到工厂的实际

需求，促进学生对智能职业技能的理解和智能职业技能的发展。充分发挥 AR/VR 技术，为职业院校构建虚拟教学工厂，让学生在相对真实的环境中深化理解与掌握专业技能，辅助学生从实践中习得真知。如龙泉市中等职业学校建设的智能实训大楼(实训基地)包括工业机器人基础模块实训室、工业机器人工作站和产教融合、校企一体智能制造自动化生产线，为智能技术人才的培养提供了环境支持。

(4) **大力发展职业教育，为经济社会发展提供服务**。充分运用智能职业教育挖掘学生潜力，促进"人口大国"向"人才大国"转型，为数字化和智能化社会的构建提供智力支持，将"中国制造"转变为"中国智造"。充分发挥智能技术优势，推进人才培养复合化、教育模式智能化、学习形式终身化以及校企合作一体化，加快发展新一代智能职业教育，是推动我国科技跨越发展、产业优化升级、生产力整体跃升的重要手段。因此，我们要牢牢把握智能职业教育发展大方向毫不动摇，努力促进人与智能技术的协同发展。

第二章　实体经济高质量发展

　　党的二十大报告强调，"坚持把发展经济的着力点放在实体经济上"。实体经济作为国家社会经济发展的核心构成，既是提高国家综合实力、保障国家安全的"基本盘"，也是提升经济竞争优势与稳固国际地位的"压舱石"。习近平总书记着眼中华民族伟大复兴的战略全局和世界百年未有之大变局，在深刻把握国内外形势变化和发展经验教训的基础上，提出把发展经济的着力点放在实体经济上的重大论断，并在不同场合深入阐述关于实体经济发展的新思想、新观点、新要求，回答了新时代如何发展实体经济等一系列重大问题，体现了以习近平同志为核心的党中央对做实做强做优实体经济、夯实高质量发展根基的战略谋划和工作安排，有力凝聚了全社会的共识，对中国经济发展产生了重大而深远的影响。这些重要论述，是习近平经济思想的重要组成部分，是推动实体经济高质量发展的根本遵循和行动指南。当前我国经济发展面临需求收缩、供给冲击、预期转弱三重压力，同时又遭遇严峻复杂的国际环境，必须深入系统地学习领会习近平总书记关于发展实体经济的重要论述，不断做实做强做优实体经济，为推进中国式现代化、全面建成社会主义现代化强国奠定坚实的经济基础。

　　在高度重视实体经济发展的战略和政策下，中国积累了巨大的实体经济财富和生产供给能力，尤其是党的"十八大"以来，随着中国步入工业化后期，中国已经成为了一个世界性实体经济大国。但是，中国实体经济发展"大而不强"的问题还比较突出，虽然具有庞大的实体经济供给数量，但供给质量不高，无法满足消费结构转型升级的需要，实体经济结构性供需失衡。中国是一个实体经济大国而非实体经济强国，这可以被认为是一个基本国情。无论是强调正确处理实体经济与虚拟经济的关系、金融要回归本源真实服务实体经济，还是将振兴实体经济作为供给侧结构性改革的主攻方向以及通过创新驱动优化实体经济结构，本质上都是基于实体经济"大而不强"的基本国情提出的重大战略举措和政策导向。图 2-1 形象地比喻了虚拟经济与实体经济的失衡关系。尤其是，在经济增速趋缓的经济新常态的背景下，实体经济如何实现从大到强的转变，不仅仅是实体经济转型升级的自身发展问题，而且是中国重大的经济结构调整问题，是当前中国经济发展需要解决的核心问题。正如习近平总书记所指出的：当前，我国经济运行面临的突出矛盾和问题，虽然有周期性、总量性因素，但根源是重大结构性失衡。

图 2-1　虚拟经济与实体经济漫画

概括起来，当前中国经济发展面临"三大结构性失衡"。一是实体经济结构性供需失衡；二是金融和实体经济失衡；三是房地产和实体经济失衡。这"三大结构性失衡"有着内在因果关系，导致经济循环不畅。这意味着步入工业化后期的中国经济结构的重大问题就是实体经济结构失衡，这包括实体经济内部的供需结构失衡，以及实体经济外部的实体与虚拟经济之间的结构失衡，而应对结构失衡的良方就是结构性改革。因此，推进以创新为核心要义的供给侧结构性改革，是化解实体经济结构性供需失衡、虚拟经济和实体经济的失衡，实现实体经济由大向强转变的根本路径，也是经济新常态下培育经济增长新动能、实现动能转换的必然要求。

2.1　实体经济的概念

2.1.1　实体经济的内涵与功能

"实体经济"这一概念在西方国家运用得十分普遍，但对其内涵的专门研究并不多，至今尚未有统一的定义，主要有以下几种观点：

· 一是实体经济是产品和服务的流通。美国经济学家彼得·德鲁克(Peter F. Drucker)将整个经济系统划分为实体经济和符号经济，实体经济是产品和服务的流通，符号经济是资本的运动、汇率和信贷流通，两者正在渐行渐远。

· 二是实体经济是以企业和市场、法定货币、政府管制、税收和国民核算账户为特征的经济。美国普林斯顿大学教授维维安娜·泽利泽(Viviana A. Zelizer)认为实体经济以企业和市场、法定货币、政府管制、税收和国民核算账户为特征。

· 三是 2007 年次贷危机爆发后，Real Economy(实体经济)一词被美国联邦储备系统多次提及，美联储强调的实体经济就是将金融市场和房地产市场剔除后，所涵盖的制造业、进出口业、零售业和经常账户等部分①。美联储用二分法划分实体经济和虚拟经济，房地产业和金融业属于虚拟经济，国民经济的其余部分都归属实体经济。

"实体经济"这个概念从某种意义上讲是一个新提法，至少在主流的经济学语境和长期的政策话语体系中讲得并不多。与"实体经济"相对应的是"虚拟经济"，在十九世纪末至二十世纪初网络商业模式兴起之前，马克思的经济理论体系中有"虚拟资本"一说，但没有"虚拟经济"的说法。2010 年上海辞书出版社出版的《辞海》中，"实体经济"一词开始出现，而且有意思的是，"虚拟资本"一词没有了，取而代之的是"虚拟经济"一词。这充分说明，"实体经济"在中国作为一个专业术语和具有政策涵义的概念，是经济发展阶段的产物，具有鲜明的时代烙印。可以看出，"实体经济"的概念不仅近年来成为聚焦对象，而且还具有特殊的中国语境。

1. 中国语境下的实体经济的内涵

严格来说，市场经济体系比较成熟的发达国家，并无与我们语言环境完全对应一致的"实体经济"一说。国内一般所认同的代表"实体经济"的英文 Real Economy 一词，与我们所讲的"实体经济"并不完全相同。现阶段，国内学术界关于实体经济内涵的观点主要有三类，如表 2-1 所示。

表 2-1　部分文献对实体经济的界定

序号	学者	对实体经济内涵的观点	类别
1	裴汉青(2004)	实体经济是指物质产品、精神产品的生产、销售及提供相关服务的经济活动。具体存在形态表现为社会再生产过程中的货币资本、生产资本和商品资本等，这些都是真实的资本，分别执行着不同的资本指南	第一类
2	黄瑞玲(2003)	实体经济又称实物经济或实质经济，是指社会再生产的过程(是有形的物体运动与再生产的过程)，整个社会经济运行状况以有形的物质作为载体，进入市场的要素禀赋是以有形的、刚性的实物形态为主体。它具有两个明显的特点，一是以实物作为载体，如工业、农业、商业及交通运输、贸易等部门；二是它能够创造或实现商品的价值	
3	杜厚文和伞锋(2003)	实体经济指传统的商品与劳务的生产与流通等经济活动	
4	梁云凤和崔长彬(2018)	实体经济是宏观经济层面的概念，是国民经济中部分特定行业的集合，涵盖农业、工业和商贸流通行业，其中制造业尤其是新兴制造业是实体经济的核心，金融业与房地产业则一般不属于实体经济	第二类

① 冉芳，张红伟. 金融服务实体经济问题研究[M]. 北京：中国社会科学出版社，2019: 28.

序号	学者	对实体经济内涵的观点	类别
5	冉芳和张红伟 (2019)	实体经济是人类社会生存和发展的基础,是物质和精神产品的生产、销售等经济活动,既包括农业、工业、交通运输业等物质生产和服务部门,也包括文化、教育、体育、艺术等精神产品的生产和服务;从三大产业构成看包括第一、第二产业和扣除金融业与投资性房地产外的服务业	第二类
6	孙工声 (2012)	实体经济是直接或间接创造社会财富(包括物质财富和精神财富)的经济活动,实体经济部门既包括农业、工业、交通运输业、通信业、商业服务业、建筑业等物质生产和服务部门,也包括教育、文化、知识、信息、艺术、体育等精神产品的生产和服务部门	
7	孔杰和欧大军 (2004)	实体经济指以实物形态为特征的、物质产品、精神产品的生产、销售以及提供相关服务的经济活动,它包括农业、工业、能源、交通运输、通信、建筑等物质生产活动,也包括教育、文化、知识、艺术、体育等精神产品的生产和服务	第三类
8	李晓西和杨琳 (2000)	实体经济指物质产品、精神产品的生产、销售及提供相关服务的经济活动,既包括农业、能源、交通运输、邮电、建筑等物质生产活动,也包括商业、教育、文化、艺术、体育等精神产品的生产和服务	

(1) 第一类将实体经济界定为真实社会财富的创造过程,表现为有形的物质产品和精神产品的生产与流通。第一类表述是以生产与流通的物理形态为出发点,侧重于从理论上认识实体经济。

(2) 第二类将实体经济界定为特定产业集,这种定义常见于政策文件的论述中。2002年党的十六大报告中首次提出正确处理虚拟经济与实体经济的关系,当时报告中所提到的实体经济是对高新技术产业、基础产业、制造业、服务业、基础设施建设的大致划分。第二类表述是以产业门类为出发点,侧重于从实践上评估实体经济的发展情况。

(3) 第三类界定综合了前两类,将实体经济定义为创造真实的社会财富的经济活动,具体包含农业、工业、交通运输业、通信业、商业服务业、建筑业以及教育、文化、知识、信息、艺术、体育等服务业。第三类定义是对前两类定义的融合和加工,既点明了实体经济的理论特点,又方便量化实体经济的发展情况。

因此本文沿用第三类界定,实体经济是创造真实的社会财富的经济活动,表现为物质产品、精神产品的生产和流通过程,以有形的物质作为运行载体,实体经济部门涵盖的产业集是第一、第二产业和剔除金融业与房地产业的服务业,其中制造业是实体经济的核心。

2. 中国语境下的实体经济的功能

实体经济始终是人类社会赖以生存和发展的基础。实体经济是一个国家经济的立身之本，是国家强盛的重要支柱，对于我国经济持续健康稳定发展具有关键作用。具体来说，实体经济有下列功能：

——**提供人的基本生活资料的功能**。实体经济是保证人们吃饭、穿衣、行动、居住、看病、休闲等活动得以继续进行的基础，是各式各样的生活资料的保障(这些生活资料是由各式各样的实体经济生产出来的)。实体经济的生产活动一旦停止了，人们各式各样的消费活动便得不到保障。

——**提高人的生活水平的功能**。保证人们生活得更好的物质条件，是由各式各样的更高水平的实体经济创造出来的。如果实体经济的更高级生产活动停止了，人们就从根本上失去了提高生活水平的基础。

——**增强人的综合素质的功能**。保证人们高层次精神生活的物质前提同样是由各种具有特殊性质的实体经济所提供的。如果实体经济的一些特殊活动形式停止了，人们就会从根本上失去增强综合素质的根基。

2.1.2　发展实体经济的重要性

虽然在经济战略和政策领域以及在日常经济活动中，"实体经济"一词被反复使用，但从理论层面对实体经济予以严格界定并不容易，甚至从实证角度分析实体经济所包括的内容或者范围时，往往不同的实证研究侧重也不同，而且从统计意义上看并没有实体经济这样一个专门的针对性指标。从现有的文献来看，大致可以从两个视角来界定实体经济，一个是与虚拟经济辨析的角度，另一个是产业分类的视角。前者侧重于经济史和理论层面的分析，而后者可用于支撑实证统计的分析。

1. 实体经济是国家经济的命脉，是虚拟经济的前提和基础

界定实体经济需要基于对虚拟经济的理解来论述。马克思较早地在资本范围内讨论了现实资本和虚拟资本的分类，认为"银行家资本的最大部分纯粹是虚拟的，是由债权(汇票)、国家证券(代表过去的资本)和股票(对未来收益的支取凭证)构成的"，并揭示了虚拟资本随着信用制度和生息资本(收取利息而暂时转让给别人使用的货币资本)的发展而实现自我增值的过程。另外，还有一些经济学家分别从实际经济运行和货币运行、工业和金融、工业资本和金融资本等方面进行了研究，对实体经济和虚拟经济的分类进行了全面分析。值得提及的是，管理学大师彼得·德鲁克将整个经济体系分为实体经济和符号经济，实体经济是指产品和服务的流通，符号经济是指资本的运动、外汇率和信用流通。用符号经济替代虚拟经济或者金融经济，被认为更具有与实体经济相对应的匹配性以及更能解释实体经济与虚拟经济二者的本质联系。虚拟经济和实体经济之间的区别与联系如图2-2所示。

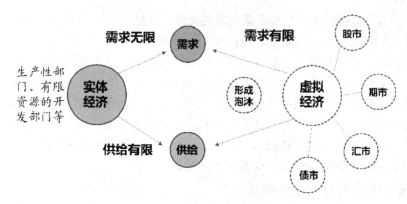

图 2-2　虚拟经济和实体经济之间的区别与联系

　　但是，当今多数研究者和社会上更倾向于使虚拟经济与实体经济相对应。实际上，真正界定实体经济的研究文献并不多，多数是研究虚拟经济和经济泡沫问题，只是从对应和辨析角度界定实体经济。尤其是 1997 年亚洲金融危机和 2008 年美国金融危机之后，相关文献出现得更为集中。在具体表述什么是实体经济时，不同表述的侧重点会有所不同，但核心都是如何区分实体经济和虚拟经济。

　　无论如何界定，要理解实体经济发展，必须回归到产业视角上来。从产业层面看，第一产业和第二产业均属于实体经济的范畴，第三产业中除去房产市场和金融市场之外的产业也都应属于实体经济。就美国经济数据的构成看，制造业、进出口、经常账户、销售行业等被美国联邦储备系统(美联储)笼统地概括为"实体经济"。但是，仅仅停留在三次产业层面理解实体经济是不够的，界定实体经济还需要进一步按具体产业归属划分。现在人们在讨论实体经济问题以及实体经济与虚拟经济的关系，例如当前讨论有关"金融服务实体经济"与"虚实脱离"等问题时，虽然都是用"实体经济"这一概念，但其所指的涵义、包括的具体产业往往不同，这会导致看法大相径庭。甚至有一种观点认为金融业属于服务业，而服务业又归为实体经济，因而金融业就是实体经济的一部分，"金融服务实体经济"以及中国经济存在"脱实向虚"问题都是伪命题。因此，问题的关键是必须全面正确地理解实体经济。

　　第一，实体经济是人们生存发展的基础和前提。人们衣食住行所需的生活资料是由各式各样的实体经济生产出来的。

　　第二，实体经济是国家经济社会发展的根基所在。振兴实体经济是供给侧结构性改革的主战场，是改善民生和提高国际竞争力的强大根基，是国家安全的重要保障。

　　第三，实体经济是解决发展难题的坚实基础。解决中国面临的工业化、城镇化和建设创新型国家等重大问题，必须依靠发达的实体经济。大力发展实体经济是解决"产业空心化"问题的关键举措，是实现国民经济可持续发展的可靠保障，也是防范金融风险的经验之道。

第四，发达的实体经济是社会和谐的重要保障。稳健的实体经济是最大的就业容纳器，有利于引导人们树立正确的致富观、价值观和幸福观。

经济高速增长极大地增强了我国的综合国力，提高了人民生活水平，也带来了财政收入高增长，使我们有条件推进基本公共服务均等化战略，因此今后必须保证经济稳增长。实体经济是一个国家经济的核心内容，资金运行是实体经济运行的润滑剂，实体经济增长则是经济稳增长的突破点。发展实体经济来稳增长并不是说要强行拉动实体经济增长，而是因为我国的实体经济还有"软肋"，修理这些"软肋"，恰恰可以稳增长。解决这些问题需要巨额投资，而投资扩张势必拉动整体经济增长。

2. 发展实体经济是扩内需的保障条件

发展实体经济和扩大内需具有相辅相成的关系，其内在逻辑是实体经济的发展要与内需扩张达成总量和结构上的平衡。当前中国的特点是内需市场广阔，人们基本生活资料需求巨大，同时，住房需求也数倍于各个经济发达体。此外，改革开放又极大地刺激了公众消费欲望，高速经济增长也反推消费扩张均等化，在现阶段部分阶层消费增长率相对放缓的情况下，政府又在运用政策手段刺激消费。扩大内需形成的有效需求必须要有供给对应，因为在扩内需的同时必须相应发展实体经济。

3. 发展实体经济是控物价的有效手段

近年来物价总体呈上行趋势，物价上涨有货币供应量过快增加的因素，但归根结底是实物供求的结构性失衡。因此，控制物价上涨关键是运用各种政策手段优化实体经济增长，进而加大物价上涨过快产业产品的供给，调整总体产品质量结构。

2.1.3 实体经济发展的现状与问题

改革开放政策所带来的制度改革、技术科技创新、优化人力资源教育和自由金融制度引导的资本流动促使我国经济快速发展，以市场化和开放化为原则的改革开放促进了我国经济制度和产业结构的调整，推动了实体经济的快速增长。经济制度的变迁影响了资源配置，解决了资源浪费、资源利用低效等问题。科技的发展与创新为实体经济发展提供了良好的硬件与软件支持。不仅在技术设备的硬件方面进行了改进与创新，也在配套软件方面进行了深化改革与支持创新，提高了企业的生产效率和利润率，促进了实体经济增长。自改革开放以来，我国实体经济的发展已取得了显著的成就，经济发展呈现出"多稳"格局、供给质量持续改善以及供给体系质量不断提高的趋势。图2-3所示为实体经济形象的漫画。

然而，值得骄傲的成绩背后却有无法回避的尴尬：我国已是全球制造业第一大国，但却面临着大而不强的尴尬局面。在世界品牌百强中，中国只有华为、联想两个品牌入围。近年来，我国实体经济的发展还存在一定的阻力，稳增长、调结构、促改革、惠民生和防风险等任务还十分艰巨。我国制造业增速呈现不断放缓的趋势，表明我国制造业正处在向新型制造业转型升级的"犹豫期"。

图 2-3　实体经济漫画

1. 供给结构失衡严重

传统工业快速增长导致实体经济结构中累积了大量的矛盾。其中较为突出的矛盾是低端和无效的供给过剩，而高端和有效的供给不足。从制造业来看，产品的更新换代和结构调整与国内消费者需求升级无法匹配。高附加值产品自身供给水平不高，严重依赖进口。建材、石油和钢铁等高污染高耗能等企业科技含量水平低，产能过剩，全球竞争力薄弱，部分企业的核心技术和零部件依赖外资企业生产或进口。总之，实体经济内部供给失衡问题多，且日趋严重。

2. 企业税费负担重

企业承担的税费包括企业间接税收和政府各种收费。从企业间接税负来看，我们国家企业的税负相比其他国家来说并不高，甚至和以间接税为主的发达国家相比，我国的间接税负明显偏低。但是，企业缴纳的各种费用则远高于其他国家。从企业应缴纳的各种政府缴费占 GDP 的比重可以发现，2010～2014 年，约占 GDP 总量的 9%，然而其他国家只有 1%。

3. 企业融资难易程度不同

自 2008 年金融危机以来，高杠杆率在实体经济发展中的问题日益严重，去杠杆也是供给侧改革的重要任务。在我国实体经济中，国有企业和上市公司融资容易，而非上市的民营企业融资困难。金融高杠杆主要集中在一些大的国企和上市公司中，并通过金融市场的不断加杠杆，致使整体经济的杠杆率不断攀升。

4. 新实体经济冲击着传统实体经济

随着互联网的高速发展，网店和快递行业等新型经济体已成为现在实体经济发展的新动力。以这种新经济体为代表的一系列新实体经济形态的发展给传统实体经济体带来了巨大的冲击，挤压着一些传统的实体经济结构的生存空间，刺激着传统企业的转型、产品更新换代和技术创新。政府在宏观上重塑实体经济形态也面临着巨大挑战，既要使新实体经济作为引擎高速发展，又要使传统实体经济焕发新的活力。

2.1.4 实体经济发展的政策思路与路径

1. 实体经济发展的政策思路

(1) 发展实体经济的核心目标是提高制造业供给体系质量，围绕提高制造业供给体系质量深化供给侧结构性改革，化解制造业供需结构性失衡，如图 2-4 所示。具体可以从产品、企业和产业三个层面入手[①]。

图 2-4 制造业升级改造十大重点工程

——产品层面。以提高制造产品附加值和提升制造产品质量为基本目标，以激发企业家精神与培育现代工匠精神为着力点，全面加强技术创新和质量管理，提高制造产品的供给质量。企业家精神的核心内涵是整合资源、持续创新、承担风险，提高产品档次和产品附加值的关键是依靠企业家精神实现技术创新并承担创新风险。精益求精、专心致志是工匠精神的基本要义，工匠精神是制造业质量和信誉的保证[②]。一大批具有创新精神、专注制造业发展的企业家和一大批精益求精、不断创新工艺、改进产品质量的现代产业工人，是

① 黄群慧. 提高制造业供给体系质量[J]. 瞭望，2017(31)：34-35.
② 黄群慧. 论新时期中国实体经济的发展[J]. 中国工业经济，2017(09):5-24. DOI:10.19581/j.cnki.ciejournal. 2017.09.001.

制造业供给质量的根本保证。一方面，要完善保护知识产权、促进公平竞争等能够激励企业家将精力和资源集中到制造业创新发展上的体制机制；另一方面，要完善职业培训体系、职业社会保障、薪酬和奖励制度，进一步激励现代产业工人精益求精、专心致志。

——**企业层面**。以提高企业素质和培育世界一流企业为目标，积极有效处置"僵尸企业"、降低制造企业成本和深化国有企业改革，完善企业创新发展环境，培育世界一流企业。政府要积极建立有利于各类企业创新发展、公平竞争的体制机制，努力创造公平竞争环境、促进各类所有制的大中小企业共同发展。进一步深化政府管理体制改革，简政放权，降低制度性交易成本，围绕降低实体养老保险、税费负担、财务成本、能源成本、物流成本等各个方面进行一系列的改革，出台切实有效的政策措施，营造有利环境，鼓励和引导企业创新行为。

——**产业层面**。以提高制造业创新能力和促进制造业产业结构高级化为目标，积极实施《中国制造 2025》，提高制造业智能化、绿色化、高端化、服务化水平，建设现代制造业产业体系，如图 2-5 所示。从政策着力点看，一方面是有效协调竞争政策和产业政策，发挥竞争政策的基础作用和更好地发挥产业政策促进产业结构高级化作用，政府应该更多地把工作重点放在培育科技创新生态系统上，做到促进战略性新兴产业发展与传统产业升级改造相结合，促进传统制造业与互联网的深度融合，促进中国经济新旧动能平稳接续和快速转换；另一方面应通过加强公共服务体系建设、深化科技体制改革、强化国家质量基础设施(NQI)的建设和管理，切实提高制造业行业共性技术服务、共性质量服务水平。

图 2-5 《中国制造 2025》路线图

（2）发展实体经济的关键任务是形成工业和服务业良性互动、融合共生的关系，化解产业结构失衡，构建创新驱动、效率导向的现代产业体系。在世界新一轮科技革命和产业变革趋势下，产业结构高级化的内涵正发生巨大变化，产业融合化、信息化、国际化大趋势正在重构现代产业体系。

与此同时，在中国步入工业化后期和经济新常态的背景下，中国的产业结构正处于巨大变革期，工业在国民经济中的贡献和作用正由过去经济增长的主导产业向承载国家核心竞争能力和决定国家长期经济增长转变，产业结构从"工业占比过大"的失衡状态转向"服务业过快增长"的失衡状态，中国经济增长正需要新的产业供给体系实现经济增长的动能转换[1]；在三次产业日趋融合的大趋势下，产业结构调整和产业政策的目标不应该只是追求统计意义上工业和服务业在国民经济中的比重，而应更加重视产业的运行效率、运营质量和经济效益，更加重视培育工业和服务业融合发展、互相促进的公平竞争环境。产业融合体现在制造业和服务业上，是制造业服务化或者是服务型制造的发展，当前中国服务业内部结构的高端化程度不够，劳动密集型服务业相对较大，而技术密集型服务业占比不够高，服务业中资本密集型服务业呈现出以偏离实体经济自我循环为主的增长趋势，造成整体服务业对制造业转型升级支持不够；而制造业与服务业结合尤其是与技术密集型服务业结合也不够，也就是服务型制造发展不够。无论是提升服务业内部结构升级，还是制造业转型升级和产业融合，都需要大力发展服务型制造。

未来中国提高产业效率、实现产业升级，一定要抓住发展服务型制造这个"牛鼻子"[2]。中国未来经济可持续增长的关键是形成符合融合化、信息化、国际化大趋势的新的现代产业体系。所谓大力发展实体经济，关键任务是要构建这种新型现代产业体系，而这种产业新体系的构建无疑是要依赖创新驱动战略的，创新能力不强是中国产业体系的"阿克琉斯之踵"，无论是制造业的供给质量提升，还是解决实体经济投资回报率低的问题，都要依赖以科技创新为核心的全面创新。但是，创新是手段而不是目的，实体经济发展的最根本的问题还是效率[3]，即使是创新活动本身，也要关注创新的效率，构建和发展现代产业体系一定要以效率为导向[4]。当前中国服务业生产率增长缓慢、效率不高已成为制约实体经济发展最突出的因素，不仅直接影响整个产业体系的效率，而且影响工业创新发展能力。而制约中国科技、教育、金融等生产性服务业效率提升的关键是体制机制问题。科技、教育等事业单位体制以及市场化机制的不完善，极大地制约了中国创新能力提升、人力资本积累和

① 阿德里安·伍德，顾思蒋，夏庆杰. 世界各国结构转型差异(1985—2015)：模式、原因和寓意[J]. 经济科学，2017(01):5-31.

② 陈雨露，马勇. 泡沫、实体经济与金融危机：一个周期分析框架[J]. 金融监管研究，2012(01):1-19.

③ 伍晓鹰. 中国实体经济：创新问题，还是效率问题?[J]. 中国经济报告，2017(07):62-64.

④ 成思危，刘骏民. 虚拟经济理论与实践[M]. 天津：南开大学出版社，2003.

有效使用，而金融行业竞争不够又极大地加重了实体经济的生存、创新发展的成本。深入推进服务业供给侧结构性改革，加快生产性服务业改革开放，是构建现代产业体系、提升中国实体经济质量、促进实体经济发展的关键举措。

(3) 发展实体经济的当务之急是在"虚实分离"的常态中坚持"实体经济决定论"，从体制机制上化解"虚实结构失衡"，将风险防范的工作重点从关注金融领域风险转向关注长期系统性经济风险

对金融与实体经济关系的争论，学界由来已久。"构建金融有效支持实体经济的体制机制"在党和国家文件中是一个新表述，是"十四五"时期金融工作的重大决策部署，也是中国金融改革发展的迫切任务。这是党中央国务院对金融支持实体经济有效性不足，存在明显的短板这一不争的事实背后原因的深刻洞察和科学总结。构建金融有效支持实体经济的体制机制正是对习近平总书记强调的金融要回归服务实体经济这一本源做出的根本性、全局性、稳定性、长期性的界定，充分彰显了制度化建设的核心地位。

近年来，中国金融供给侧结构性改革不断推进，金融对外开放力度持续加大，推动金融业持续快速发展，其中商业银行资产和信贷规模高速增长，股票、债券、金融衍生品市场不断发展壮大，互联网金融、数字普惠金融等新业态以及影子银行业务等金融产品创新层出不穷。中国人民银行统计数据显示，2020 年末我国金融业机构总资产达到了 353.19 万亿元，同比增长 10.7%，是 2020 年 GDP 的 3 倍。然而，在金融快速发展的同时，实体经济发展面临的困难有增无减，我国经济增速总体呈现下降趋势，制造业、小微企业、薄弱环节领域融资困难问题突出，出现了金融"脱实向虚"的结构性失衡问题，尤其是大量的金融资源或者在金融系统低效率"空转"，或者流入房地产领域推高资产价格[①]。

因此，当务之急必须有"壮士断腕"的决心，迅速着手建立实体经济和虚拟经济健康协调发展的体制机制。在"壮士断腕"的改革中，金融房地产业会面临着短期的阵痛，切勿以防控金融领域风险为由而影响改革的进程。从风险管理看，相对于实体经济的风险而言，金融领域风险虽然更为直接，对社会稳定短期影响更为剧烈，但金融风险是表征，其根源还是实体经济的问题，因此，必须转变风险防控的思路和重点，从关注金融领域风险向关注系统性经济风险转变，特别是要针对货币供给总量调控、实体经济高杠杆、地方政府高债务和"僵尸企业"等系统性经济风险点多策并举、全面防控。图 2-6 为一幅实体经济与虚拟经济的漫画。

---

① 孟宪春，张屹山，李天宇. 中国经济"脱实向虚"背景下最优货币政策规则研究[J]. 世界经济，2019，42(05)：27-48. DOI：10.19985/j.cnki.cassjwe.2019.05.003.

图 2-6　实体经济与虚拟经济的关系

2. 实体经济发展的路径

目前，我国要把发展经济的着力点放在实体经济上，筑牢现代化经济体系的根基，建设好现代化经济体系，推动经济高质量发展。

1) 深化供给侧结构性改革

供给侧结构性改革是针对我国经济发展面临的"四降一升"问题，即经济增速下降、工业品价格下降、实体企业盈利下降、财政收入下降、经济风险发生概率上升所采取的重大举措，重点是改善供给结构，促进产能过剩有效化解，促进产业优化重组，降低企业成本，发展战略性新兴产业和现代服务业，增加公共产品和服务供给，提高供给结构对需求变化的适应性和灵活性。在推进供给侧结构性改革的同时加强需求侧管理，有助于形成需求牵引供给、供给创造需求的更高水平动态平衡，也有助于提升产业链供应链现代化水平。

2) 实施创新驱动发展战略

党中央实施创新驱动发展战略，重视自主创新和创新环境建设，努力提升我国产业水平和实力，推动我国从经济大国向经济强国、制造强国转变，有助于解决我国制造业和实体经济面临的自主创新能力不强、企业盈利水平不高等问题。着力发挥科技创新在推动制造业高质量发展中的重要作用，就要强化基础研究和共性关键技术研究，增强制造业自主创新能力；实施好关键核心技术攻关工程，尽快解决"卡脖子"问题，提升产业链水平，增强产业链供应链自主可控能力；推动传统制造业数字化、智能化发展，重塑制造业竞争优势；着力发挥企业的创新主体作用，使企业真正成为技术创新决策、研发投入、科研组织、成果转化的主体。《国家创新驱动发展战略纲要》部分战略任务如图 2-7 所示。

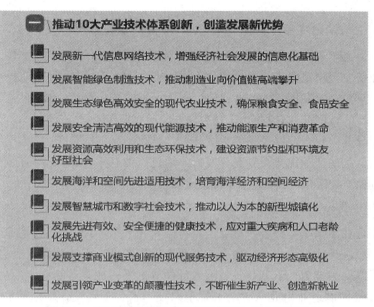

图 2-7　《国家创新驱动发展战略纲要》部分战略任务

3) 增强金融服务实体经济的能力

　　金融更好地服务实体经济，这对于解决金融和实体经济失衡、防控金融风险、防止脱实向虚，具有重要意义。习近平总书记指出，"金融是实体经济的血脉，为实体经济服务是金融的天职，是金融的宗旨，也是防范金融风险的根本举措"。要加快金融体制改革，让金融更好地服务实体经济，做到"六要"如图 2-8 所示。要优化融资结构和金融机构体系、市场体系、产品体系，为实体经济提供更高质量、更有效率的服务。要引导金融机构把更多资源投向实体经济重点领域，满足制造业高质量发展对金融服务的需求。

> □ 一要深化国有银行改革。
> □ 二要加快农村金融改革。
> □ 三要大力发展资本市场。
> □ 四要深化保险业改革，扩大保险覆盖面，提高保险服务水平和防范风险能力。
> □ 五要推进金融对外开放，提高开放水平。
> □ 六要切实加强和改进金融监管，健全监管协调机制，有效防范和化解金融风险，维护国家金融稳定和安全。

图 2-8　加快金融体制改革的"六要"

第二章　实体经济高质量发展

71

4) 促进产业在国内有序转移

当前，世界百年未有之大变局加速演进，全球产业链供应链加速重构，我国产业体系完整性和产业链安全稳定面临较大挑战。促进产业在国内有序转移，有助于化解产业安全面临的风险，重点在于发挥各地产业优势，保障产业链安全稳定。要加强产业链供应链上下游对接合作、区域间产业转移合作、科技成果跨区域转移合作；结合不同产业的特性和发展阶段，引导其向符合发展条件的地区转移；从各地区的区位条件和资源禀赋出发选择产业承接重点，确保产业优势得到充分发挥。通过产业有序转移，能够有效促进资源要素有序流动，确保产业链供应链完整，区域合理分工、协同发展。

5) 保持制造业比重基本稳定

要保持制造业比重基本稳定，重点是要巩固和壮大实体经济根基，维护和增强制造业竞争优势。要积极推动制造业企业加大技术改造投资力度，支持制造业企业瞄准国际同行业标杆全面提高产品技术、工艺装备、能效环保等水平；加大对制造业企业转型升级的扶持力度，切实推动制造业企业从劳动密集型向技术密集型转变，增强核心竞争力；加强金融监管，建立金融有效服务制造业的体制机制；加强区域制造业布局，统筹不同地区制造业协调发展，推动产业在国内有序转移。同时，还要着力提高引资的质量，并持续优化营商环境，打造统一开放、竞争有序的市场体系，为外国企业来华投资兴业提供更好保障。

2.2 技术技能对实体经济的影响

人类自第一次工业革命之后便进入了跨时代飞速发展的历史进程之中。纵观近两百年的人类社会发展历史，是一部科学理论创新与技术技能实践革新交织的壮丽诗篇，在理论与实践的不断结合中为人类社会带来了生产力的一次次变革提高。人类社会生产方式先后经历了手工化、机械化、电气化、数字化四个发展阶段，而随着当下互联网大数据与物联网技术的发展成熟，二者协同交互带来高度智能化与全过程自动化的全新生产方式，使社会经济发展迈入了新的历史阶段。新的技术技能带来生产模式的变革，宏观层面深刻地影响到产业结构的调整与重构，微观层面促使了智能制造行业从业者工作模式的改变，从而直接影响智能制造行业人才职业结构与职业关系的变化，进而对企业人才的技术与技能结构提出了全新的挑战。

2.2.1 实体经济与制造业

为迎接党的二十大胜利召开，工业和信息化部启动"新时代工业和信息化发展"系列主题新闻发布会，第一场主题就是"推动制造业高质量发展，夯实实体经济根基"。党中央、国务院高度重视制造业发展，习近平总书记多次强调，制造业是立国之本、强国之基。党的十八大以来，以习近平同志为核心的党中央把大力发展制造业和实体经济摆在更加突出的位置，如图 2-9 所示。习近平总书记深刻把握世界百年未有之大变局，立足对我国经济发展阶段性特征的深刻认识，提出"必须始终高度重视发展壮大实体经济，抓实体经济一定要抓好制造业""制造业高质量发展是我国经济高质量发展的重中之重，建设社会主义现代化强国、发展壮大实体经济，都离不开制造业"等一系列重要论述，深刻回答了为什么要大力发展制造业和实体经济、怎样发展制造业和实体经济的理论和实践问题，对于明确我国经济发展的主要着力点、推动经济高质量发展，具有十分重要的理论意义和现实意义。

图 2-9　习近平总书记多次强调实体经济、制造业的重要意义

1. 制造业的重要性

党的二十大报告指出："加快建设制造强国""推动制造业高端化、智能化、绿色化发展"。这为加快推进制造业高质量发展、推动中国制造向中国创造、"中国智造"转变指明了方向。

制造业是立国之本、强国之基，是实体经济的重要组成部分。制造业的高质量发展是现代化国家的基础。经过新中国成立 70 多年来特别是改革开放 40 多年来的努力奋斗，我国制造业发展取得举世瞩目的成就。我国是全世界唯一拥有联合国产业分类中全部工业门类的国家，制造业规模居全球首位。以强大制造能力为基础，我国商品在全球贸易市场中的份额不断提升，成为制造业第一大国、货物贸易第一大国。

(1) 制造业是经济增长的火车头和稳定器。 尽管服务业的比重已经超过制造业，但是制造业仍然是我国推动经济增长、保障物质文明供给、带动其他产业升级、应对系统冲击、促进科技创新的关键力量，肩负现代化国家建设主引擎的历史重任。在世界百年未有之大变局下，制造业还是保障国防安全、经济安全，提升全球治理能力的基础，中国经济社会的稳定，发展道路和发展方向牢牢把握在自己手中，都离不开产值规模大、发展水平高的制造业。

(2) 制造业是实现人民对美好生活向往的物质基础。 党的二十大报告提出，"中国式现代化是全体人民共同富裕的现代化"。尽管我国已经基本实现工业化，人均 GDP(国内生产总值)迈入中高收入国家行列，在几千年历史长河中第一次消除绝对贫困，但诸多工业产品的人均拥有量和人均消费量与发达国家还有巨大差距。制造业是创造物质财富的经济部门，中国老百姓要能够享受到和发达国家一样的物质生活，还需要制造业的进一步发展，人民对美好生活的热切期待也对制造业提出了转型升级的紧迫要求。制造业对于加快欠发达地区经济社会发展的确能够发挥更大作用，制造业的布局优化对于消除发展的不平衡和不充分，推动中国人民共享工业现代化带来的成果、共同迈入现代化社会至关重要。

(3) 制造业是发展方式转变的载体和先导。 新一轮工业革命正在深刻影响生产力和生产关系，呈现新的产业发展路径与模式，其典型表现为数字化和低碳化。在错过以往数次工业革命之后，中国成为新一轮工业革命的深度参与者和积极倡导者，首次在前沿科技和新兴产业领域与发达国家同步推进，开始从"模仿""赶超"向"原创""引领"换轨，而在这一过程中，制造业提供了技术研发活动最大的资助，同时也是实现技术成果转化的主要通道。可以说，制造业必定是新一轮工业革命背景下，中国参与国际产业竞争和构建新国际产能合作关系的主战场，同时也为其他产业的变革、社会形态的演进提供了模板和物质基础。

同时还要看到，随着我国发展的内外部环境发生了深刻复杂的变化，制造业发展面临一些新情况新问题。近几年我国制造业出现增长趋缓、占比下降现象，存在"过早去工业化""产业结构早熟"情况，面临外需疲软、人口红利消退、战略性要素资源供给波动、高科技被"卡脖子"等风险，传统要素优势减弱的情况下，制造业发展必须建立在更高人力资本、更大国内市场、更先进技术水平、更完备安全产业体系上，形成新的发展动力。建设现代化的产业体系、实现制造业的高质量发展，需要同时"补课"和"争优"。

2. 制造业的发展路径

1) 加快发展先进制造业

我国实体经济的主体部分是传统制造业。在数字经济时代，推动制造业高质量发展，必须用智能技术和数字技术对传统制造业进行改造，加快发展先进制造业。为此，要加快大数据、云计算、物联网的应用，以新技术新业态新模式推动传统产业生产、管理和营销模式变革。要把发展智能制造作为主攻方向，推进国家智能制造示范区、制造业创新中心建设，推动中国制造向中高端迈进。要强化高端产业引领功能，坚持现代服务业为主体、先进制造业为支撑的战略定位，努力掌握产业链核心环节，占据价值链高端地位。要打造一批具有国际竞争力的先进制造业集群，把产业链关键环节的"根"留在国内，确保制造业高质量发展。

2) 发展战略性新兴产业

战略性新兴产业是培育发展新动能、获取未来竞争新优势的关键领域，具有先导性和支柱性。目前，我国战略性新兴产业发展很快，新能源汽车、工业机器人等产业发展位居世界前列，应在保持领先地位的基础上进一步做强做优。要加快壮大新一代信息技术、生物技术、新能源、新材料、高端装备、绿色环保以及航空航天、海洋装备等产业，做大做强产业集群，着力壮大新的经济增长点，形成发展新动能。

3) 提升产业基础能力和产业链现代化水平

产业基础能力是产业链现代化水平的支撑，产业链现代化水平是产业基础能力的体现，两者能够为推动制造业高质量发展共同发挥作用。为此，要加强关键核心技术和重要产品工程化攻关，发展先进适用技术，强化共性技术供给，加快科技成果转化和产业化，在核心基础元器件、关键基础材料、基础工艺、工业软件、创新环境构建等方面实现突破，大力提升产业基础能力，为提高产业链现代化水平奠定坚实基础。要在夯实产业基础能力的前提下锻造产业链供应链长板，增强产品和服务质量标准供给能力，补齐产业链供应链短板，促进大中小企业协同发展，不断增强产业链配套水平、供应链效率和控制力、价值创造能力等综合竞争力，切实提高产业链现代化水平。

4) 促进数字经济和实体经济融合发展

发展数字经济是把握新一轮科技革命和产业变革新机遇的战略选择，是新一轮国际竞争的重点领域，我们一定要抓住先机、抢占未来发展制高点。要推动数字产业化和产业数字化，赋能传统产业转型升级，催生新产业新业态新模式。要把握数字化、网络化、智能化方向，以信息化、智能化为杠杆培育新动能。要以信息流带动技术流、资金流、人才流、物资流，促进资源配置优化，在推动创新发展、转变经济发展方式、调整经济结构等方面发挥积极作用。

5) 加快建设现代化基础设施体系

推动制造业高质量发展，离不开基础设施的强有力支撑。要提高基础设施的系统完备性，统筹推进传统与新型基础设施发展，优化基础设施布局、结构和功能，构建系统完备、高效实用、智能绿色、安全可靠的现代化基础设施体系，实现经济效益、社会效益、生态效益、安全效益相统一。要加快 5G 网络、数据中心、人工智能、工业互联网、物联网等新型基础设施建设，提升传统基础设施智能化水平，加快推进新一代信息技术和制造业的融合发展，加快工业互联网的创新发展，夯实融合发展的基础支撑。

2.2.2 高新技术技能对实体经济的作用

技术技能和实体经济发展之间存在着相互依存、相互作用的密切关系，技术技能的目的与任务在于满足社会发展的需求，技术技能的变革会导致社会系统发生飞跃性的变化。在科学技术的发展下，要想再次壮大实体经济，就要运用互联网发展下的大数据技术和人工智能技术等高新技术技能在重点领域进行率先突破。实体经济是经济体系中重要的组成部分，是我国稳固经济基础、夺得未来发展先机的关键。我国要密切关注和借鉴国外科技、产业发展的最新技术技能，跟上国际的发展步伐，及早谋划、组织、行动，统筹科学技术技能的研发以及制定相关的标准，推动互联网、大数据、人工智能等高新技术技能和实体经济的深度融合，促进新兴产业集群和龙头企业的发展。同时，还要大力发展服务外包、售后服务、产品设计等生产性服务业，使互联网信息化技术技能在实体经济中得到充分的应用。

高新技术技能的发展在提高人们生活水平的同时，还推动了传统产业的转型和升级，从我国当前的方针政策上看，已经初步建立了互联网、大数据、人工智能等高新技术技能与实体经济融合的框架。下面从农业和制造业的角度谈谈这些高新技术技能的具体作用：

第一，在农业上的作用。多年以来，我国农业是分散经营的模式，在信息化技术技能的发展下正逐渐走向合作发展、规模经营的新模式，所以，传统的农业服务体系已经不能满足新农业经济的发展，需要进行整体革新和调整，这样才能成为农业发展的助力。利用互联网、大数据、人工智能等高新技术技能可以显著增强农业的竞争力，更好地保障农产品的质量安全，解决农业在发展中存在的难题，对农业产量和农民收入的增加有很大的帮助。将这些高新技术技能渗入到农业的生产过程和农产品营销过程，可以使农业发展成新的商业模式，打造新型农业生产服务体系，这是传统农业升级转型的主要发展方向。农业大数据服务平台如图 2-10 所示。

图 2-10　农业大数据服务平台

第二，在制造业上的作用。互联网、大数据、人工智能等高新技术技能对制造业的作用体现在如下四个方面。

(1) 在市场销售方面，通过大数据可以清晰地了解客户的需求以及潜在客户资源，有针对性地制造出满足客户需求的产品，为客户创造更多的产品价值；由于促进了与广大客户的联系，从而实现生产的规模化和定制化。

(2) 在生产开发制造方面，高新技术技能使产品研发效率大幅度提高。例如，利用大数据技术能够提升各类新工具、新食品的研发效率，同时还能提高生产过程中的管理质量。比如在一些生产领域，利用人工智能技术制造的工业机器人，可以进行复杂的生产操作和流程管理，提高了生产效率和产品质量。此外，互联网、大数据等高新技术技能对企业生产过程中的节能降耗、环境保护也能发挥很好的作用，实现自动化的生产工艺流程。

(3) 在物流方面，加快产品的流通速度，比如快递行业的发达，可以让商品准确快速地送到客户手上。

(4) 在服务方面，更好地实现生产服务智能化，是生产服务体系升级的一个重要方向。图 2-11 展现了大数据在制造业中的应用。

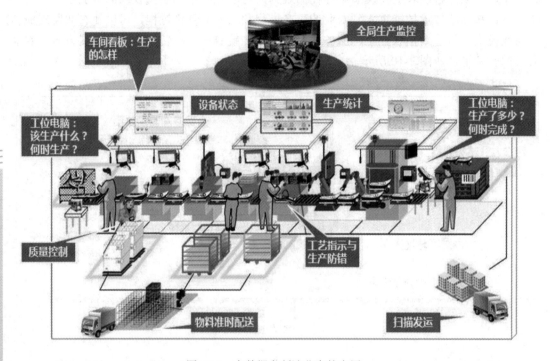

图 2-11　大数据在制造业中的应用

2.2.3　新时代技术技能与实体经济的融合

1. 加大宣传力度

目前，我国仍然有众多的企业在互联网采购、营销等方面进行转型升级，认为互联网技术只在营销方面有作用，对大数据、人工智能等高新技术技能在生产领域的应用没有足够的重视。同时，许多企业的基础设施、生产设备落后，缺少足够数量的数据采集装置，对互联网人才的聘任和培养力度不够。所以，要加强互联网、大数据、人工智能等高新技术技能在促进实体经济发展上的宣传力度，使更多的企业将这些技术技能应用到生产研发中，促进实体经济的发展。

2. 设立整合推进机构

互联网、大数据、人工智能等高新技术技能可以应用在各个领域，所以要加强政府在其技术技能开发、生产应用等方面的管理。传统的管理模式会使这些高新技术技能在使用过程中碎片化，在行业之间和各个生产环节之间沟通不畅，使得信息数据缺乏共享机制。

所以，要设立一个专门的整合推进机构，促进技术技能的传播与融合，为这些技术技能营造更好的应用环境。

3. 利用互联网技术打造信息共享平台

信息技术共享是实体经济广泛应用互联网、大数据、人工智能等高新技术技能进行发展的重要环节，国家已经制定了相关的方针政策，比如，国务院在《关于强化实施创新驱动发展战略进一步推进大众创业万众创新深入发展的意见》中就提出了关于科研技术共享、技术创新共享的指导意见。依据目前的发展趋势，要充分发挥互联网技术的特点，给技术技能共享、人力资源共享等提供可靠的平台，促进技术技能的融合发展，给实体经济提供坚实的技术技能支撑。

4. 打造国家级大数据中心

随着互联网、大数据、人工智能等高新技术技能的应用越来越广泛，产生的新技术技能也越来越多，建立大数据中心，可以明确技术数据的所有权，制定科学的使用规范，形成责任追究机制，符合当前社会技术发展的趋势。要有效地解决由于发展过快产生的各种行业乱象，维持新型实体经济的发展秩序，实现大数据的有序共享，促进技术的进一步开发和应用。

2.2.4 推动"中国制造"迈向"中国创造"

欧美等国正在着力重振制造业，这既是"痛定思痛"之后的理性选择，也是对国际金融危机经验教训的深刻总结。要有效应对世界性的各种不确定性因素对我国经济发展的挑战，增强与世界各大经济体竞争的核心能力，最根本的国策就是实施振兴实体经济的创新发展战略，真正筑牢我国实体经济持续发展的根基。

当前，我国已是全球制造业第一大国，但却面临着大而不强的尴尬局面，向新型制造业的转型升级也还处在"犹豫期"。所谓新型制造业，就是依靠科技创新，不断降低能源消耗、减少环境污染、提高经济效益、提升竞争能力，进而实现可持续发展的制造业。目前，全球产业发展已进入深刻变革、深度调整的关键时期，这对加快我国制造业创新驱动发展也提出了紧迫要求。

1. 制造业创新驱动发展路径

1) 新技术革命引发全球产业发展方式的变革

由于互联网与传统产业的快速融合，"互联网+"已成为产业发展的新常态。而随着各种创新载体由单个企业向跨领域或多主体的创新网络转化，以及"互联网+制造业"的深入发展和智能制造的快速发展，生产的小型化、智能化、专业化特征日益突显。

2) 绿色低碳发展开始成为世界主要经济体产业转型升级的基本方向

在能源消耗、环境污染、气候变化等问题上，世界主要经济体都在加快发展理念的更新，绿色低碳发展日益成为世界主要经济体的发展新取向。各国产业发展的比较优势出现新变化。随着当今国际产业分工与合作的深化、国际产业分工体系的重塑，世界各国资源、能源、技术、人力、资本等生产要素正在出现流动、交换和变化，各国产业发展比较优势不断转换开始成为常态，世界各发达经济体开始重振制造业，国际产业分工与竞争格局正在发生深刻变化。

3) 高端装备是制造强国的必由之路

特别值得注意的是，在这次新一轮全球产业深刻变革中，高端制造业成为世界各国竞争的制高点。特别是在国际金融危机以后，世界各国都着力将制造业创新驱动发展作为本国经济发展的核心动力，纷纷把振兴先进制造业作为国家重大战略。面对这些世界产业发展的新动向、新情况，对我国来说加快制造业创新驱动发展，推进产业结构转型升级变得更加紧迫。推动"中国制造"迈向"中国创造"，就要加快制造业创新驱动发展，加强技术技能、管理、制度、商业模式全面创新，加快我国制造业发展由以要素驱动、投资驱动向以创新驱动为主转变，增强制造业内生增长的动力。

(1) 要提高认识，充分认识到我国由大国经济迈向强国经济最终要依靠制造业的强大与发展，要尽快消除当前经济转型升级过程中出现的一系列对制造业的片面性认识和实践中的误区，发展服务经济是必然，但不可偏废实体经济。

(2) 要紧紧依靠科技创新和科技进步来改造和提升制造业的质量与效益，既要发展战略性新兴产业，更要运用现代科学技术改造和提升制造业发展。以网络化、数字化、绿色化、智能化制造为抓手，积极构建制造业云平台与智能服务平台，加快培育工业互联网等制造业新基础，大力推进传统制造业与"互联网+"的深度融合，积极发展"互联网+装备制造"，加快形成一批制造业发展的新模式、新业态、新产品。

图 2-12 展示了互联网技术在矿山装备产业中的应用。

(3) 要着力建立以企业为主体、以市场为导向的技术技能创新机制，引导社会各方面力量投入到制造业创新领域。要发挥企业家创新精神与员工"工匠精神"的合力，大力提升中国制造的质量、品质和技术标准。

二十一世纪，我国社会质量和科技水平的发展已经进入了全新的时代，无论是基于互联网新发展起来的电子商务还是传统的实体经济，大数据等新兴的信息技术技能的作用越来越明显，加快互联网、大数据、人工智能等高新技术技能与实体经济的深度融合，即使在世界范围内也成为必然的发展趋势，数字经济与实体经济的"双向奔赴"，不断催生新产业、新业态、新模式，为经济社会发展注入澎湃的新活力、新动能。

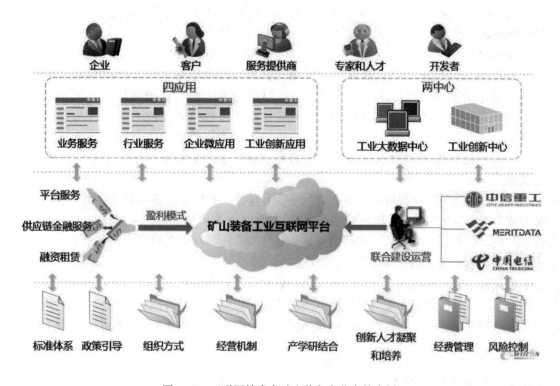

图 2-12　互联网技术在矿山装备产业中的应用

2.3　职业教育对实体经济的影响

百年大计，教育为本。职业教育是当代中国参与国际人才竞争的一个重要平台，是连接教育、职业和经济社会发展的重要纽带。作为国民教育体系和人力资源培养重要组成部分的职业教育，承担着为国家培养多样化人才、传承技术技能、促进就业创业的重要职责，并发挥着持续深化教育供给侧结构性改革，提高全民素质和技术技能水平，促进社会发展和经济增长的重要作用。改革开放以来，我国职业教育取得了长足的进步，职业教育招生规模、在校生规模均为世界第一，初步完成了现代职业教育体系的搭建，为我国经济持续快速发展作出了突出贡献。当前，我国职业教育正在快速发展，并迎来了难得的机遇期，不断有高等职业技术学院在国家政策引导之下正式更名为职业大学，进一步推动了职业教育向高层次发展，并将职业教育延展到本科层次。但同时也应该看到，我国职业教育仍长期存在着供需失衡、政策实践异化、结构不尽合理、布局亟需优化、政府市场职责不清、企业主体缺位、整体办学条件薄弱和体制机制不通畅等问题，这些问题已经成为阻碍我国经济发展和国家战略落实的重要瓶颈。

在建设教育强国的今天，我们必须始终坚持教育现代化发展思路，将办好人民满意的教育作为主攻方向，对职业教育的内涵特征和作用加以明晰，并在此基础之上找准职业教育未来发展的可行路径。中国正处于从制造业大国向制造业强国转变的关键时期，对技术技能人才需求量越来越大，同时也对技术技能人才能力和综合素质提出更高要求。而从当前看，中国高级技术人才缺口还很大，普通技术技能型人才同样供不应求，在一定程度上制约了中国制造业的高质量发展，也影响和制约了中国经济高质量发展。

现阶段，我国职业教育发展面临新的环境和动能，在传统制造业转型升级、乡村振兴战略和新型城镇化建设、互联网技术应用背景下，职业教育所面临的宏观环境、生产方式、需求结构、技术环境都面临一些新的变化。而这些变化都对职业教育的发展带来了冲击，亟需我们对职业教育的趋势、矛盾、功能和发展路径进行重新认识。之所以会出现上述问题，就是在于职业院校在人才培养质量上与企业人才需求上还存在差别，职业院校与企业之间在人才培养和使用上还没有形成有效对接。同时，更需要我们从理论上对职业教育与经济发展的互动效应做深入研究，以便为职业教育的顶层设计和实践发展提供正确的改革思路。

2.3.1 职业教育的概念

"职业教育是什么"，这是开展职业教育相关研究和工作实践所面临的首要问题。不同国家、地区或者组织对于职业教育具有不同的名称。自 20 世纪 70 年代以来联合国教科文组织使用"技术与职业教育"代表职业教育，"培训与职业教育"则被国际劳工组织所使用，"技术和培训与职业教育"被应用于世界银行和亚洲开发银行，自 20 世纪末以来美国关于职业教育更加倾向于使用"生涯与技术教育"。自近代以来，职业教育的正式称谓在中国几经变动，在 1904 年我国第一个"癸卯学制"中称为实业教育，1922 年"壬戌学制"首次称为职业教育，建国后受苏联影响称之为技术教育，改革开放后称为职业技术教育。洋务运动期间我国建设了多所专门领域的职业学校，如图 2-13 所示。20 世纪 90 年代初我国学者曾就其采用何种称谓开展过激烈讨论，有的主张采用"技术教育"，但其所探讨的内容与今天所说的"职业教育"并没有实质区别。在当时主要争论焦点在于"职业技术教育"与"职业教育"。有的学者更加倾向于使用"职业技术教育"以便突出职业教育与技术教育之间的差别。我国在 1996 年颁布的《中华人民共和国职业教育法》使"职业教育"这一术语基本统一。

图 2-13　洋务运动期间我国建设了多所专门领域的职业学校

改革开放以来，学者们对职业教育的内涵进行了深入研究，一部分认为职业教育内涵应当从广义、中义和狭义三个层面去考察和理解，不能仅从职业教育和培训的层面去理解。与之观点相似，一部分认为职业教育应当是多层次的，凡是实施技术教育或技能教育的，都应当纳入职业教育范畴体系之中。还有一部分认为现代职业教育的内涵应当包括根本动力、培养目标和教学内容等三个方面，其中改革与发展根本动力是职业教育要适应劳动力市场的需求，而培养目标是塑造全面发展的职业人，教学内容要与学术研究、教育模式有机结合。经过十多年的发展，学者们对职业教育概念和内涵的理解越来越清晰，有人认为职业教育是一个跨界的、就业导向的和以人为本的教育，也有人认为职业教育不仅指在学校中进行的职业学校中等、高等职业教育，而且还包括成人教育、职业培训等教育。简单来讲，职业教育是对从事某种职业提供必需的职业能力的教育。

总体来说，我国职业教育体系结构是一个多维度、多层次、多样性的综合结构，分为学校职业教育和社会职业培训两大部分，学校职业教育具体包括职业中学、中等专业学校、高职高专院校和应用型本科院校针对社会需求所提供的学校职业教育；社会职业培训具体包括由相应的社会培训机构、政府、企业、社区、社会团体以及正规院校所举办的各种类型和各种层次的职业培训。社会职业培训则不在现代国民教育体系之内，其从产生的一开始便完全以市场为调解机制进行资源配置，而且是完全商业化、营利性的，真真切切的是一个产业。

2.3.2 我国职业教育的现状

首先，学生入学时期就表现出综合素质偏低的特征，且大多数学生是在与同龄人中的较量中，因为文化水平和综合实力相对较弱而被迫进入职业院校，实际上是一种无奈的选择。

其次，职业院校整体而言水平有限，很少有响亮的学校为大众熟知，导致了社会认可度低。且这些学校的教育模式也弊端突出，教学内容缺乏对学生综合素质的培养，与实践需要差距甚远；教学形式相对单一，固守传统方式，革新力度不足；教学年限相对较短，学生还未真正掌握技能便被仓促推向就业市场。

最后，从师资力量上看，职业院校优秀教师匮乏，教研团队有针对性地进行课程开发的能力严重不足，且一部分兼职教师属于企业技术骨干，只能在生产工作之余为学生上课，教学时间严重不足。

总之，多种因素共同导致了职业教育教学效果普遍不佳的现实，人才培养的总体目标也难以达成。

2.3.3 职业教育在实体经济领域里不能缺位

根据党的十九届五中全会提出"坚持把发展经济着力点放在实体经济上"的战略抉择，实体经济的发展需要大量实用型技术人才，需要大批大国工匠，实体经济的振兴和发展离不开职业教育，职业教育也需要改革。

1. 职业教育要坚持脱虚向实，以服务实体经济为导向

职业教育始终要把为实体经济发展培养职业人才放在首位。制造业与信息技术的深度融合，是未来中国经济发展的主方向。尽管以金融和房地产为代表的虚拟经济是服务与支撑实体经济发展所必须的，但应该明确实体经济的基础性地位。不论经济发展到什么时候，实体经济都是中国经济在国际经济竞争中赢得主动的根基。中国经济是靠实体经济起家的，也要靠实体经济走向未来。所以必须根据新发展格局的要求，大力发展以制造业为主的职业教育。

2. 职业教育要坚持就业创业，以促进学生就业为导向

职业教育要始终把就业目标放在学校办学的首位。促进就业、服务发展，是职业教育必须把握的大方向，如此才能有实现中国梦的稳定社会环境。职业教育促进就业有三层目标：毕业后及时就业，这是一个"有职业"的最低目标，也是一个基础性的目标；实现更高质量和更充分的就业，这是一个"好职业"的目标；要通过大规模开展职业技能培训，注重解决结构性就业矛盾，鼓励创业带动就业。因此，职业教育应在开展职业倾向测试的基础上做好职业指导，要以促进学生就业为导向，做到就业与创业相结合。

3. 职业教育要坚持力学笃行，以知识实际应用为导向

职业教育始终要把知识在职业中的应用而非存储放在首位。知识只有在结构化的情况下才能传递。普通教育学科体系的仓储堆栈结构，是一种基于知识存储的量化结构，也是一种基于知识应用的质性结构。应用知识的每一个工作过程都是一种客观存在的、自然形成的过程序列，但若只是照搬客观存在的工作过程，有可能使人成为一种工具。工作系统化课程的逻辑，在于以工作过程作为积分路径，从应用性、人本性和操作性三个维度，将学习对象、先有知识与学习过程在工作过程中予以集成。因此，职业教育的课程、教材和教育教学，要以知识实际应用为导向，做到应用与存储相结合。

2.3.4 职业教育与实体经济互动发展

职业教育发展的重要实践场域是职业院校，理所当然职业院校就应该成为职业教育发展的重要主体。除了民办性质的职业院校外，其他各级各类职业院校实际上是国家机构的延伸，是职业教育发展的最终代理机构。不同时期职业院校的管理体制存在一定的差异，在计划体制相关制度和国有企业社会职能的支持下，职业学校基本依托于行业、企业，具有紧密的产教融合关系。随着市场化改革的深入和国企改革中社会性职能的剥离，行业主管单位开始重点关注经济发展等核心业务，将教育职能划归到地方政府和教育行政部门。职业学校的管辖权则经历了从中央下放到地方、从行业到由教育行政部门主管的过渡。

进入新时代，产业升级和经济结构调整不断加快，各行各业对技术技能人才的需求越来越迫切，职业教育的重要地位和作用也越来越凸显，需要建构一种发展型的政府协调、政府管制和高校自治、政治逻辑和教育规律、科层管理和项目竞争、运动治理和可持续发展等深层次的实践关系，深化职业教育管理体制改革，培养规模巨大的高素质技能人才队伍，让教育链、人才链与产业链、创新链有机衔接。只有这样才能为建设现代化经济体系、实现高质量发展提供坚实支撑。

1. 职业院校作为职业教育发展的重要主体

职业院校的角色实现了由依附政府到自主办学的转变，并逐渐形成了有为的学校，在有序的竞争中逐渐提高其自力更生能力，在职业教育发展中发挥着重要的作用。

1) 职业院校能够提供高质量的技术技能型人才

企业的一线人才主要是由职业教育提供的，同时职业教育是一种同时具有技能性、职业性与应用性的教育，学生在学校课堂中习得相关技术技能的基础知识和理论，并且学生的解决问题和技术创新的能力通过学校的培养在不断提高，这些都为学生能够有效进行生产实习奠定了基础。职业院校应该建立起与企业合作的机制，提高彼此合作的积极性，并且不断扩大合作的深度与广度，服务于企业和经济；职业教育在推动经济发生方式转变的过程中应该以推动科技进步与创新为支撑，充分发挥人才的第一资源作用和科技的第一生

产力作用，使学校这个高级知识分子聚集地的智力优势被充分利用，职业院校与企业实现优势互补，加深与企业的技术改造与科技研发方面的合作，在企业创新能力提高的同时确保职业教育现代化水平不断提高，为行业企业提供高质量的技术技能型人才。

2) 职业院校是推进合作的主要力量

政府、企业与职业院校三个主体之间，职业院校起着桥梁与纽带作用，是推进彼此合作的重要力量。通过职业院校不断加强政府、行业组织和企业之间的沟通，完善并推进外部协调机制的实施；与此同时不能忽视内部协调机制的建设，理顺政府、学校、行业组织和企业之间的关系，确保职业院校能够积极主动地进行人才培养，推动职业教育各个主体有效合作的同时，实现职业教育与经济的互动发展。

2. 职业教育与实体经济互动发展的指导原则

1) 以人为本发展原则

以人为本是科学发展观的本质与核心，要求充分发展人的主体性，也是职业教育发展必须遵循的原则。以人为本原则要求在职业教育发展中在注重受教育者接受技能培训的同时，也应该关注受教育者综合能力的培养。职业教育发展是人的发展和社会发展的重要要素和路径，人的发展权利、发展方向、发展机会以及其社会地位和经济利益都会受到职业教育发展水平的影响与制约，职业教育发展水平的高低必然影响人的发展。

职业教育的顺利发展，遵循以人为本的原则。首先，必须建立一个有利于个人发展的空间环境。人们接受职业教育与培训的便捷性一定要纳入职业教育统筹协调的重要考虑因素中，确保那些想要接受职业教育的人们能够随时随处接受到相应的职业教育与培训。其次，能够为人们提供有利于其发展的内容丰富的教学环境。一方面丰富多样的教学内容能够使不同人群对职业教育的需要得到满足；另一方面还能够使社区人员接受终身教育和享受不同类型教育的需要得到满足。最后，能够为人们提供价廉质高的职业教育与培训，这主要是使那些难以承担较高学费并且愿意接受职业教育与培训的人们的需要得到满足。

2) 公益性与经济性兼顾原则

"面向人人"是我国职业教育发展的本质属性和重要原则，即教育的公益性。公益性还体现在公平性方面，实现教育公平则是职业教育价值观的集中体现，并且职业教育承担了为更多有需要的人群提供职业技能培训的社会责任，同时职业教育的公益性对于提高人民收入、促进就业、改善民生和推动经济发展具有重要作用。职业教育发展的实质就是在教育公益性的前提下，有效运用市场机制以便使职业教育经济服务的功能更好地发挥出来。因此，职业教育与市场经济有机结合受到高度重视，能够有效提升职业教育服务经济改革发展的效率，并且能够使经济性与公益性的结合壁垒被不断突破，进而形成良性互动的新机制与新模式。

3) 本土化与国际化融通原则

不同国家和不同地区的经济条件、风俗习惯、人文状况都各不相同，职业教育水平也各有差异，所以，不能一概而论地在不同地区采取相同的职业教育发展措施和政策，这就要求职业教育发展的相关治理应该因地制宜。在我国职业教育发展过程中，职业教育治理应该紧紧围绕我国职业教育发展的特点和现状，并且针对我国不同地区的经济、社会、政治和文化等特点，基于国际化与本土化的原则，采取适合我国国情的职业教育发展的治理行为和措施，以确保我国职业教育顺利发展。

在国际化与本土化融通发展的历程中，要坚定不移地采取历史唯物主义和辩证唯物主义的观点、立场与方法，对职业教育发展中可能遇到的各类问题进行具体分析与深入研究，在参照职业教育发展历史的基础上认清现实，与时俱进，不断进行推陈出新。要立足我国的基本国情，结合我国职业教育发展特点，采取有效措施积极推进我国职业教育的本土化研究，不断形成适应我国国情的职业教育治理理论。同时还要采取走出去的观点，对发达国家和地区职业教育发展的成功经验进行不断吸收和借鉴，取其精华，弃其糟粕，确保职业教育发展的历史性与时代性、国际化与本土化实现有机融通，在这样的条件下不断进行整合创新，为中国特色的职业教育发展构筑理论与技术平台。

4) 权责明确与多元制衡原则

在职业教育发展过程中，一定要职责明确，职责不清容易导致权力的越位、错位以及缺位等情况出现，职责明确可以说是职业教育发展的基本要求。职责明确的原则要求在权力分配方面政府更加注重宏观调控的职能，学校、行业组织和企业等其他主体在职业教育发展中更应该履行好微观调控和监督评价职责。在职责明确的基础上，职业教育权力的最大化发挥效用，必然需要形成权力的多元化制衡机制，这是实现职业教育发展的必然选择。

综上，随着中国改革开放的不断深入，职业教育的经济功能与社会功能日趋完善，职业教育的作用越来越凸显，发展职业教育已经成为推动中国产业结构调整，实现实体经济可持续发展的重要举措。

2.4　产业工人对实体经济的影响

发展实体经济靠什么？靠的东西很多，诸如技术、土地、资金、劳动力等等，笔者看来，最核心的还是高素质的产业工人。2019 年 9 月，习近平总书记对我国技能选手在第 45届世界技能大赛上取得佳绩作出重要指示："技术工人队伍是支撑中国制造、中国创造的重要基础，对推动经济高质量发展具有重要作用。"忽略人的价值，即使在资本和技术方面投入再多，也将因为边际效用递减规律的作用，难以取得理想的结果。技术再先进，如果不能被尽可能多的产业工人熟练掌握并创造性地运用到产品生产中，则一点价值都没有。做大做强实体经济和制造业，推动我国经济由量大转向质强，这既需要尖端技术和先进设备，更要有一大批能把蓝图变为现实的能工巧匠和高素质的产业工人。只有造就一支高素质的产业工人队伍，才能使我国在日趋激烈的国际竞争中掌握主动权，立于不败之地。

2.4.1　产业工人在实体经济中的重要作用

近年来我国实体经济呈现出明显的下行态势，造成实体经济发展困境的原因是多方面的。其中一个原因是劳动力成本急剧上升，实体企业招人难、用人难、留人难。如果没有一支高素质的产业工人队伍，我国实体经济面对发达国家高技术优势，发展中国家低成本优势的双重挑战，就难以突围，新的创新优势就难以形成。发展壮大产业工人队伍，已成为一项重要而紧迫的战略任务。

1. 产业工人是先进生产力的代表者

产业工人是最富于组织性、纪律性和革命性的阶层，在实体经济发展的各个时期都发挥着重要的作用。我国产业工人最能代表工人阶级的特性，是工人阶级的主力和骨干。掌握着先进技术，推动现代科技发展，代表先进生产力的现代产业工人其社会地位是社会发展、经济发展、精神发展的风向标，反映出一个时代的价值取向和未来发展方向。新中国成立以后，在社会主义事业中，由于工人阶级队伍的不断壮大，工人阶级成为社会主义国家的领导阶级，我国也从落后的农业国家转变为先进的工业国家。工人阶级成为主力军，站在了中国历史舞台的前列。

2. 产业工人是推进技术变革的主力军

生产是实体经济的基础和必备条件，创新和变革是实体经济得以前进和发展的原动力。伴随着我国改革开放的不断深入，我国实体经济发展也迎来了巨大的挑战与阻力。我国产业工人应充分发挥其自身的共性和独有的特性，以全新的精神状态、奋斗姿态砥砺奋发，推动具有中国特色实体经济环境的发展和前行，使我国实体经济体系能够健康、全面地发展。

3. 现代产业工人是现代实体经济的先驱者

新技术的运用和原有技术的变革都离不开现代产业工人的功劳，他们践行现代社会经济赋予他们的使命，在摸索中创新，不断发展和完善整个经济体系，他们把改革蓝图变成生动的实践，用劳动人民最朴实的样子完成着一件一件全新的突破。现在他们更是背负着人民和国家赋予的庄严使命，发扬大国工匠精神，深入实践科技兴国、人才强国、创新富国的强国战略。现代产业工人队伍应有理想、懂技术、勇创新、敢担当，确保我国实体经济体系在日趋激烈的国际竞争中抢占先机、赢得主动，立足不败之地。

2.4.2　产业工人是实体经济发展的基本要素

在生产力诸要素中，人力资源始终是经济社会发展的第一资源。党的二十大明确提出：坚持把发展经济的着力点放在实体经济上。振兴实体经济，全面提升我国企业核心竞争力，迫切需要建设一支高素质的产业工人队伍。坚持以供给侧结构性改革为主线，加快经济转型升级，对高素质产业工人的需求日益强劲。为适应经济发展新常态，提升供给质量和效率，各行各业都需要高竞争力、高吸引力和高质量的产品与服务。这里不仅需要掌握核心科技的研发人员，更需要一大批精通现代职业技能、能把蓝图变为现实的产业工人和能工巧匠，从而真正为我国经济创新发展提供新动能。

产业工人是实体经济发展的基本要素和重要力量，在加快产业转型升级、推动技术创新、提高企业竞争力等方面起着基础性、根本性的作用。近年来，我国工业化进程迅速推进，产业工人队伍不断壮大，素质稳步提高。随着后金融危机时代全球新一轮科技和产业革命的兴起，以工业经济为主体的实体经济即将迎来新一轮大发展，产业结构调整和转型升级步伐正在不断加快，对产业工人素质提出了更高的要求。

2.4.3 高素质产业工人队伍是创新驱动实体经济发展的基础保障

实体经济是我国的立身之本、财富之源，是国家强盛的根基，也是新时期经济发展的着力点。推进实体经济现代化建设、提升实体经济的核心竞争力，必须坚持创新驱动发展，创新塑造实体经济的竞争新优势，而一支高素质的产业工人队伍将在其中起到基础保障的作用，这主要体现在如下两个方面。

第一，要实现创新驱动实体经济发展，离不开一支规模宏大、适应现代化生产需要、与产业发展体系相匹配的高素质产业工人队伍。创新驱动发展意味着生产活动不断地面临知识更新和技术升级，而能否将其转化为竞争新优势，不但取决于技术创新本身，也取决于劳动者对技术创新的吸收和运用能力。技术工人是制造业的人才基础，纵观当今工业强国，无一不是技师技工大国。只有在高技能人才的专业驾驭下，创新这架引擎才能真正轰鸣起来，驱动国家在全球竞争的赛道上力争上游。

第二，创新往往是一种创造性破坏的过程，这意味着技术创新在创造新事物的同时，也会带来旧事物的消亡。从长期来看，社会经济系统会在技术创新的作用下达到新的平衡，在更高水平上实现创新驱动发展，但在短期中，技术创新的突发涌现往往会引起社会经济系统的暂时失衡，对产业发展构成局部扰动，对广大产业工人在内的一线劳动者造成冲击。要尽可能减少这种短期扰动和冲击带来的社会成本，就需要一支与时俱进、具有转型升级能力的产业工人队伍。只有实现产业与工人的"双重升级"，创新驱动实体经济发展才能实现短、中、长期的稳健过渡，实现整体和局部发展的和谐共进。

当前和今后一段时间，必须采取有力措施，抓紧打造一支高素质产业工人队伍，促进我国由工业大国向工业强国转变。

2.4.4 深入推进产业工人队伍建设改革，为高质量发展提供坚强支撑

产业工人队伍建设改革是习近平总书记亲自谋划和部署的重大改革，是党中央全面深

化改革的重要组成部分。中华全国总工会牵头推进产业工人队伍建设改革，是党中央赋予工会组织的重大政治任务。我们要提高政治站位，进一步从战略和全局的高度去认识、把握、推进产业工人队伍建设改革的重大意义，自觉把思想和行动统一到党中央的部署要求上来，以实际行动推动产业工人队伍建设改革取得积极成效。我国是工人阶级领导的、以工农联盟为基础的人民民主专政的社会主义国家。工人阶级是我国的领导阶级，是先进生产力和生产关系的代表，是坚持和发展中国特色社会主义的主力军。当前，虽然包括产业工人在内的工人阶级结构发生了重大而深刻的变化，但我国的社会主义基本制度没有变，工人阶级是党最坚实可靠的阶级基础，广大产业工人是工人阶级中发挥支撑作用的主体力量，是创造社会财富的中坚力量，是创新驱动发展的骨干力量，是实施制造强国战略的有生力量。只有扎实推进产业工人队伍建设改革，才能最广泛地把包括产业工人在内的各族职工更加紧密地团结在党的周围，持续巩固党的执政基础、扩大党的群众基础，才能提高产业工人队伍的整体素质，助推经济社会高质量发展。

产业工人发展对我国实体经济增长的推动机制主要表现在以下三个方面：

一是产业工人发展能有效地促进实体经济部门劳动生产率和投入产出率的提高，进而促进实体经济增长。

二是产业工人发展能积极地促进科技创新和技术进步，从而带动实体经济发展。

三是产业工人发展包括人的思维方式和自身素质的更新以及对新思想的接受速度的提升，从而带动了思维创新"风暴"，这也包括为制度创新准备的人力基础，实体经济发展的先决条件就此形成。

2.5　人工智能对实体经济的影响

以计算机为核心的人工智能是 21 世纪的前沿科技，也是当前和未来生产力发展和经济增长的强力引擎。中国计算机科学一直在追赶世界先进水平，但人工智能技术和人工智能产业却异军突起，"弯道超车"进入世界先进行列。当前中国经济正处在结构转型、产业升级和振兴实体经济的关键时期，亟需人工智能技术为之助推。人工智能开发和应用已经成为国家的战略重点，中国正在积极抢占人工智能领域制高点，着力实现人工智能技术与实体经济的深度融合，以人工智能技术带动智能经济发展和促进经济社会进步。

2.5.1　人工智能和实体经济及其价值基础

当前热议的人工智能(Artificial Intelligence，AI)是新一代人工智能，即 21 世纪初计算机与大数据、互联网等现代信息技术结合的新兴科学技术。早在 20 世纪 60 年代，计算机还只是作为高速运算工具，仅仅应用于高端科技、高等教育和国防领域。21 世纪以来，随着计算机的升级换代及其与互联网、大数据的结合，产生了新一代人工智能，并广泛应用于国民经济和社会生活。由此，以人工智能为支撑的智能产业和智能经济也随之产生和发展，并带来了社会生活的深刻变化。加快人工智能与实体经济的深度融合，大力开发智能产业和智能经济，将对中国国民经济和社会发展产生深远的影响。

何谓人工智能？美国麻省理工学院(MIT)的帕特里克·温斯顿(Patrick Winston)认为："人工智能就是研究如何使计算机去做过去只有人才做的智能工作。"也有归类为"人工智能既是计算机学科的一个分支，也是计算机科学与数学、心理学、哲学和语言学等学科的综合"。理解人工智能，先要认识到人类作为智能性动物，在感知、思维的基础上，可实施自主行动，在外界作用下可自我调节。人类正是凭借自身智能才创造出人工智能。人工智能科学，旨在运用计算机来模拟人的某些思维过程和智能行为，实现智能化的运行机制；也通过制造类人脑智能的计算机，并应用于经济社会领域，从而实现人类活动的目的。人工智能是当代先进的科学技术，是当之无愧的科技生产力。人工智能技术应用于国民经济活动，并非以独立要素加入生产劳动过程，而是通过渗透于生产力各要素并综合作用于生产劳动全过程。人工智能的产业链如图 2-14 所示。

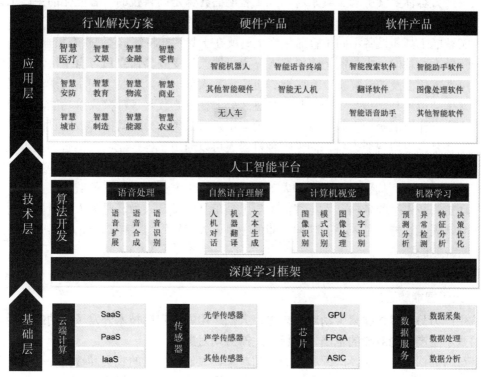

图 2-14　人工智能的产业链

1. 人工智能的主体

从生产力主体要素劳动者来看，人工智能的主体是具有人工智能专业技能与工作经验的智能劳动者(包括科技工作者和操作人员)。

人工智能技术发明和应用的主体是人类本身，人工智能也是人类科技劳动的产物；反过来看，人工智能也是实现人类劳动升级的手段，人类还是人工智能服务的对象。现代劳动力要熟练掌握人工智能相关技术，需要经过专门训练，方能胜任智能经济活动对劳动力的岗位技能要求。这种智能型劳动者正是人工智能生产力中最能动的要素。当然，这种智能劳动者也有层次差别，既有从事智能技术发明和设计的科技人员这类高端劳动者，也有从事人工智能设备运行、管理与维护工作的专业劳动者，还有人工智能工具操作层面的普通劳动者，但这也比传统生产条件下对普通劳动者的要求更高，其劳动内容也相对复杂化。从生产力主体要素来看，人工智能应用带来相关产业劳动力数量规模下降的同时，却对劳动力素质的要求大大提升。

2. 人工智能的客体

从生产力客体要素劳动工具来看，人工智能的客体是高科技的、智能化的生产工具和设备。

人工智能工具和设备不同于普通生产工具就在于其智能特征，它们具有机器学习功能，可部分代替人脑功能。人类制造出机器人，而机器人接受外界信息后可自主决策和调整行为。人工智能所涉及的计算机、互联网、机器人、大数据等，都是人们生产活动的工具或手段，这些智能工具比传统生产工具的先进之处就在于它代替了部分人脑功能，在使用过程中比人力操作更准确和高效，智能工具的应用是对人类体力劳动的解放。目前，人工智能工具主要是专用型智能设备，尚无哪种机器人可以通用于各行业。人工智能技术代表着先进生产力，使用人工智能工具、设备和手段，比使用普通生产工具、设备和技术手段具有更高的生产效率。从狭义角度看，人工智能也就是生产力要素之一的劳动工具。本质上说，劳动工具是人手的延伸，人工智能本质上是工具而不是人力，是为人类所驱使的生产劳动工具，人工智能也是人手的延伸。即使在"无人工厂""数字车间"，机器人背后还是由人力所控制的。

图 2-15 为英特尔发布的人工智能全栈解决方案。

3. 人工智能的运用

从生产力另一客体要素劳动对象来看，人们运用人工智能技术开发了新的经济活动领域，扩张了生产劳动对象的范围，创新了生产劳动对象。

信息与数据成为智能经济领域新的劳动对象，人们对信息的收集和数据处理也是对劳动对象的加工过程。人工智能技术的运用，也使得劳动者在同等劳动时间内控制和使用劳

图 2-15　英特尔发布人工智能全栈解决方案

动对象的规模更大了，劳动对象的空间范围也同时扩大。如果说在传统劳动方式下，人手和机器作用仅限于所及范围，对于地下深层、海洋深水、远程或高空，以及人类体内的微观部位等，往往是人力不可及的；而如今在人工智能条件下，劳动者大可运用人工智能工具和设备进行操作以达到目的。人工智能工具和手段作用于劳动对象，具有远程遥控、定位操作的功能；操控者将人工智能工具作用于劳动对象，更具有靶向性和精准性。

根据马克思主义基本原理，科学技术也是生产力。人工智能技术广泛应用于国民经济活动，其运行机制是通过生产力要素的综合作用而实现的。人工智能作为先进生产力应用于国民经济具有独特的优势。

1）人工智能具有数据收集和信息处理功能

人们运用人工智能技术，借助大数据手段，可快速收集和处理市场信息，有利于经济主体科学决策，克服市场固有的盲目性所带来的经济波动；建立在大数据的基础上，智能企业可实施定制化生产经营，从而大量节约人力和物质投入，降低生产成本，提高生产效率。

2）人工智能具有智能控制和精准管理功能

人工智能运用于经营管理活动，通过数据处理、方案筛选和自动纠错功能，使人们在经济活动中能够有效控制、精细化管理、精准操作，从而减少资源浪费。

3）人工智能具有资源共享和溢出效应

通过互联网尤其是物联网的作用，可实现各类资源共享，促进产业协作、信息共享和产供销一体化，从而提高资源配置效率。产业智能化升级也会推动相关产业技术进步，以适应产业智能化的要求。

4）人工智能运行具有节能减排优势

人工智能运行的动力源基本是电动能源，其运行过程碳排放少，具有节能环保、绿色低碳的效果。总之，人工智能就是一场新的科技革命，其对社会生产力提高的影响超过以往任何时代。正如麦肯锡全球研究院所认为的，"人工智能正在促进人类社会发生转变。这种转变将比工业革命发生的速度快 10 倍，规模大 300 倍，影响几乎大 3000 倍"。

人类历史表明，任何一次科技革命都带来了社会生产力的跨越式发展和经济的加速增长。人工智能作用于国民经济和社会生活，与实体经济融合会产生出巨大的经济效能，带来劳动生产率的提升和经济增长。人工智能应用于经济活动，通过智能机器代替人力，使人类劳动力获得极大的解放。人工智能与实体经济融合的中间环节是互联网，而互联网就如同机器工业系统中的"传动机"，通过互联网的链接，方可将人工智能融合到各个行业，尤其是应用到实体经济各个生产环节中去。因此，互联网是人工智能应用的重要基础设施。

实体经济是国民经济的主体，实体经济创造的产品是人类社会生存和发展的基础。"实体经济是以实际资本运行为基础的社会物质产品、精神产品和劳务活动的生产、交换、分配及消费的活动。金融、房地产、期货等是虚拟经济，但其提供的社会服务也创造 GDP，其虚拟部分是指脱离实际资本并以虚拟价值的形式表现出来的经济活动"。社会物质产品生产和物质生产劳动是人类生存和一切历史的前提，传统的实体经济就是产业资本运行的经济活动，传统的生产性劳动就是物质生产部门的劳动。马克思说："我们首先应当确定一切人类生存的第一个前提也就是一切社会历史的第一个前提，这个前提就是：人们为了能够'创造历史'，必须能够生活。但是为了生活，首先就需要衣、食、住以及其他东西。因此第一个历史活动就是生产满足这些需要的资料，即生产物质生活本身。"随着社会生产力的发展，服务品和精神文化产品的创造，使实体经济和生产性劳动的外延进一步拓展。

实体经济部门创造社会产品价值，实体经济部门的劳动是生产性劳动。马克思在《资本论》第一卷中，分析了实体经济的产业资本运动，揭示了商品价值和剩余价值的创造过程。在现实经济生活中，从社会总产品及其价值创造来看，无论是第一部类生产资料的生产，还是第二部类生活资料的生产；无论是一次产业直接提供的最终产品，还是多环节产业链提供的中间产品，实体经济总可以用最终产品计算出总产值。现代经济中，最终产品当然也包括精神产品和服务品，故国内生产总值(GDP)包括农业、工业和服务业三大产业创造的价值。坚持实体经济为主体，并非产业结构低端化，先进装备制造业和新兴服务业也很"高大上"，人工智能融合实体经济就是升级实体经济。现代化经济体系要求产业均衡和结构合理，中国由于农业和工业比重较大，显得产业结构低端，与现代化经济体系有差距。但在中国这样的经济大国，在经济全球化时代，中国强大的内需市场加上广阔的国际市场，已经为实体经济发展提供了广阔的市场空间。在发达国家长期"去工业化"和中国一度出现"弃实就虚"趋势的情况下，坚持实体经济为主体尤为重要。

实体经济创造的财富满足了社会居民生活、国民经济活动与社会发展的需要。故作为先进生产力的人工智能技术，必须首先应用于实体经济，创造出最大价值的社会产品，才能最大限度地造福于民。所谓人工智能与实体经济深度融合，就是人工智能技术应用于实体经济的关键领域，带来产业创新，促使产业升级和优化经济结构。人工智能技术应用于实体经济物质生产部门，可在现有资源条件下，创造更多的物质产品，智能制造以满足居民生活和国民经济的物质需要；人工智能应用于服务业，将促进传统服务业升级和新兴服务业发展，智能服务以满足居民生活和社会发展对服务消费的需要。

人工智能作为生产要素与实体经济其他生产要素融合，在生产过程中共同创造产品价值。在产品价值构成(C+V+M)中，C部分包含智能劳动资料的投入，V部分包含智能型劳动力的投入，M部分则包含智能型劳动者与智能劳动资料结合所创造的剩余价值或赢利。通过商品的市场交换，产品价值得到实现，从而使人工智能要素所有权也得到补偿，在分配中也使各要素所有者各得其所，其中包括人工智能生产要素的回报。有人提出，鉴于机器人参与了产品制造，其也应与劳动力一样得到报酬。这里应该明确的是，人工智能(包括机器人)的价值消耗是物化劳动的消耗，这种消耗也如固定资本消耗一样，其价值也是逐步转移到新产品中去的，其价值补偿对象是智能型生产要素的产权所有者，即机器人的所有者。因此，所谓给机器人支付报酬问题其实是子虚乌有。如果说人工智能对国民收入分配确有影响，那就在于：一是智能型企业相对于普通企业，凭借其经营结果可获得高于平均利润的超额利润；二是智能型劳动者相对于普通劳动者，凭借其劳动结果可获得高于普通劳动报酬的高薪报酬。

实体经济采用人工智能技术的直接后果是解放劳动力和提高社会生产力。一方面，人工智能技术应用于实体经济，解放了大量普通劳动力。人工智能使产业生产劳动过程中智能设备代替人力，部分生产岗位由机器人代替劳动力，这是对劳动力的解放，不必担心人工智能造就失业人口增加。由于人工智能应用于产业，其结果也使得智能产业资本的有机构成进一步提高，智能设备替代人力会出现相关产业剩余劳动力现象。这个问题的解决，可采用改革工作日制度的办法，如缩短工作时间，或实施半天工作制，等等。另一方面，人工智能技术应用于实体经济，进一步提高了社会生产力。人工智能应用于实体经济，就是先进的科学技术在实体经济中的应用，这也是个复杂劳动过程，在等量劳动时间内会带来产品总价值增加和单位产品价值降低；智能产业的固定资本相应增加，但随着生产规模的扩大，产品的边际成本会逐渐减少，产品平均成本将趋于降低，产品边际收益将趋于提高。因此，率先采用人工智能技术的企业将获得超额利润。随着人工智能技术的广泛推广，竞争机制作用下智能产业普遍降低生产成本，必将提高生产效率和经济效益，促进社会生产力的提高。

2.5.2 人工智能融合实体经济的客观必然性

当前中国人工智能技术和人工智能产业发展已经处于世界先进水平，人工智能技术和智能产业发展规模都可与美国、欧洲、日本比肩。从目前中国人工智能技术及其应用状况以及人工智能产业和智能经济发展状况来看，中国已经为人工智能与实体经济的深度融合，推进实体经济智能化和国民经济健康发展创造了良好的客观条件。

1. 我国人工智能产业规模居世界领先位置且呈加速增长趋势

人工智能企业及其创新活动构成了人工智能产业集群发展的微观基础。工业和信息化部统计数据显示，截至 2022 年 6 月，我国人工智能企业数量超过 3000 家，仅次于美国，排名世界第二，人工智能核心产业规模超过 4000 亿元。2022 年，我国人工智能市场规模达到 2680 亿元，2023 年全年我国人工智能市场规模达到 3200 亿元，同比增长 33.8%。在新产业、新业态、新商业模式经济建设的大背景下，企业对 AI 的需求逐渐升温，人工智能产值的成长速度令人瞩目，预计到 2025 年人工智能核心产业市场规模将达到 4533 亿元，带动相关产业市场规模约为 16 648 亿元。我国人工智能企业在智能芯片、基础架构、操作系统、工具链、基础网络、智能终端、深度学习平台、大模型和产业应用领域的创新活动，提升了产业的国际竞争力。平台企业、独角兽公司、新创企业、研究型大学、科研院所和投资者之间相互协作，共同构建富有活力的产业创新生态，人工智能科技创新和产业发展表现出日益明显的集群化态势。我国人工智能技术及其产业发展已经与美国、欧洲和日本等国相近，处于全球先进水平，尤其是互联网产业位于世界前列，这都为我国人工智能融合实体经济起到了引领作用。我国人工智能市场收支规模如图 2-16 所示。

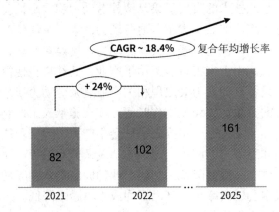

图 2-16　中国人工智能市场收支规模(亿美元)

2. 我国人工智能企业和融资规模处于全球第一方阵

从国际范围看，目前人工智能企业数居前几位的主要有美国、中国、欧洲、日本。近年来，我国政府出台多项政策，始终大力支持人工智能的发展，相关产业在技术创新、产业生态、融合应用等方面取得了积极进展，正式迈入全球第一梯队。据我国科学技术信息研究所数据显示，截至 2021 年 9 月，我国共有 880 家人工智能企业，数量排名全球第二，相比 2020 年同比增长约 7%；人工智能企业累计共获得 462 亿美元投资，也排名全球第二；平均每家企业融资额为 0.53 亿美元，排名全球第一。据天眼调查数据显示，截至 2023 年 4 月，我国人工智能相关企业近 267.4 万余家，其中，2023 年一季度新增注册企业 17 万余家，与 2022 年同期相比上涨 6.8%。2023 年人工智能大会发布的数据显示，目前我国超算、智算、云算协同发力，算力规模位居全球第二；人工智能与制造业深度融合，已建成 2500 多个数字化车间和智能工厂，有力推动了实体经济数字化、智能化、绿色化转型。我国人工智能市场规模及增速如图 2-17 所示。

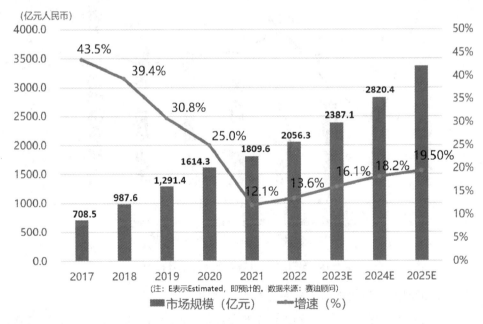

图 2-17 我国人工智能市场规模及增速(单位：亿元人民币)

3. 我国机器人产业发展已经处于世界前列

机器人是人工智能技术和装备的主要标志，机器人制造和使用状况体现了一个国家的智能化水平。我国近年机器人产业发展迅速，机器人制造和现役机器人的绝对数已经处于全球前列。近些年，我国机器人市场规模持续快速增长，已经初步形成完整的机器人产业链，同时"机器人+"应用不断拓展深入。根据中国电子学会组织编写的《中国机器人产业发展报告(2022年)》显示，2022年，我国机器人市场规模达到174亿美元，五年年均增长率达到22%。其中，2022年工业机器人市场规模达到87亿美元，服务机器人市场规模达65亿美元，特种机器人市场规模达22亿美元。在国内密集出台的政策和不断成熟的市场等多重因素驱动下，工业机器人增长迅猛，除了汽车、3C电子两大需求最为旺盛的行业，化工、石油等应用市场逐步打开。机器人产业是人工智能产业的核心，以机器人装备和应用服务实体经济，以机器人产业带动人工智能融合实体经济最为关键。我国机器人产业发展为人工智能融合实体经济创造了装备条件，是实体经济智能化的技术和物质基础。我国作为疫情控制最好的国家，工业机器人发展持续向好，已成为驱动机器人产业发展的主引擎。我国工业机器人市场规模及预测如图2-18所示。

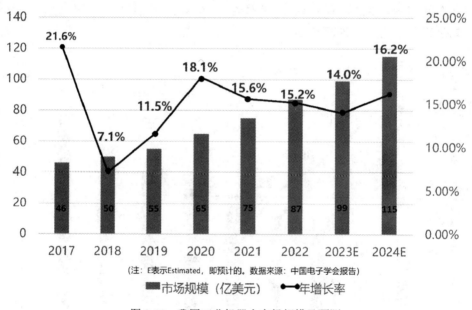

图2-18 我国工业机器人市场规模及预测

4. 中国人工智能专利数年均增长率上升为全球之首

中国和美国人工智能专利数保持稳定的增长速度，处于全球领先地位。2000—2016年，中国人工智能专利数为34 000项，美国人工智能专利数为27 000项；最近五年，中国人工智能专利数年均增长率为43%，超过美国的人工智能专利年均增长率(21.7%)。人工智能专利数据既体现了中国在人工智能领域的应用研究成果处于世界先进水平，也体现了人工智能专利转化为现实生产力的发展潜力，并为人工智能融合实体经济提供了技术条件。

作为一个制造业大国和实体经济大国，中国有庞大的经济体量，而人工智能在中国实体经济中的推广应用还非常有限。一方面，中国存在人工智能技术开发与产业应用脱节的现象，人工智能在企业中的应用程度较低、广度有限。另一方面，中国实体经济的智能化程度还较低，尤其是制造业智能化水平和智能应用率不高，农业智能化程度更低。面对人工智能科技带来的全球竞争，中国新常态经济发展亟需开发新的经济增长点，通过人工智能推动实体经济做实做强，促进现代化经济体系建设，实现人工智能与实体经济深度融合势在必行。

1) 人工智能融合实体经济是现代化经济体系建设的需要

中国市场经济体制改革已经打造了较完备的市场经济体系，但还远够不上现代化水平，中国需要在实体经济的基础上建设现代化的经济体系。现代化经济体系要求市场机制完善和市场发育成熟，产业体系完备和产业结构高端，区域经济布局合理和注重经济增长质量，以及宏观经济健康发展和国家经济安全。其中产业体系完备是现代化经济体系的核心要求。当前强调人工智能融合实体经济，重点在于人工智能应用于现代农业、新兴制造业和新兴服务业，提升实体经济智能化水平。建设现代化经济体系，亟需完成产业结构由中低端到高端的转型，由低附加值产业向高附加值产业转型；经济增长方式由注重规模到注重质量转型，由粗放型到集约化的方向升级；建设现代化经济体系，既坚持以我为主、产业结构合理、产业体系完备，又开放包容、融入全球化。现代化经济体系要建立在先进生产技术和设备基础上，以实体经济为主体的现代化经济体系迫切需要人工智能、大数据、云计算、互联网为之提供技术支撑。

2) 人工智能融合实体经济是制造业转型升级的需要

中国传统制造业的技术装备总体上比较落后，传统制造业智能化普及率较低，传统制造业还面临调结构、去产能、降成本、增效益的压力，这都给传统制造业智能化升级带来很大困难。中国新兴制造业发展规模较小，发展进程迟缓，新兴制造业装备智能化的任务还很艰巨。中国制造业以传统生产方式为主，以劳动密集型和粗放式经营为主，因此缺乏国际市场竞争力。中国低端制造业存在耗能高、成本高和质量低、利润低的矛盾，多年积累下来的产业结构失衡和产能过剩问题很突出。由此造成中国整体产业结构低端化，工业制成品处于全球产业价值链的低端，制造业盈利能力较弱，在国际市场竞争中处于不利地位。从一定程度上说，制造业的智能化决定着实体经济的智能化。因而，人工智能融合实体经济的关键在于制造业的智能化升级，智能制造势必要走在实体经济智能化的前列。

图 2-19 展示出了人工智能在制造业产品研发中的应用。

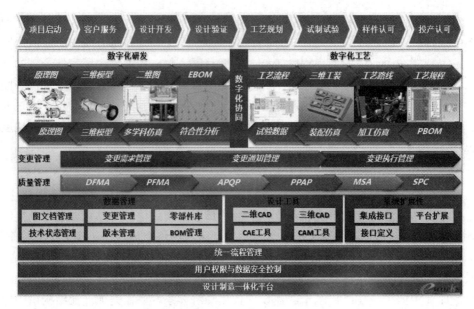

图 2-19　人工智能在制造业产品研发中的应用

3) 人工智能融合实体经济是服务业智能化的需要

在中国服务业总量中，传统服务业比重较大，经营和服务手段较落后。目前中国商业中的零售业、餐饮酒店业、旅游业等，主要还是延续传统商品流通和经营方式，人工智能技术应用有限。金融、信息、物流、商务等新兴服务业占经济总量的比重较小，人工智能应用程度和智能化水平都不高，亟待加速发展，更有赖人工智能做技术支撑。中国物联网商业和共享经济虽然发展很快，但职业标准滞后，运营管理跟不上，相关法规也未跟进。这些都为人工智能融合服务业、提升服务业和打造智能服务提出了新要求。人工智能在服务业全行业的应用是提高服务质量和提升服务品竞争力的客观要求，中国亟需传统服务业智能化升级和新兴服务业装备智能化。

4) 人工智能融合实体经济是智能技术功能扩散的需要

目前，中国人工智能产业主要集中在北京、上海、广州和深圳这些特大型城市，其他地区人工智能技术应用都发展滞后。人工智能技术开发在京、沪、广、深的聚集效应客观存在，但人工智能应用的普及程度却非常有限。各地区大量分散的中小企业不利于发挥智能设备应用的规模效应，由此抑制了人工智能技术的应用。由于人工智能技术与设备成本高、技术要求高，采用人工智能技术和设备客观上要求一定的规模效应，这对小企业来说是难以匹配的。中国人工智能技术尚处在弱智能化阶段，行业、企业、产品的多样性，使人工智能的推广应用受到相当的限制。人工智能设备通用性弱、小型化程度低，这远远满足不了应用的需要。此外，面对智能产业一哄而起的现象，智能产品低端化现象时有发生，这就需要智能产业有序推进和均衡发展。人工智能与实体经济融合有赖于智能产业的扩散效应。

综上而言，人工智能发展在中国既有逐渐成熟的客观条件，又有实体经济各产业对人工智能技术应用的主观需求，人工智能深度融合实体经济乃客观必然。

2.5.3 人工智能融合实体经济的运行机制

一定意义上说，实体经济决定一个国家的经济实力；实体经济与先进科学技术融合的程度，决定一个国家的经济增长率和核心竞争力。人工智能作为先进科学技术，只有融合于实体经济，才能对国民经济产生广泛影响。人工智能深度融合实体经济，就是人工智能设备广泛装备于实体经济各产业，人工智能技术应用于实体经济各环节，即实体经济的智能化。人工智能融合实体经济是科技生产力作用于社会经济活动的过程，表现其内在的运行机制：人工智能技术应用于实体经济——实体经济技术进步适应智能化要求——推动实体经济产业升级——促进实体经济结构调整与转型——实现国民经济常态增长。

1. 人工智能技术尤其是通用技术广泛应用于实体经济

任何先进的科学技术，只有实际应用于国民经济活动，才能成为现实的生产力；人工智能技术只有最大限度地应用于实体经济，才能发挥其作用，带来经济效益；而人工智能技术或设备越是通用性强，则适用范围越广，作用越大。人工智能技术和设备的发展方向正是通用性和小型化，实体经济的智能化程度取决于通用智能技术的应用程度。

2. 实体经济各产业自身技术进步以适应智能化要求

实体经济面对智能化的压力，迫使企业加快解决人工智能核心技术，增强智能设备系统集成能力，并从产品设计、生产工艺流程、配套设施等方面加强研发和技术改造；同时，激励企业大力建设智能人才队伍，提升劳动者的智能劳动技能，提高人力资源素质。

3. 人工智能融合实体经济促使相关产业和企业升级

人工智能应用于实体经济，将促进产业技术升级，尤其是制造企业设备数字化、运行自动化升级；企业应用人工智能技术，必将促进企业管理升级，智能经济运行尤其是机器人替代人力，更需要科学的管理方式，使生产要素优化配置和高效运行，企业管理信息化、高端化才能适应智能产业发展要求。实体经济智能化不可避免地也带来了企业规模的升级，并加快了发展以人工智能技术为支撑的企业集群，淘汰了一批落后的中小型传统企业。当前中国产业升级的关键是，传统制造业要向现代装备制造业升级，传统低端服务业要向新兴高端服务业升级。

4. 人工智能融合实体经济促进经济结构升级与转型

人工智能应用于实体经济，产业结构也将由中低端向中高端转型，虽然传统农业和制造业的比例会降低，但现代农业和智能制造会大大提升。随着实体经济智能化进程的推进，生产方式由劳动密集型、传统型向技术密集型、智能型转化成为必然，尤其是技术密集型取代劳动密集型，传统产业普通劳动力被人工智能技术应用所"挤出"，大量剩余劳动力将在经济转型过程中逐渐被消化。实体经济智能化必然带来经济增长由粗放式、高成本、高消耗向集约式、低成本、低消耗转型。

5. 实体经济带动经济常态化增长

随着实体经济的智能化，必将带来实体经济整体劳动生产率和经济效益的提高；同时，在机器人产业、智能制造业和智能服务业必然出现新的经济增长点。随着智能产业和整个实体经济的发展，在产业升级和结构优化的基础上，实体经济的产业竞争力将大为增强，经济增长量将大为提升，从而实现经济常态化增长，促进国民经济健康发展。

诚然，中国人工智能融合实体经济也面临一系列困难，需要引起人们的高度重视并积极解决。这些困难主要表现在下面三个方面：

一是人工智能领域的智能型劳动力严重短缺。 目前中国人工智能产业的专业技术人员和技术工人的数量滞后于人工智能产业发展的要求，传统产业庞大的普通劳动力与人工智能技术操作的要求有相当差距；国民教育对人工智能人才的培养跟不上智能产业发展的步伐。智能型劳动力短缺成为制约中国人工智能融合实体经济的"短板"。当前迫切需要加快智能型劳动力培养，包括智能专业技术人才和智能产业操作人员的培养。

二是与人工智能产业运行相关的法律法规建设滞后。 人工智能创新与实体经济各行业的衔接，出现了一些法律法规的真空层；人工智能应用具有共享性、外部性和不确定性，会带来人工智能应用环节的生产责任事故和智能产品责任，还有隐私权保护和网络安全等问题，都需要加快立法立规。人工智能产权界定和产权保护亟需建章立制，以保障智能经济的市场运行有序，为智能产业健康发展营造良好的生态环境。

三是人工智能相关技术标准不完备。 当前中国面对不断创新的"人工智能+"，不断面世的智能企业，不断上市的智能产品，亟需出台统一规范的人工智能技术标准、测试评估体系和评估方法，以保证人工智能融合实体经济的可操作性，使人工智能有效衔接实体经济各行业，推动行业合理开放数据和实现数据资源共享，促进人工智能产业健康发展。

2.5.4 人工智能技术升级实体经济

2023 年初，以 ChatGPT 为代表的生成式人工智能引发广泛关注，人工智能正在从专用智能迈向通用智能，进入了全新的发展阶段。中央政治局 2023 年 4 月 28 日召开会议指出，要重视通用人工智能发展，营造创新生态，重视防范风险。习近平总书记强调，人工智能是引领这一轮科技革命和产业变革的战略性技术，具有溢出带动性很强的"头雁"效应。以人工智能为技术支撑，制造智能产品的相关产业是智能产业，智能产业本身就是实体经济。发展智能产业也是人工智能融合实体经济的主要方式，要把智能产业作为实体经济的重点产业来发展，必须加强对计算机、互联网、机器人、大数据等产业的支持。

《中华人民共和国国民经济和社会发展第十四个五年规划和 2035 年远景目标纲要》将"打造数字经济新优势"作为一章专门列出，明确提出要"充分发挥海量数据和丰富应用场景优势，促进数字技术与实体经济深度融合，赋能传统产业转型升级，催生新产业新业态新模式，壮大经济发展新引擎"。我国未来社会和产业发展将始终围绕数字经济与实体经济的融合、传统产业向新兴产业的转型进行。善用人工智能，就是善用关键工具。积极推动人工智能技术赋能传统产业升级，嵌入实体经济实现高质量发展，促进社会有序运行。

尽管人工智能产业所创造的价值在中国经济总量中还很小，但人工智能发展速度和前景却是非常可观的。随着人工智能技术和设备在实体经济中的广泛应用，也会带来相关产业的资本重组和设备更新，以适应资源的优化配置和市场竞争要求，同时也将促进新一轮经济增长。由此可见，未来我国高质量发展，人工智能将起到关键作用。新一代人工智能发展规划布局示意图如图 2-20 所示。

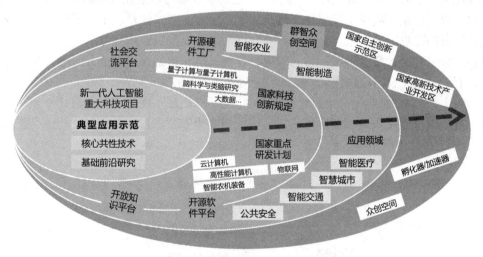

图 2-20　新一代人工智能发展规划布局示意图

人工智能融合实体经济，既要有深度，又要有广度。从融合深度来看，就是人工智能技术与实体经济各产业结合，用人工智能技术和智能设备装备实体经济，应用于实体经济各产业和产品制造的全部环节，同时淘汰传统落后的生产工具、生产方法和经营模式，实现产业运行各环节的智能化升级，达到产业设备数字化、产业运行智能化、产业结构高端化，促进供给侧结构优化和宏观经济效益提升。从融合广度来看，就是将人工智能技术和设备拓展到实体经济各领域，实现"人工智能+"，以人工智能技术拓展新产业、新产品、新业态、新模式，重点推动智能技术在装备制造业、交通运输业和新兴服务业的集成运用，实现整体经济增长。通过融合，也必然使一些传统落后的行业和职业岗位逐渐退出历史舞台，这不仅导致部分产业转型，也会导致部分劳动力转岗。加快人工智能与实体经济的融合，实现实体经济各产业智能化升级，并将覆盖国民经济和居民生活的诸多方面。

1. 运用人工智能技术，开发智能农业和促进农业现代化

智能农业就是以人工智能技术手段装备和应用的农业，包括农、林、牧、渔等广义的农业。开发智能农业正在中国探索和试点之中，智能农业在运用现代生物技术、智能农业设施和新型农用材料的基础上，主要依托物联网平台，在农产品生产与加工、水产和牲畜养殖等方面运用大数据分析、决策和数字化控制，推行农产品定制化生产、工厂化经营和互联网销售，实现农业生产资源的优化配置，形成产供销一体化的现代农业经济。智能农业的基础条件要求互联网在广大乡村统一分布。在我们这样一个农业大国，智能农业大有可为，我们将从传统农业"靠天吃饭"，手工劳动和半机械劳动方式，快速跨越到智能农业的劳动方式。当中国进入智能农业时代，职业农民将是令人羡慕的职业，农业机器人将走向田间地头。

2022 年，农业农村部印发了《"十四五"全国农业农村信息化发展规划》，对"十四五"时期农业农村信息化高质量发展作出系统部署，提出智慧农业是"十四五"时期农业农村信息化发展的主攻方向，重点是聚焦行业发展需求，提升农业生产效率。从智慧种业、智慧农田、智慧种植、智慧畜牧、智慧渔业、智能农机和智慧农垦七个方面进行全面突破。"十四五"是农业农村信息化从"盆景"走向"风景"的关键时期，预期到 2025 年，智慧农业将迈上新台阶，农业生产信息化率将达到 27%，农产品年网络零售额将超过 8000 亿元，建设 100 个国家数字农业创新应用基地，认定 200 个农业农村信息化示范基地。智慧农业大棚系统如图 2-21 所示。

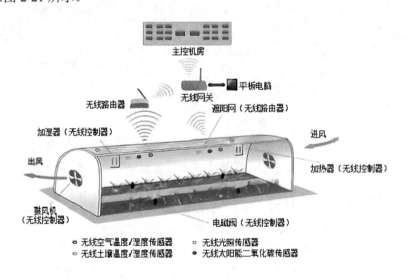

图 2-21　智慧农业大棚系统

2. 运用人工智能技术，加速制造业智能化升级与创新

2021 年 12 月，工业和信息化部等八部门联合印发了《"十四五"智能制造发展规划》，提出当前制造业供给与市场需求适配性不高、产业链供应链稳定面临挑战、资源环境要素约束趋紧等问题凸显。到 2025 年，要求供给能力明显增强，智能制造装备和工业软件技术市场满足率分别超过 70% 和 50%。将关键核心技术攻关列为首项重点任务，并将其分为四类：一是设计仿真、混合建模、协同优化等基础技术；二是增材制造、超精密加工等先进工艺技术；三是智能感知、人机协作、供应链协同等共性技术；四是人工智能、5G、大数据、边缘计算等在工业领域的适用性技术。智能制造标准体系关键技术结构如图 2-22 所示。

图 2-22　智能制造标准体系关键技术结构

当前要以人工智能带动中国制造强国、创新强国建设，重点在于在先进制造业中率先运用人工智能技术，用人工智能技术设备装备制造业，尤其是以工业机器人运用于先进制造业，提高中国制造产品质量，增强制造业的国际竞争力。制造业智能化还体现在产品智能化上。智能产品不同于一般产品，就在于"产品内置了包括传感器、处理器、存储器、通信部件和相关软件的智能模块，依托物联网和人工智能技术，使产品具有感知外部变化、自我学习和自主决策的功能，更好地满足用户需求"。为此，要加强制造业产品设计信息系统、智能管理与智能制造执行系统、智能生产线管控系统、工业信息物理系统等的建设。将智能化覆盖产品研发、生产制造和售后服务全过程。在制造业产品研发环节，运用数字化、信息化手段，建设产品智能设计平台，输入相关需求数据，由智能系统自主设计可选方案。在制造业生产环节，建设机器视觉检测系统，在流水线上快速准确分拣产品，实行连续性生产，实时监控产品生产过程，保证产品质量。在制造业供应链运营环节，建设机器学习模型，发展定制化系统研发，合理确定运货价格和计算利润。将定制化系统研发应用在市场营销环节，体现了机器学习模型对产品供应客户高度负责，可对客户和销售商提供服务和建议。在制造业产品服务方面，有效推行智能化售后服务，以智能化辅助识别现场，以智能技术支持售后运维。还要加快建设物联网支撑平台，为制造业提供产业集成综合服务。

近年来，我国制造业不断提升自身智能化水平，向高质量发展迈进，制造业智能化是振兴实体经济的关键环节。随着相关科技成果不断落地，应用场景更加丰富，人工智能技

术与实体经济加速融合，逐渐应用于无人机、语音识别、图像识别、智能机器人、智能汽车、智能音响、可穿戴设备、虚拟现实等领域，助力制造业向信息化与智能化发展方向演进，进一步促进产业转型升级，为经济高质量发展注入强劲动力。

3. 运用人工智能技术，加快智能产业支撑体系和基础设施建设

1) 加强基础设施网络建设

互联网分布如同广播电视、水电供应、交通运输一样覆盖全社会，要将传统邮电通信提升为现代信息系统，建设高度智能化的新一代互联网、高速率大容量的5G移动通信网、快速高精度定位导航网。建设人工智能基础资源公共服务平台，尤其是建设云计算中心，加快覆盖城乡社区的网络资源建设，为人工智能推广应用奠定坚实的基础。

2) 加强公共信息网络平台建设

要尽快完成和实现公共信息数字化，面向社会开放文献、语音、图像、视频、地图和行业数据，可依法查询居民信用状况数据，为基础资源社会共享提供便利。实现区域资源共享，建设智能社区、智能城市和智能社会，给城乡居民提供便捷的服务。

3) 加强和推广基础设施资源的智能化管理

大力发展互联网产业，将互联网覆盖城乡，提升互联网水平和质量，将人工智能设备广泛用于公用事业和城乡社区基础设施建设，将基础设施的智能化管理从城市推广到乡村。国家工信部(工业和信息化部)提出，未来3年"人工智能产业支撑体系基本建立，具备一定规模的高质量标准数据资源库、标准测试数据集建成并开放，人工智能标准体系、测试评估体系及安全保障体系框架初步建立，智能化网络基础设施体系逐步形成，产业发展环境更加完善"。随着人工智能产业支撑体系和网络设施的完备，中国将逐渐扩大人工智能的应用范围，拓展人工智能通用化领域。

4. 运用人工智能技术，加快服务业智能化进程

人工智能应用于服务业，是智能社会的必然趋势，智能服务将创新改善民生的新途径。为此，一方面，中国应大力推进传统服务业的智能化升级。应将大数据、互联网以及智能商务服务普遍应用于酒店管理、旅游服务、商品流通、金融服务等领域，提高传统服务业的经营效率和服务质量。尤其是智能物流的迅猛发展，将产生巨大的经济效益和社会效益。传统服务业要主动寻找人工智能技术的应用场景，使生产与流通、经营与服务等环节有效衔接。另一方面，新兴服务业直接采用智能技术，在智能医疗服务、智能运载工具、智能旅游服务、智能养老服务等领域，人工智能应用前景广阔。此外，智能家居产业也大有可为。人工智能应用于新兴服务业，作用广泛。要大力推广智能厨房，发展智能汽车产业，开发智能无人服务系统，以及推广智能交互、智能翻译、智能穿戴设备等应用的开发，让智能服务走向社会生活的方方面面，进入千家万户。

工业自动化系统集成架构如图 2-23 所示。

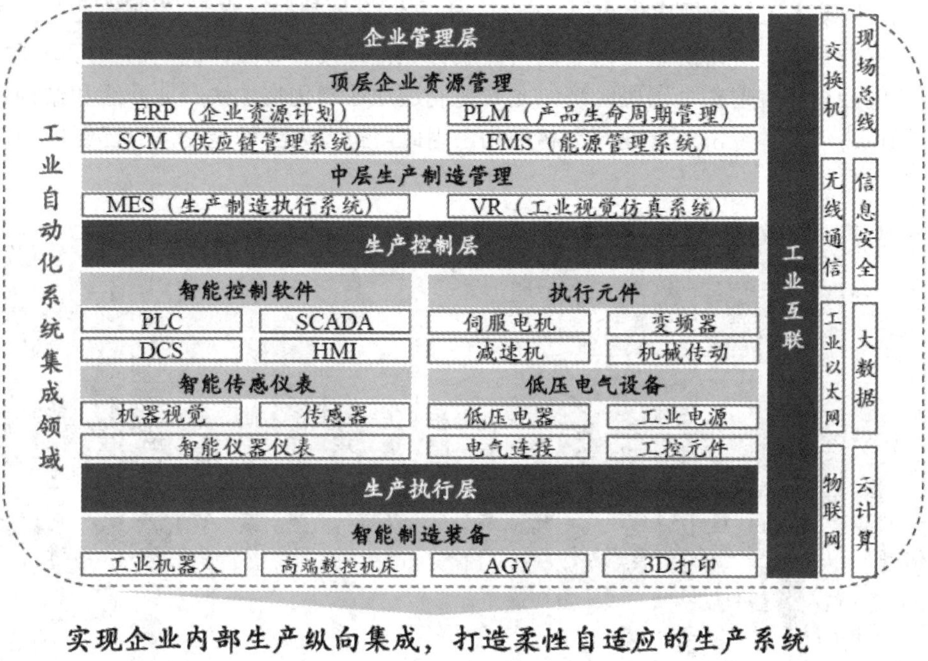

实现企业内部生产纵向集成，打造柔性自适应的生产系统

图 2-23　工业自动化系统集成架构

5. 运用人工智能技术，推进文化教育产业智能化

文化教育产业是广义服务业，但文化教育产业有其特殊性，即文化与教育具有一定社会公共服务功能，其产品是精神文化产品，体现社会的软生产力和国家的软实力。人工智能以数字化、网络化为主要手段，既对传统印刷、传媒、出版业带来极大挑战，也给现代文化教育事业发展带来难得的机遇。随着智能技术和设备的应用，文化产品的传统生产手段逐渐被人工智能手段所替代，文化产品载体的纸质化逐步被数字化所取代，中国新媒体异军突起，新闻传播、出版印刷行业率先智能化，已经走在智能社会的前列。人工智能为文化产品、精神产品的开发和应用提供了技术手段和设备，智能化大大提升了文化产业的社会功能，为丰富群众精神文化生活发挥着巨大作用。人工智能技术应用于教育使传统教育手段极大提升，通过建设智能教育自主学习平台和智能教育网络系统，整合和充分利用优质教育资源，运用数字化、网络化教育手段，拓展新的高效的智能教育，提高智能教育的社会效益，提升全民族的文化教育水平和素养。

IBMS 智能建筑管理系统如图 2-24 所示。

人工智能与实体经济各产业的融合，将形成"人工智能+"的新业态、新模式。中国政府《新一代人工智能发展规划》提出："加快推进产业智能化升级。推动人工智能与各行业融合创新，在制造、农业、物流、金融、商务、家居等重点行业和领域开展人工智能应用试点示范，推动人工智能规模化应用，全面提升产业发展智能化水平。"制造业是国民经济的支柱，农业是国民经济的基础，其他新兴服务业也直接服务国计民生，人工智能技术在重点行业的应用将辐射整个国民经济，尤其是制造业智能化将加快产业升级和结构优化，由智能制造带动实体经济各产业升级和优化。因此，抢占人工智能制高点已经成为国家战略竞争的大目标。

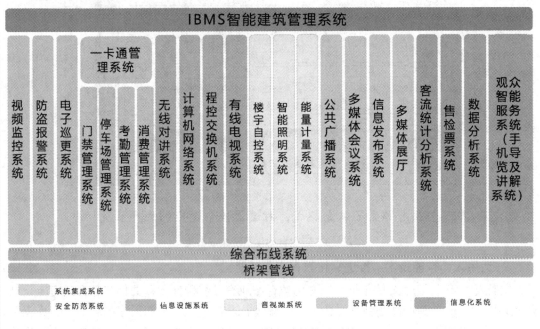

图 2-24　IBMS 智能建筑管理系统

2.5.5　人工智能产业创新实体经济

　　人工智能是科技生产力，人工智能产业是制造智能产品的先进科技产业，人工智能产业将直接创新实体经济。应用人工智能技术，开发新产业、研制新产品、发展新业态、构建新模式，将带动中国实体经济产业升级和经济结构转型。人工智能创新实体经济，将带来中国新的产业发展机遇，尤其是机器人产业的发展，将带来国民经济和居民生活根本性变化。人工智能相关产业将成为未来新的经济增长点。我们亟需将智能产业作为实体经济的重点产业来发展，加强对计算机、互联网、大数据、机器人等产业的支持。人工智能融合实体经济，人工智能创新高地就在其间，以人工智能产业为引擎，将带动国民经济一系列产业的创新。

1. 人工智能产业链相关行业创新

人工智能产业是由人工智能设备、软件和互联网构成的新兴产业。人工智能产业链包括人工智能基础层、技术层和应用层的有机衔接，各层均涉及硬件设备与软件服务。基础层是人工智能技术得以实现和应用到位的后台保障，提供服务器和存储设备，以及数据资源和云计算；技术层是人工智能应用的技术手段，主要技术是机器学习、模式识别和人机交互；应用层是人工智能技术的实现形式，包括专用应用和通用应用两种形式，通过应用层使得人工智能的功能得以发挥，也使之成为现实的生产力。围绕人工智能产业链建设，将创新出完全不同于传统产业的新兴产业，创造出前所未有的智能产品。人工智能产业创新带来相关硬件和软件产业开发，如芯片、存储器、互联网设备、语言处理、视觉和图像、技术平台、机器学习等硬件设备的提供，以及数据资源、计算平台、算法、商务智能、解决方案、云服务等软件与服务的提供。芯片和核心软件开发将是智能产业建设的重中之重。显然，人工智能硬件和软件的生产将成为中国新的经济增长点；人工智能产业链相关行业将成为中国实体经济发展潜力最大的行业。

工业园区能源物联网生态圈建设如图 2-25 所示。

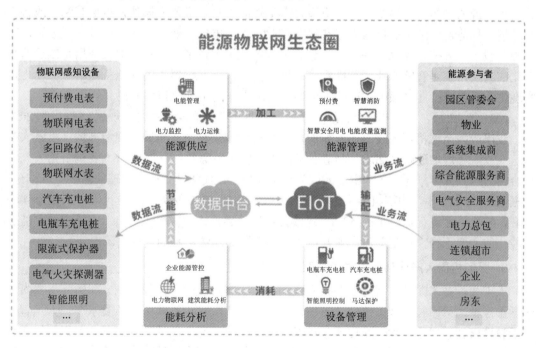

图 2-25　工业园区能源物联网生态圈建设

2. 工业机器人产业创新推动智能制造业

工业机器人是机器人产业的主体，是制造业的智能化装备，也是先进制造业的标志。机器人是靠自身动力和控制能力来实现各种功能的一种机器，工业机器人是应用于工业领域的智能机器。2023 年 1 月，工信部等十七部门印发《"机器人+"应用行动实施方案》，提出以产品创新和场景推广为着力点，分类施策拓展机器人应用深度和广度。在政策红利下，各地机器人产业迎来升级换代、跨越发展的窗口期，提升关键核心技术与产品创新能力、丰富机器人应用场景、提升工业机器人使用密度成为各地产业发展重点。在制造业领域，工业机器人也越来越多地应用其中，搬运、焊接、装配依然是"机器人+制造业"的主要应用形式。同时，随着技术的不断进步，工业机器人向着高速、高精度、轻量化、成套系列化和智能化方向发展，一些传统的应用模式也披上了智能化的新衣。

在制造业批量生产的流水线上，或重复性强且疲劳操作的生产工序中，以机器人操作代替人力劳动，将大大提高生产经营效率。在特殊的生产环境下，如深水和井下作业、高空高寒和远程控制、地质勘察探测等恶劣环境下，采用工业机器人操作可克服人力对物理环境的要求和人类生理的限制，达到预定目的，并保证安全生产；在有关产业领域处于险、脏、累、苦的重体力劳动的环节，更适合人工智能工具和机器人操作，也更有利于改善生产环境。目前，中国工业机器人多在汽车工业、电子电气工业、造船工业等领域使用，在焊接、搬运、分拣、码垛、冲压、喷漆等生产环节采用较多。工业机器人应用是制造业智能化的重点，也是智能产业、智能经济发展的重点。工业机器人的特点就是解放劳动力，实现生产过程连续性，保证生产的安全性，实施操作的精准性与高效性。

2021 年 12 月，工信部等十五部门印发《"十四五"机器人产业发展规划》，提出到 2025 年，我国成为全球机器人技术创新策源地、高端制造集聚地和集成应用新高地；机器人产业营业收入年均增速超过 20%；制造业机器人密度实现翻番。到 2035 年，我国机器人产业综合实力达到国际领先水平，机器人成为经济发展、人民生活、社会治理的重要组成部分。数据显示，2022 年，中国机器人全行业营业收入超过 1700 亿元，工业机器人产量为 44.3 万套，装机量超过全球总量的 50%，连续九年居世界首位。发展工业机器人是中国制造业智能化的主要途径，也是促进产业升级的重要手段和经济增长的新动力。

3. 服务机器人产业创新推动智能服务业

人工智能技术尤其是智能服务机器人的应用，将直接改善国计民生。如医疗机器人、医学影像辅助诊断技术和医疗解决方案，将大大提高医疗诊治和医疗康复水平。人工智能对于教育培训、娱乐休闲、家庭服务场景等领域，也具有广阔的开发前景；人工智能在智能家居服务、智能养老服务，以及智能共享经济等方面都有广泛的应用价值。智能服务机器人的开发和利用，直接服务于居民生活，将极大地改善民生，提高居民生活质量。开发视频图像身份识别系统，对于金融服务和安防也有重大作用。此外，人工智能还包括针对救援救灾、反恐防暴等特殊领域推广智能特种机器人，以满足社会公共服务领域的特殊需要。中国政府发布《中国制造 2025》提出服务机器人发展规划，重点在于："围绕汽车、机械、电子、危险品制造、国防军工、化工、轻工等工业机器人、特种机器人，以及医疗健康、家庭服务、教育娱乐等服务机器人应用需求，积极研发新产品，促进机器人标准化、模块化发展，扩大市场应用。"服务机器人产业创新直接满足居民生活所需，带动智能服务市场不断壮大，服务机器人产业也必将成为中国新的经济增长点。图 2-26 展示了服务机器人的应用领域。

图 2-26　服务机器人应用领域

4. 物联网与商业智能推动商业模式创新

随着物联网商品流通方式的出现，在互联网商业急速膨胀的同时，中国传统商业经营方式逐渐萎缩。近年来，中国零售商业的实体店在"网店"和"快递"行业冲击下，日渐"瘦身"。随着互联网的发展，商务经营者居家分散工作逐渐替代公司集中工作，突破了生产要素的空间阻隔，互联网减少了商品流通环节并缩短了流通时间，从而节约了商务成本、时间成本、物理空间资源和人力资源。如果说物联网主要是提供了商业服务的硬件，那么商业智能就是商业服务的软件。以提供软件服务为主的商业智能，主要是对现代数据仓库技术、线上分析处理技术、数据挖掘和数据展现技术进行数据处理，为商业经营服务，从而实现商业价值。物联网和商业智能带来商品流通的革命性变化，创新了商业模式，提高了交易效率。物联网对于缩短流通环节、创新交易媒介、加速商品流通、扩大商品交易、节约交易成本、对称交易信息都具有重大意义；而商业智能借助大数据手段，通过分析和处理市场数据，为商业经营决策提供了专业性和高效的服务，为商务活动提供了解决方案，这正是传统商业所不具备的。

人工智能融合实体经济，促进智能产业创新，有利实体经济转型升级和供给侧结构改革。人工智能产业创新覆盖实体经济整体，智能制造、智能服务伴随一系列智能产品问世，新的经济增长点正在其中。近年来，中国在整体经济进入新常态，经济增速放慢的大环境下，人工智能及相关产业的经济增速却呈加速状态，这正是产业结构和运行质量高端化的体现。人工智能相关产业加速增长趋势，促进了中国经济增长和新常态经济发展目标的实现。

人工智能产业本身是实体经济的组成部分，人工智能技术应用也主要面向实体经济。在一个实体经济尤其是制造业占优势的中国，人工智能与实体经济融合对促进经济增长和国民经济持续健康发展至关重要。人工智能与实体经济融合的深度和广度，决定着中国由经济大国走向经济强国的进程，决定着中国由制造业大国走向创新强国的进程，也决定着中国现代化经济体系建设的进程。当前中国坚持以人工智能技术升级实体经济，以人工智能设备装备实体经济，以人工智能产业创新实体经济，体现了实体经济作为国民经济的主体地位，生产性劳动作为国民经济的基础地位，这是国民经济健康发展和国家经济安全的保证。人工智能是当代先进的科技生产力，人工智能技术的应用带来了生产方式和生活方式的深刻变革，也带来了劳动力的进一步解放。人工智能产业带动智能经济发展，也将成为中国未来新的经济增长点，人工智能技术将成为中国国民经济和社会发展的强力引擎，人工智能产业将促进实体经济走向装备智能、结构优化、产业转型和质量提升。

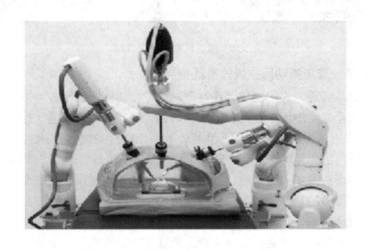

第三章　技术技能与产业工人的发展

《新时期产业工人队伍建设改革方案》要求：构建产业工人技能形成体系，造就一支有理想守信念、懂技术会创新、敢担当讲奉献的宏大的产业工人队伍。劳动者素质对一个国家、一个民族发展至关重要。当今世界，综合国力竞争日趋激烈，全球新一轮科技革命和产业变革正在孕育兴起，人才日益成为综合国力竞争的决胜因素。当前，我国人力资源供求存在较大的结构性矛盾：一方面，企业转型升级急需大批专业化的高技能产业工人；另一方面，大部分产业工人专业培训率低，技术技能水平不能满足企业生产需要。"技能是全球通用货币。"对产业工人而言，素质是立身之基，技能是立业之本，要想在本职岗位上展现能力才华、实现个人价值，必须不断提升技术技能水平，走技能成才、技能报国之路。近年来，许多产业工人在本职岗位上勤学苦练、深入钻研，勇于创新、敢为人先，为推动经济高质量发展、实施制造强国战略、全面建设社会主义现代化国家贡献了智慧和力量。在2022年"全国五一劳动奖"系列表彰中，产业工人超四成，行业大类中表彰最多的是制造业。

3.1　技术技能人才概述

过去，人们过分注重高学历，一说"人才"，往往就想到那些高学历、高文凭的人。随着市场经济的不断完善和市场竞争的日趋激烈，全社会对"人才"的认识正在发生着微妙的变化，这种变化就是从注重文凭向注重技术技能转变。

人才市场最近出现了一种概念：由原来的高学历、高职称就是人才，转向"有需求才是人才"。文凭高，但缺乏操作能力的人，并不受市场欢迎；同时，那些技术技能高超的"高级蓝领"则身价大涨。人们开始认识到学历高代替不了技术技能强，那些尽管学历不高，但技术高、技能强的人才，正是实际工作中适用和急需的人才。

社会发展是在人类实践活动的推动下实现的。在社会发展的合力系统中，技术技能始终是一个关键性的驱动要素。当人类点燃起第一堆篝火、打磨出第一把石斧、锻造出第一件铁器、制造出第一辆机车的时候，背后都能看到技术技能的影子。

3.1.1　技术技能人才的界定

在人类历史发展的不同阶段，技术技能的含义也在不断发生着变化。早在古希腊时期，

第三章　技术技能与产业工人的发展

113

在亚里士多德的著述中就已经有了技术技能的概念，他最早将技术技能看作是制作的智慧和技艺。在这一时期，技术技能主要指一种经验性的工匠技艺，比如渔猎、手工业等。十六世纪以来，随着近代科学的兴起，人们开始关注和研究技术技能的本质，"技术技能"一词的使用也发生了巨大的变化。

1. 技术的定义

关于技术，在日常生活中通用的说法指在自然环境和适应环境的过程中积累并在生活中体现的方式方法的总称。在《辞海》中，技术泛指根据生产实践经验和自然科学原理而发展成的各种工艺操作方法与技能[①]。此外，广义的技术还指在实际生产过程中，工具、设备的使用，以及产品的制作工艺与流程。姜大源先生于 2016 年发表的论文中从技术的语义层面和哲学层面，深度挖掘技术背后的含义，认为技术在语义范畴里包括两个组分：一是基于原理的技术，通常指工程技术；二是工作过程中积累的基于工作的技术，通常指职业技术。在哲学范畴里，技术也包括两个组分：一是基于人的技术，特指与人的身体有关的技术，是"具身"的技术，总与生命同在；二是基于物的技术，则泛指与人的身体无关的技术，是"去身"的技术，不因生命终结而中止[②]。

2. 技能的定义

关于技能，通常指基于个体已有的知识经验，持续不断地练习，熟练完成任务的方式。或者指个体可熟练灵活使用工具，完成操作时展现的能力。在心理学中，技能指个体运用已有的知识经验，通过练习而形成的智力活动方式和肢体动作方式的复杂系统[③]，分为操作技能和心智技能。姜大源先生 2016 年的报告从心理学和职业科学出发，认为技能是技术的一部分。作为另一种形式的技术，技能在心理科学范畴里包括两个组分：一是动作技能；二是心智技能，强调的是人的技能的类型定位。而在职业科学范畴里，技能也包括两个组成部分：一是通用性专门技能；二是特殊性专门技能，强调的是人的技能的功能指向。

3. 技术技能的定义

从古到今，技术与技能大致经历了从原始综合到彼此分离、从相互独立到融为一体的过程。在古代，由于人类对自然的认识与生产技能和经验合二为一，因而处于萌芽状态的技术与技能是浑然一体的。随着人类文明的发展，生产实践活动中脑力劳动与体力劳动逐渐分离，技术与技能也随之分化并相互独立。技术主要作为脑力劳动者特有的知识在不断发展，而技能则作为体力劳动者的经验积累而不断进步。近代以来，随着越来越多科学家对技能的关注，技能越来越离不开技术的指导，技术与技能之间逐渐结束相互分离的状况

① 夏征农. 辞海. 上海：上海辞书出版社，1999.
② 姜大源. 技术与技能辩. 高等工程教育研究，2016，4，71-82.
③ 朱智贤. 心理学大辞典. 北京：北京师范大学出版社，1989.

而走向融合。特别是二十世纪中叶以来，随着以电子计算机为核心的现代科技革命的发生发展，技术与技能之间的界限也逐渐模糊，二者相互渗透、相互交叉，并逐步融为一体。在当代，无论是技术还是技能，其发展与突破都依赖于对方的发展与突破，二者同步协调、相互促进。

正是基于这种意义，"技术技能"早已成为国内外学者的惯用术语。因此，无论是评价技术在社会发展中的作用，还是评价技能在社会发展中的作用，我们都应该在二者的紧密联系和相互作用中进行，即要一体化地评价认识"技术技能"在社会发展中的作用。

综上，技术技能可以整体概括为对某项活动，特别是对涉及方法、流程、程序或者技巧的特定活动的理解和熟练掌握。它包括专业知识、在专业范围内的分析能力以及灵活地运用该专业的工具和技巧的能力。

4. 人才的定义

人才是一个发展的、动态的概念。《辞海》中，人才包括三要素：首先，有才识学问并且是德才兼备的人；其次，指才学、才能；最后，指人的品貌。从个人素质角度来看，人才指在一个团体组织中从事管理工作，集体利益最大化的群体。从人力资源的角度来看，通常是指才能杰出、德才兼备的人。从教育角度来看，人才指经过学校专门培养后能初步适应某种工作且具有某种学历或某种职称的人。伴随着人才学科不断深入探索，诸多研究者对人才的内涵有了多元化的解读。刘圣恩(1987)认为，人才就是在一定的社会历史条件下、在认识世界和改造世界的过程中进行创造性劳动的人[1]。叶忠海(2005)认为，人才是在社会环境中，通过自身努力不断取得重大成就，对社会发展和人类进步做出某种较大贡献的人[2]。骆克任(2006)则从人才的素质和能力等内在标准出发，将人才定义为具有较高素质和能力，能够创造社会财富的人[3]。综上，学者们对人才解读从两点出发：一是特指具有某种专业技术或从事管理工作的专业人员；二是指出人才的衡量标准并不是简单地依据个人的学历、资格和身份。

此外，国家权威政策中对人才界定的关注由来已久。1982年国务院批转国家计划委员会关于制定长远规划工作安排的通知中，认为人才是具有中专以上学历，或有初级专业技术资格的人。2003年的人才工作会议更新人才范围，认为人才是指有知识，能力强，开展创造性劳动，在政治、精神、物质文明建设中做出贡献的人；目前被学者广泛参考的是《国家中长期人才发展规划纲要(2010—2020)》(2010)中对人才的定义，即指具有一定的专业知识或专门技能，进行创造性劳动并对社会做出贡献的人[4]。这一界定是对人才概念所具备的

---

① 刘圣恩. 人才学简明教程. 北京：中国政法大学出版社，1987.
② 叶忠海. 人才学基本原理. 北京：蓝天出版社，2005.
③ 骆克任. 科学人才观的表现及相关建议. 上海企业，2006，3，26-28.
④ 中共中央，国务院.国家中长期人才发展规划纲要(2010—2020). http://www.mohrss.gov.cn/SYrlzyhshbzb/zwgk/ghcw/ghjh/201503/t20150313_153952.htm，2010-6.

发展性与时代性的最佳体现。纲要中指明，人才需要从事社会实践，能够做出创造性的贡献，同时又在各个领域普遍存在，这无疑对人才内涵有了进一步的丰富与完善。

综合以上分析，在一定历史时期和区域范围内，人才必须同时具备三种要素：一是具有一定的知识和技能；二是能进行创造性劳动；三是工作中取得突出成绩，为社会发展做出积极贡献。

5. 技术技能人才的定义

技术技能人才概念的提出是技能人才类型不断细分的结果，更是我国职业教育人才培养目标近 70 年不断改革变迁的直接体现。2004 年教育部等 7 部门联合发布关于进一步加强职业教育工作的若干意见，首次提出培养技术技能人才。2012 年教育部印发的《国家教育事业发展第十二个五年规划》，对技术技能人才的培养目标进行了较为详细的表述，同年《国务院关于建立现代职业教育体系服务经济发展方式转变的决定》(2012)强调中等职业院校培养目标是技术技能人才。《教育部关于高等职业学校专业教学标准》和《教育部关于积极推进高等职业教育考试招生制度改革的指导意见》(2013)中指出高等职业教育的任务是培养高素质技术技能人才。对比建国之初到 2000 年的政策文件，近期政策中对技术技能人才的频繁提及，说明职业教育培养的人才类型属于技术技能人才，对职业教育输出的人才进行了明确的划分。

根据人才特性及已有的认识和观点，技术技能人才可定义为：在一定时期或一定社会区域内，具备一定的理论知识，在实际操作中，能较好地将理论知识与实际操作结合起来，有效率地完成工作；且能根据实际应用中遇到的难题，不断更新原有的理论知识，创新地解决问题，为产业升级发展做出贡献的人。从便于研究角度出发，技术技能人才具体指获得国家职业资格二级和一级的高水平技术技能人才。

3.1.2 技术技能人才的内涵

技术技能人才，是技术型与技能型人才的统称，是指成长于实践现场环境中并能解决应用型的问题，符合道德规范、交流、终身学习和法律法规等方面的一致性要求的人才。从技术技能人才内涵结构层次上分类，技术技能包括职业伦理、通用技术技能与可迁移技术技能和特殊职业技术技能与高级素养技术技能。可以通过技术技能人才的政策演进和学术图谱了解其内涵变化。

1. 技术技能人才内涵的政策演进

我国秉承技术技能人才分类培养政策，在不同历史时期，对技术技能人才的培养认识和实践有所不同，有着清晰的实践路径。在改革开放之初，承担技术技能人才培养的是中等职业教育，依据职能划分，由教育部和国家劳动总局分别承担，彼此互相协助。进入 21 世纪，随着社会经济的高速发展，国家现代化强国战略目标确立，培养技术技能人才上升为国家战略，是全社会共同推动的重要任务。2014 以来，国家要求推进职业教育的国际化，加快培养适应我国企业走出去要求的技术技能人才。

在教育政策文件中，技术技能人才概念的内涵从最初的"技术人员和干部"与"后备技术工人"，到"具备职业道德、文化基础、职业能力和身心健康，有专业技能、钻研精神、务实精神、创新精神和创业能力的高素质劳动者和实用人才"，再到"适应我国企业走出去要求的技术技能人才"。概念的内涵越来越丰富，社会对技术技能人才的素质和能力要求越来越高，简单机械重复的劳动被机器和人工智能替代，弹性技术技能岗位需求越来越多，意味着技术技能人才的外延在缩小，与其他类型人才的边界越来越融合，甚至需要多主体多方协同培养；技术技能人才越往高端方向发展，与学术型人才和工程技术人才的素质要求、知识能力结构越趋同。

2. 技术技能人才内涵的学术图谱

一是对技术技能人才增加需求性特指含义。刘兰明和王军红(2017)提出，"高端技术技能人才就是从事高精尖产业，掌握高新技术、胜任高端岗位，实现可持续发展的综合素质高、职业技能精、创新能力强的技术技能人才"；姜炜和李超平(2018)提出，"高技能人才属于技能人才中的一部分，他们通常具有较高的素质、精湛的技能和高超的技艺，他们从事的工作或者劳动通常都具有创造性，并且能够对社会有一定的贡献"。这些是基于学校教育工作的分析方法，回应社会对人才的需求的现实分析，提出学校教育的培养目标和培养思路与方法。

二是强调技术技能人才概念的动态生成性。学者们认为技术技能人才概念的内涵随着时代发展的需要不断增加和丰富。师慧丽(2017)认为，"技术技能型人才是技术型人才和技能型人才的统称，是一个伴随着科学技术产生和发展逐渐形成和完善的概念。工业 4.0 时代，生产一线的技术工人必须是知识型工人，他们应该是融技术、技能于一身的技术技能型人才，纯粹的以隐性智慧技能为特征的单一技术型人才、以显性动作技能为特征的单一技能型人才将不存在"。肖龙和陈鹏(2018)认为，"内涵现代流变下的高技能人才不再是技能的简单化身，而是愈发凸显其作为'人'的存在"。这类对技术技能人才的认识强调"动态性、生成性、人文性和内驱力"，倒逼人才技术技能不断向着产业高端、新技术和新兴产业转移，因为社会提供岗位需要的技术技能要求越来越多，且向高端方向发展。

三是从雇主视角研究技术技能人才，解析技术技能人才的内涵结构。郝天聪(2008)认为高技能人才的技能内涵结构包括三个层次：第一层为工作伦理，主要包括工作习惯、人际交往技能等；第二层类似于通用技能以及可迁移技能；第三层为特殊职业技能以及高级素养技能。这种分析比较符合当前社会需求对技术技能人才结构的认识，是很多教育教学改革的起点。

总之，从技术技能人才的政策路径和学术图谱来看，是随着时代的发展并按照人才分类养成的思路，对技术技能人才的内涵做出了新的界定。

第一，技术技能人才是从事具体产业、企业生产与管理实践的创造性解决工作场合实践问题的人才；

第二，随着社会对技术技能人才素质与能力需求的不断提高，技术技能人才是需要跨界合作培养的，即学校、产业、企业和政府通力合作协同创新共同培养，且技术技能人才的培养呈现多中心同步驱动的趋势，而不仅仅是依靠学校、政府和企业的单项分割培养；

第三，技术技能人才是实体经济和产业复兴的基础动力，大众创新、万众创业是对技术技能人才的岗位创新能力、开拓创新能力和社会价值创造的新要求，弹性技术技能、管理操控人工智能设备进行生产和服务是技术技能人才培养的方向；

第四，技术技能人才的培养目标从生产产品间接服务人类向着伦理性、人文性、情感性和自由性方向发展，即直接服务人的生活，重视体验、便捷和高质量的产品与服务，而不仅仅是控制机器制造产品；

第五，技术技能人才的内涵随着时代变化不断丰富，具有很强的民族文化气息，在某种程度上讲，对技术技能人才前面的形容词越多，能够与之匹配的群体就越来越小，没有特殊才能的人就不属于技术技能人才范畴。

3.1.3 技术技能人才的价值

1. 技术技能人才是现代化经济体系的核心要素

党的十九大报告中提出，未来一段时期内，建设现代化经济体系，提升全要素生产率是我国经济发展的主要任务。建设现代化经济体系的核心要素便是集合先进技术、科技成果等内在变量的技术技能人才。打造现代化经济体系，需要长期的技术积累及人力资源水平的不断提升；需要大量的物质资本投入，优化现有的生产技术，扩大技术技能人才储备。

从技术技能人才素养方面来说，技术技能人才是技术工人队伍中的操作者、知识实践者和成果转化者，是把科研成果直接转化为经济体系生产力的中坚力量，是一批有着精湛技术的实践型人才队伍。通过积累技术技能人才资本不仅能使国家经济要素提高、资源配置的效率加快，而且能使工人队伍结构丰富化，加快现代化经济体系建设。

因此，在构建现代化经济体系的战略背景下，技术技能人才的知识和技能是经济发展重要的内生力量，以公民技能为载体，加强技术创新和生产效率提升，是建设现代化经济体系这一任务实现的关键。

2. 技术技能人才是支撑制造业发展的主体力量

制造业是一国经济的支柱性产业，对国民经济发展水平有着十分重要的影响。世界各国都十分重视制造业发展，特别是近十年以来发达国家通过实施"再工业化战略"，力图在世界工业竞争中获得持续竞争优势。典型的如美国的"先进制造业伙伴计划"和"先进制造业国家战略计划"、德国的"工业4.0"战略、法国的"新工业法国"计划、英国的"工业2050战略"、日本的"日本再兴战略"、韩国的"制造业创新3.0"，等等。从发达国家制造业发展的经验看，有高素质的、掌握过硬技术的技术型和高技能型高端技术技能人才，已然成为一个国家制造业获得核心竞争优势的关键因素之一。

我国传统制造业向先进制造业发展转变，是制造业的未来发展趋势。这个过程是一个开发、吸收和应用先进制造技术的过程，是制造业信息化、智能化和柔性制造水平不断提升的过程，是劳动密集型的人才用工结构向知识密集型用工结构的转变。在这样的时代背景下，制造业转型发展离不开高素质的技术技能人才。因此，加快制造业急需职业教育人才培养，密切技术技能人才培育与国家战略实现的联系，培育满足制造业发展战略要求的技术技能人才，是我国制造业振兴升级的迫切需求和必然选择。

3. 技术技能人才是实现产业转型升级的关键人力

技术技能人才作为产业发展的动力源头，工作在产业发展的一线岗位，承担着技术知识转化为商品的直接责任。没有一支可引领产业转型，技术优化的高水平技术技能人才队伍，将会阻碍创新技术和科研成果的落地物化和大量生产，先进的技术成果就无法转化为产品而服务于社会发展和人民生活。国家一系列的权威政策文件，确定了技术技能人才在产业转型升级中发挥的重要作用。例如，《国家中长期人才发展规划纲要(2010—2020年)》《国务院办公厅转发人力资源社会保障部财政部国资委关于加强企业技能人才队伍建设意见的通知》《中央组织部人力资源和社会保障部关于印发〈高技能人才队伍建设中长期规划2010—2020年〉的通知》和《中国制造2025》，明确坚持"把人才作为建设制造强国的根本，建设一支素质优良、结构合理的制造业人才队伍，走人才引领的发展道路[1]。"《中国制造2025》明确的十大重点领域如图3-1所示。李克强总理在2015年"职业教育活动周"时强调，要"进一步培养形成高素质的劳动大军，进一步提高中国制造和服务的水平，进一步增强产业国际竞争力，促进经济保持中高速增长、迈向中高端水平和民生不断改善[2]。"

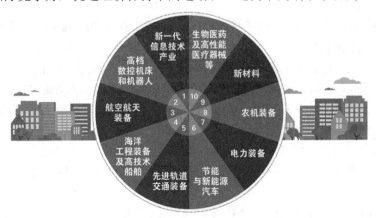

图3-1　《中国制造2025》十大重点领域

---

① 国务院印发《中国制造2025》提出：把人才工作作为建设制造强国的根本.中国人才，2015，11，5.
② 李克强. 在首届职业教育活动周上的讲话.http://www.xinhuanet.com//politics/2015-05/10/c_1115235450.htm，2015-5-10.

分析世界发达国家崛起的历程，国家的富强离不开经济繁荣，经济的繁荣离不开工业化发展，工业的发展离不开技术水平高超的技术技能人才。当下，产业转型升级被视作国家"十四五"发展规划中的重要任务，培养一批素质优良、技术过关的技术技能人才队伍是助其实现的人力支撑。

3.1.4　技术技能人才的问题

1. 技术技能人才供给与劳动力市场需求不均衡

国家经济的稳定发展得益于市场岗位需求与技术技能人才供给之间的平衡。然而，学者们通过大量研究发现，我国技术技能人才供给与经济市场对技术技能人才的需求存在着不均衡的现象。经济结构转型升级的背景下，技能人才"用工荒"问题凸显，符合要求的复合型技术人才呈供不应求的态势。我国是制造业大国，也正在向制造业强国的目标迈进。因此，打造制造强国，更需技术技能人才"对位"。

1) 技术技能人才供给规模与劳动力市场对技术技能人才需求规模不协调

随着我国制造业持续优化升级，数字化进程加快，企业对高技能人才的需求越来越多、要求也越来越高。根据教育部、人社部与工信部联合发布的《制造业人才发展规划指南》显示：中国制造业 10 大重点领域 2020 年的人才缺口超过 1900 万人，2025年这个数字将接近 3000 万人，缺口率(技术技能人才缺口量/技术技能人才需求量)高达48%。

依据《中国技能人才抽样调查数据(2005)》和《技能人才队伍建设工作实施方案(2018—2020)》，经计算预测表明，高级技术技能人才在 2019—2035 年期间均为短缺状态，年均缺口超过 700 万人，且总体呈现缺口逐年增大趋势；中级技术技能人才在此期间同样短缺，年均缺口 690 万人，但缺口呈现明显的缩小态势；初级技术技能人才总体已呈现供大于需，年均过剩 100 万人左右。图 3-2 展示了 2019—2035 年我国技术技能人才供需及缺口预测。可以看出，当前及未来一段时期，我国技术技能等级越高的劳动力缺口越大，中级技术技能的劳动力供需矛盾逐渐开始缓解，而初级劳动力市场已经饱和，并开始出现供大于求的状态。这表明我国技术技能人才层次的需求在不断升级，对高层次技术技能人才的需求更加旺盛。

从供需缺口看，2019—2035 年我国技术技能人才的总量缺口区间为 1246～1402 万人，年均缺口在 1300 万人左右。需要指出的是，从缺口率来看，技术技能人才的缺口率在逐步缩小，缺口率从 2019 年的 7%将逐步缩小到 2035 年的 3.85%。

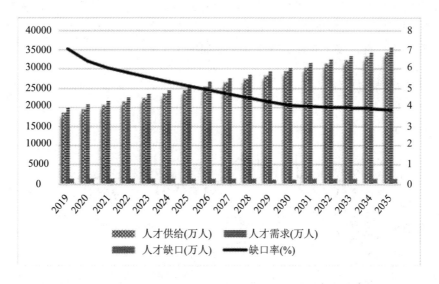

图 3-2　2019—2035 年我国技术技能人才供需及缺口预测

2) 技术技能人才输出速度与劳动力市场需求不协调

技术技能人才供给除在规模上与劳动力市场保持协调并进外，还应具有一定的预判性，即提前对未来劳动力市场所需的技术技能人才数量进行预测，这就要求技术技能人才培养输出的速度要与经济提升的脚步保持一致。目前，发达国家技术技能人才占就业者的比重普遍在 40%~50%。人社部公布数据显示，2018 年我国技术技能人才仅占全体就业人员的22%；2020 年我国技能劳动者超过 2 亿人，其中高技能人才超过 5000 万人，技能劳动者占就业人口总量仅为 26%。"十三五"期间，我国新增高技能人才超过 1000 万人，高技能人才仅占技能人才总量的 28%，这个数据与发达国家相比，仍然存在较大差距，岗位空缺与求职人数的比率存在"错位"。

我国当前劳动力市场中求职者的技术等级仍以初级技能和中级技能为主，具备高级技术工人、技师、高级技师等职业资格的求职者比重还很低。从 2002 年开始，中国初级和中级技能人员的求人倍率便一直处于 1 以上，有不少季度处在 2 以上，个别季度甚至突破了3。例如，2020 年第一季度初级、中级技能人员的求人倍率分别为 2.67、2.68。在长达 70多个季度的观测期内，初级技能人员求人倍率的均值为 1.96，中级技能人员求人倍率的均值为 1.88，意味着近二十年来初级、中级技能人员的需求和供给比例接近 2:1，缺口较大。

从高级技师、高级技能人员这两类高等级技能人才的需求和供给情况看，2002 年第一季度以来，这两类高等级技能人才的求人倍率便一直处于 1 以上，不少季度处在 2 以上，部分季度突破了 2.5。例如，2020 年第一季度高级技能人员的求人倍率为 2.67。在长达 70

多个季度的观测期内，高级技师求人倍率的均值为 1.95，高级技能人员求人倍率的均值为 1.69，说明跟初级和中级技能人员的供求类似，高等级技能人才的短缺程度也很高。

劳动力市场不同等级技能人员的求人倍率如图 3-3 所示。

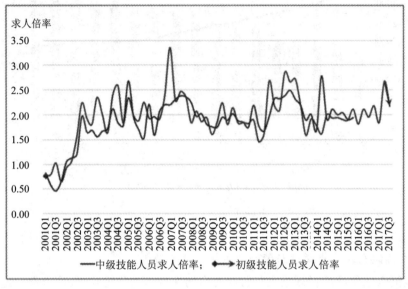

(求人倍率：需求人数与求职人数之比)

图 3-3　劳动力市场不同等级技能人员的求人倍率

2. 技术技能人才结构与区域产业结构不协调

现有的技术技能人才输出类型与区域劳动力市场需求存在错位现象，究其原因，职业教育院校与经济社会发展的对接点——专业布局与产业方向所需不一致。当前，技术技能人才培养专业布局无法完全满足产业发展对人才的需求，专业设置趋同现象问题严重，中高职院校之间的专业特色模糊。此外，普遍存在追求行业"潮流"的现象，导致在学校开设专业时更多地考虑专业的热度，而非地方产业人才需求的现实状况。例如，在全国中高职院校中，专业开设数量前十的专业有会计、电子商务、机电一体化技术、计算机应用技术、旅游管理、市场营销、物流管理、汽车检测与维修技术、计算机网络技术和建筑工程技术等。麦可思研究院的调查则显示，这些专业往往是失业量较大、就业率较低且薪资较低的专业①。而对于市场需求量大的稀缺专业，或是新兴产业发展带来的新兴职业，或是某一时期经济发展所需的紧急专业，职业院校现有的专业布局无法与区域经济规划保持一致。缺乏地方特色和资源优势的专业布点，使职业院校的专业建设无法助力区域产业转型发展。

此外，职业教育专业分类的主要依据是产业(行业)分类，国家或地方的产业结构是其专业分类的主要决定因素。根据国家权威发布的中高职教育专业目录，从目前三大产业所涉专业结构看，专业目录中涉及第一产业、第二产业和第三产业的专业数量占比为 8.4∶38.7∶52.9。其中，中等职业教育专业涉及三大产业的专业数量占比为 10%、38% 和 52%，所涉高等职业教育专业数量占其专业总量的比重分别为 6.8%、39.4% 和 53.8%。相比之下，全国第一、第二和第三产业构成比重分别为 7.9%、40.5% 和 51.6%。从这个维度看，当前我国与第一产业和第三产业相关的职教专业数量占比高于其在产业结构中的比重，而与第二产业相关的职教专业数量占比低于其在产业结构中的比重。这表明，目前职业院校的专业布点与我国当前的"三、二、一"产业布局存在偏差，职业院校专业设置还需进一步优化调整。职业教育功能中的经济服务功能，要求职业院校的专业设置应与企业工厂中所需的工作岗位保持对应。伴随国家产业发展方向的调整转变，原有的专业学生已无法匹配合适的就业岗位。人才需求市场的变化致使传统岗位的消失和新岗位的产生，原有的培养规划已无法满足市场需求。故而，中高职院校的专业结构也需不断审视，做好区域人才需求调研与预测，紧跟国家发展规划，调整人才培养目标，保持技术技能人才培养与区域产业结构调整同步。

3.2　产业工人的基本内涵

随着工业化、劳动力市场化的不断深入，产业工人群体最早出现在作为工业革命先驱

---

① 张艳红. 湖南高职院校人才培养定位与区域经济协调发展研究. 中国民族博览，2015，9，64-65+78.

的英国。中华人民共和国成立后，随着计划经济体制的推行，传统产业工人作为先进生产力的代表得到了国家的重点扶持，在这一时期，他们绝大多数是城市居民，主要在城市里的全民所有制以及集体所有制的企业中工作。改革开放以来，在社会主义市场经济变革过程中，经济的发展加快了我国市场化、工业化进程，市场化后的产业工人群体通常被称为新兴产业工人。同时，大量的农民由于二元户籍制度的松动以及利益的驱使而进入城镇务工，使得新兴产业工人数量迅速上升，此时的产业工人包含城市本地工人、农村乡镇本地工人、农村进城务工人员三类。到 21 世纪初，持有城市户口的第一类传统产业工人总数并未出现太大的变化，而第二三类所代表的农民工已经占据我国产业工人的半壁江山，近十多年来他们的人数一直不断攀升，现在农民工已经成为我国产业工人的主体。

3.2.1　工人的概念

要理解产业工人的概念，首先要理解工人，或者说工人阶级的概念。那怎么定义工人阶级呢？马克思关于工人阶级问题的论述是开展工人阶级问题学术研究的重要理论参考，马克思从未对"工人阶级"的概念下定义，但是他利用历史唯物主义的方法深刻剖析考察了工人阶级。

综合马克思的论述，工人阶级具有如下特点：

第一，工人阶级与资本密不可分，被视为资本的奴隶，"他们本身只不过是资本的一种特殊存在方式"。众所周知，工人阶级是近代机器大工业时代造就的一个新群体，而机器大工业恰恰是在资本积累之下获得大发展的，因此工人表现出与资本的密切关联。

第二，工人阶级通过生产劳动实现劳动者个人的再生产，即劳动者社会关系的再生产。这是对上述工人与资本关系特点的进一步分析后得出的结论。恰是这种对资本的强烈依附性特征，简单再生产不断地再生产出资本关系本身，规模扩大的再生产或积累再生产出规模扩大的资本关系：一方面是更多或更大的资本家，另一方面是更多的雇佣工人。

第三，工人阶级是自由的，但自由表现在工人身上，愈加难以被认为是一种优势。因为工人除自由之外一无所有，所以被迫依靠出卖劳动力维持自身的再生产。

第四，工人阶级生产的是剩余价值。马克思在资本论中完整地论述了剩余价值是如何被生产出来的，揭示了资本是如何实现对工人的剥削的。

第五，"工人阶级"是抽象的集合概念。在马克思的观点里，工人不是作为一个"个人"的概念被探讨的，而是从工人整体出发，抽象出的一个哲学概念。

结合上述分析，可以简单地总结出"工人"的概念：个人不占有生产资料，依靠工资收入为生的劳动者(多指体力劳动者)。通常是指挣工资而被雇佣从事体力或技术劳动的人，他们本身不占有生产资料，只能通过自己的劳动才能获得工资性质的收入。

3.2.2 产业工人的概念

产业工人在《辞海》中被广义地定义为：在现代工厂、矿山以及交通运输等类型的企业中，从事集体劳动生产并以工资作为主要收入来源的工人。中华全国总工会(简称全总)在工会章程的第一章第一条中指出，我国职工包含在各企事业单位、机关及社会组织中以工资收入为主要生活来源或者与用人单位建立劳动关系的体力劳动者以及脑力劳动者。其中产业工人是其重要组成部分，主要指有组织地进行物质资料生产的工人，不包括管理经营者、领导者和知识分子。然而，目前学术界还没有对产业工人达成统一的界定。以往的研究常常将制造业工人作为狭义上的产业工人，但随着职业分工的细化以及我国第二三产业的转型和发展，建筑工人、运输业及服务业就业人员也满足了"集体劳动生产""以工资作为主要生活来源"的定义条件，同时，例如餐饮、仓储、快递等行业的产品已经包含了服务，因此这些行业从业人员也应纳入产业工人的范畴。由于农民工已经成为产业工人的主体，还有学者将针对产业工人的研究聚焦于农民工，特别是新生代的产业工人基本上是出生在20世纪八九十年代的第二代农民工群体。

根据以往的定义和相关研究结果可以看出，产业工人的界定符合如下标准：从事有组织的集体劳动，以工资作为主要收入，直接面对生产物料和产品，主要进行体力劳动。因此，产业工人指在制造业、建筑业、运输服务业等二三产业中以集体劳动为主要生产方式，以工资收入作为主要生活来源的一线从业人员。

3.2.3 产业工人的现状与特点

1. 规模数量庞大，以农民工为主体

产业工人是我国工人阶级中尤为重要的组成部分，尽管目前针对产业工人整体没有明确的统计数据，但他们人数众多、规模庞大，是我国各行各业中的主要生产力量，为我国的经济建设、城镇发展都做出了不可磨灭的贡献。随着我国工业化、市场化程度的不断推进，农民工所形成的新生代产业工人早已成为产业工人的主要组成部分。新生代产业工人中"城镇职工"与"农民工"的认知与行为模式的区别日渐模糊，两者在感知、态度与需求等方面逐步趋同。2014年，国务院正式发布了取消农业户口与非农户口的户籍改革文件，统一为居民户口。截至2016年9月末，全国超过30个省份全面取消了农业户口，这预示着我国的二元户籍制度在存在了半个世纪后被正式废止，而由此产生的"农民工"的称谓也将逐渐退出历史舞台。可以预见的是，"农民工"的社会身份将彻底改变，他们将以纯粹的产业工人的身份继续发光发热。中国农民工总量及增速走势如图3-4所示。

单位：万人

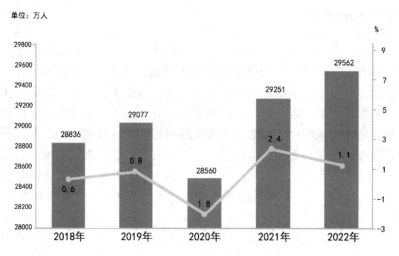

图 3-4　中国农民工总量及增速走势

2. 行业分布广泛，技能普遍较低

产业工人支撑着我国各行各业的发展与建设，第二产业中的制造业、建筑业仍然是人数最多的行业，在第三产业中的批发零售业、居民服务与修理等服务业中的人数显著增加且分布广泛，交通运输、仓储和邮政业以及住宿餐饮业吸收了众多农民工。整体来看，第二产业从业人员数量减少而第三产业的从业人员比重提高。我国产业工人大多数在劳动密集型企业从事基层工作，这些企业的利润多源于产业工人较低的劳动成本以及超长的劳动时间投入，通常他们的工作内容单调枯燥，需要的技能、技术都较低。因此，产业工人自身的技能仍然处于低端水平，而具有高水平的技术工人却严重缺乏。产业工人比例如图 3-5 所示。

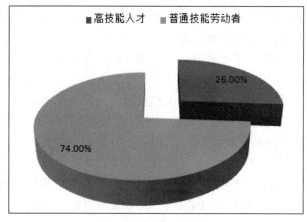

图 3-5　产业工人比例

3. 受教育程度有所提高，职业培训较少

新生代员工日渐成为产业工人的中流砥柱，他们普遍比老一代员工具有更高的受教育程度。而且，新生代员工大多出生、生长在城市中，他们能够通过手机、电脑等使用互联网来获得更多的学习途径和最新的资讯信息。

然而，与传统产业工人相比，目前以农民工为主体的新生代产业工人在职业技能培训方面十分欠缺。以城镇居民为主的传统产业工人多在国有企业、集体企业中工作，他们的技能养成主要来源于职业技能认证、"师徒制"培养以及职业学校教育三个方面。但新兴产业工人则主要依靠地缘、血缘关系进行社会联结，其技能的教授与传承也主要依靠自身的社会网络资本，缺乏制度保护和认证体系的支持。尽管新生代员工具有学习、培训和实现自我价值的意识，但却由于资金不足、时间限制以及教育、培训制度的相关限制而无法实现。

4. 价值观多元化，自主意识觉醒

新生代、老一代产业工人由于成长的背景与环境具有很大差异，所以他们的认知与观念更是差别巨大，特别是在新生代员工成长的时代，社会迅猛发展且各种不同来源与形式的文化、价值观等喷薄涌现，因此也使得他们形成了更为多元化的价值观。老一代农民工对工作的要求主要是赚钱养家，并且能够为此忍受更多劳累、单调、辛苦以及种种不平等的待遇；但新生代农民工不仅仅关注工资、加薪，对他们来说尤为重要的是除了工资还有企业是否能够尊重他们，是否能够得到职业学习和成长的机会，是否能够获得成就感和实现自身的价值，甚至包括企业工作环境等多个方面。

现在多数企业对产业工人的管理还处于早期"人事管理"模式，并且常常将工人当作"机器上的零部件"进行控制和规范。这种过于严苛的管理方式、恶劣的工作环境和微薄的工资收入都难以让现代产业工人满意。现代文明中的民主意识、平等意识以及法律意识等已经对产业工人产生了深刻影响，所以，近年来他们为维护自身利益而频繁出现群体性抗争事件，且已经开始学习运用法律武器与企业进行谈判和维权。这都是产业工人自主意识觉醒的表现。

5. 回报率较低，社会保障缺失

我国产业工人的主要收入来源是工资，尽管近年来他们的工资水平在逐年上涨，但涨幅十分有限，其实际薪酬仍然处于较低的水平，特别是中西部地区工人的工资普遍比沿海地区的更低。他们从事着脏、累、差的基层工作，但回报却难以与其劳动匹配。

近年来针对我国农民工的调查报告结果表明，他们不仅工资水平较低，各方面的社会保障也严重缺失。在签订劳动合同方面始终变化不大，仅有不到四成的签订率。产业工人没有合同的保障，时常遭受到企业的侵权，严重危害到他们正常的工作和生活。而且，农

民工"五险一金"的参保率则更低，其中参加工伤保险的人数相对较多，医疗、养老、失业、生育等保险和住房公积金的参保人数均不足 20%。其中，建筑行业、住宿餐饮业中产业工人的社会保障状况更令人堪忧。

6. 产业工人内部阶层分化

改革开放以来的时期被认为是我国的一个重要的社会转型时期，在这个过程中，劳动分工和大量新兴职业的产生使阶级阶层结构重新分化组合，产业工人内部也在这种背景下同步发生变化，在这个阶段内权力型与市场化的社会分层机制交织渗透、相互影响。与阶层分化一致的是，阶层间的门槛开始出现，内部流动减弱，产业工人内部的各个阶层出现了较强烈的阶层利益认同，这极有可能成为群体对立事件的引爆点，引发社会失序。因此可以说，计划经济时代所形成的工人阶级内部高度的同质性正在逐渐瓦解，产业工人内部的分化已是一个现实。

7. 农民工向产业工人转化不完全

中国近代最早产生的产业工人大多来自破产的农民，之后的百年间，工人阶级的不断扩大也主要源于农民的加入。改革开放后，社会流动加速，农村人口进城务工，开始了向产业工人队伍靠拢的过程。但是，现阶段农民工转化为本质和深层意义上的产业工人仍尚需时日。

3.2.4　产业工人队伍建设路径

当前产业工人队伍建设面临的挑战，成为产业工人发展壮大之路上的绊脚石。我们要从问题处着手，直面困难挑战，弥补发展漏洞，确保中国产业工人队伍建设有效提升。

1. 营造良好的产业与行业发展环境

当前，无论是三大产业还是各主要行业都感受到了人才短缺的压力，竞逐人才红利热潮已然来临。然而，如果不解决自身尚存的一系列问题，很难提升对人才的真正吸引力，即使有人才也难以挽留得住。因此，需要正确认识和分析自身的不足，做出更多的努力和探索，营造更加有利于产业工人成长和发展的环境。

第一，树立创新理念，推动产业结构优化升级。要着力推进我国产业结构战略性调整，促使经济转向依靠内生动力、创新驱动的发展路径。首先，树立创新理念，营造创新环境。理念是发展的先行者，环境是特殊的竞争力，两者结合在经济发展中经常能发挥出意想不到的作用。其次，解决结构性矛盾，化解过剩产能。长久以来，我国产业集中于产能过剩的中低端制造业，主要依靠规模作用来拉动经济增长，这就要加快通过创新来促进技术升级的速度，拓宽发展的新领域新边界。最后，掌握核心产业，培育国际竞争合作新优势。在这一方面，我们要借鉴发达国家的经验，保留制造业的核心业务，牢牢掌握战略核心产业的主导权，推动建立一批大型本土跨国公司，争取得到在国际产业链上分工的中高端位置。

第二，完善行业管理，提升行业治理水平。长期以来我国产业工人跻身的诸行业在建设与管理方面存在着许多缺点，给产业工人留下了不好的印象，使得越来越多的产业工人对其望而却步。而健全行业制度，提升行业治理水平的目的之一就是为了树立良好的行业形象，改善产业工人的工作环境，逐步增加该行业对产业工人的吸引力。

2. 树立正确的价值观，重塑产业工人主体地位

加强舆论宣传，树立正确的价值观。价值观是人们关于价值本质的认识，价值观对一个人的影响是方向性的。首先，树立正确的劳动价值观；其次，消除职业歧视，树立职业平等观；最后，重塑产业工人主人翁地位。随着产权制度的深刻变革，产业工人对自我身份的认同感、自豪感也丧失殆尽，产业工人的主人翁地位面临前所未有的挑战，必须重新激活产业工人的主体意识，培育新时代产业工人。

3. 畅通产业工人发展渠道

纵观产业工人的发展历程可以看出该群体对全社会进步的巨大推动力。产业工人发展渠道受阻必然阻碍他们作用的发挥。因此，畅通他们的发展渠道是当务之急。首先，建立多元化职业技能评价方式；其次，改革企事业单位人事管理制度；最后，完善职业技能竞赛体系。发展渠道的不畅通，让许多志向远大的产业工人感觉人生没有出路，导致他们工作和继续学习的积极性大大降低。因此，必须破除产业工人自由流通的各种阻碍，让人才具备真正施展才华的空间。

4. 构建社会主义和谐劳动关系

构建社会主义和谐劳动关系对于缓解日益紧张的劳资矛盾具有重要意义。针对当前劳动关系领域存在的系列问题，主要采取以下方式加以解决：

首先，**发挥三方协调机制的功能作用，创新劳动关系协调体制机制。**三方协调机制中的三方是指政府、工会、企业。三方协调机制在解决劳动关系领域相关问题的能力已经在实践中得到充分证明，今后要继续发挥并不断完善三方协调机制在这一领域的独特作用，稳步建立起多种形式的诉求表达机制，平衡劳资双方利益关系。

其次，**完善劳动关系矛盾处理机制。**因产业转型升级需要可能会导致劳动关系出现裂缝，因而要加强排查治理，做好劳动争议源头预防和分类分级处理机制，完善各类劳动争议纠纷的应急预案，从根本上改善劳动关系，推动国家治理进程。

最后，**构建劳动关系法律规则体系。**法律规则保障是根本性的制度保障，对维护和谐劳动关系意义非凡。当前我国在劳动法律建设方面已经取得了丰硕的成果，但为适应新时代的新要求，法律规则体系建设还有待继续完善。

5. 加强产业工人职业教育

提升产业工人技术技能的关键在教育。产业工人接受职业教育，在进入岗位之前，按照岗位能力要求进行专门学习。将岗位职责要求、操作规范、生产方法等融入课程设置，通过理论学习了解知识，通过实训实践消化知识，掌握完成日常工作生产任务的职业技能。进入工作岗位后，在工作过程中，通过实践，完成生产任务，获得职业技能和知识。在工作过程中，产业工人通过对所需知识的实际运用，获得职业技能的提升。因此，为了更好地让理论知识和实践技能相结合，越来越多的职业院校开展了校企合作、产教融合等活动。通过加强学校和企业的合作，加快产业和教学的融合，职业学校的学生可以获得在生产一线真实工作环境中进行实训的机会，掌握标准化生产技能，锻炼流水线作业的合作能力。职业学校学制较短，招生规模大，按照现代教育理念进行人才培养，培养合格率高，可以为现代工业体系大规模培养技能型人才，满足现代化工业体系社会化大生产的用工需求。因此，要探索建立与社会主义现代化相配套的职业教育制度，拓宽产业工人发展的可能性，帮助产业工人成长成才。

6. 破解农民工发展难题

据人社部(人力资源和社会保障部)统计数据显示，目前，我国农民工总量高达3亿人，他们分布于国民经济的各个行业，是我国经济发展的重要力量来源。因此，我们要采取各种措施破解这个约占据中国人口五分之一的庞大群体的发展难题。近年来，在党中央的正确领导下，我国推出一系列加强产业工人队伍建设的政策措施，产业工人整体素质明显提升，权益得到有效维护，先进性不断彰显，为推进创新转型作出了重要贡献。当前，全球新一轮科技革命和产业变革正在孕育兴起，在建设国际经济、金融、贸易、航运、科技创新中心，落实国家战略、参与全球产业竞争过程中，产业结构不断优化调整，供给侧结构性改革持续深化，实体经济能级不断提升。加快建设一支宏大的知识型、技能型、创新型产业工人大军，为创新驱动发展、经济转型升级提供动力源泉和支撑保障，已成为一项重要而紧迫的战略任务。

3.3　历次技术革命与产业工人的发展

人类从事生产劳动就需要制造和运用劳动资料(主要是劳动工具)作用于劳动对象，这里就需要技术。当落后技术不能满足生产发展的需要时就会产生技术革命，它是人们改造客观世界的手段和方法的质的飞跃，是新技术体系对旧技术体系的扬弃。在整个人类历史发展过程中，工业革命是整个技术革命的重要组成部分，使人类开始从传统农业社会进入工业化社会。技术革命是工业革命最重要的表现，集中表现为：纺织业、采矿业、冶金业、机器制造业和交通运输业，确立了纺织、采矿、钢铁、汽车、橡胶等主导产业部门为主的产业结构，改变了整个工业生产的面貌。工业 1.0 至 4.0 发展历程如图 3-6 所示。

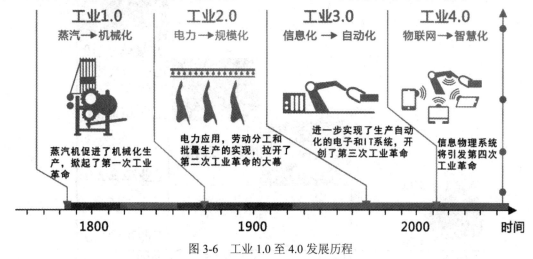

图 3-6　工业 1.0 至 4.0 发展历程

3.3.1　技术革命的概念

　　所谓技术革命，是指一项或多项技术在短时间内被另一项或多项新兴技术所取代的技术变革，它并不严格限于技术本身的变革，不仅包括技术原理、技术体系、技术规范、技术活动的方式与方法等方面的根本性变革，而且还可能涉及由于引进设备或系统而引起的物质或思想上的变革。其中，技术原理是指技术发展的理论基础；技术体系是指以原材料、能源、工艺、控制为核心，根据一定的技术规范和目的将原本相互独立的技术相统一，以组成一个有机整体；技术规范是指在组成一个综合的整体时所遵循的技术标准、基本原则和技术途径；技术活动的方式与方法是指为达到某种技术目的而采取的技术手段。

　　将技术革命与常规的技术发展或技术进步分开来，并将其定义为"革命"的基本特征在于：其一，形成新的主导技术群。单单某一项新技术的发明应用并不代表技术革命的发生。在不同的历史时期，存在着与当时的时代发展整体水平相适应的技术体系。技术体系中，不同技术的地位和作用各不相同。当一项或多项新兴技术出现并占据技术体系的主导地位时，会影响或引导其他领域的新兴技术出现，它们共同发挥作用，最终形成新的主导技术群，它们之间具有很强的互联性和相互依赖性。其二，能深刻改变社会发展的其他领域。当新的主导技术群正在显著改变着人类的生产方式和生活方式，且影响率和覆盖率超过 50%，并最终取代旧的主导性技术群时，技术革命带来了工业革命的发生。

　　四次工业革命的发生如图 3-7 所示。

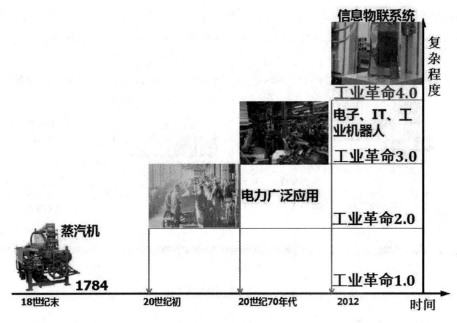

图 3-7　四次工业革命

3.3.2　第一次技术革命

18世纪末以蒸汽机发明和应用为标志的第一次技术革命的产生意味着此后人类社会生产力开始摆脱自然资源的桎梏，直接效果就是机器作业代替了手工劳动，实现社会生产的机械化，生产力得以持久迅速地发展。

第一次技术革命使社会生产力发生了革命性的变革，以机器大工业代替工场手工业，使人类进入机器时代，工业革命对整个社会的影响极其深远。蒸汽机动力的出现克服了传统的人力、畜力及水力对人类生产的局限，大大促进了生产效率的提高和成本的下降，同时它的应用范围更为广泛。

1. 社会产业结构变革

蒸汽机的大规模生产和运用引发了一场历史上前所未有的动力革命，促使社会产业结构发生重大变革：一系列与蒸汽主导技术群的应用有关的新产业部门大量兴起，旧生产部门也得以从技术改造中获得进一步发展的动力。第一次技术革命对社会经济造成了深刻影响：机器大生产代替了过去的手工生产；资本主义雇佣劳动的工厂制代替了过去的手工工场；自给自足的农业和手工业逐渐走向衰落，工业部门迅速发展并最终取代农业成为国民经济的主导部门。第一次工业革命的变革过程如图 3-8 所示。

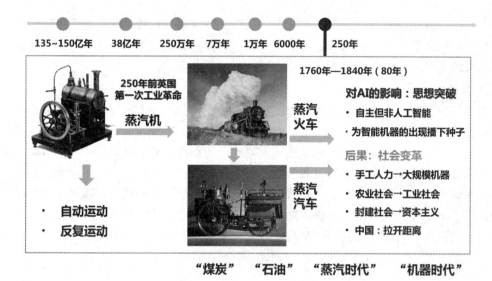

图 3-8　第一次工业革命：机器的诞生

2. 对就业的影响

以蒸汽机为主的第一次技术革命使产业结构发生了巨大变化，从而使就业产生了巨大的变化，具体表现在就业结构、就业方式、失业等方面。

1) 就业结构的变动

18 世纪 60 年代时的世界基本上是一个乡村世界，仅就欧洲国家而言，农业人口占到总人口的五分之四以上。第一次技术革命以来，随着机器生产的工厂代替了手工工场、工业代替农业成为国民经济的主要部门，就业的产业结构发生了历史性剧变，表现为农业就业比重大规模持续下降，工业就业比重迅猛上升，并占据主导地位。首先，农业的就业比重持续下降，就业人数不仅相对减少而且出现绝对减少。随着圈地运动的持续进行和新生产工具、耕作技术的广泛应用，自给自足的小农经济出现衰退，被大规模、高产量的商业性农业经济所替代。农业工人在全部劳动力中所占的比例开始出现下降，并且这一趋势一直持续至今。其次，工业(主要指制造业和采矿业)的就业人数增加，比重持续上升。传统手工业的改造和发展，新兴工业部门的大量出现，使得各国工业雇用的劳动力大为增长，工业就业比重迅猛上升，直至超过农业就业比重。

2) 就业方式的变化

首先，童工、女工加入劳动力队伍成为可能。由于机器的使用和劳动分工的发展，出现很多不要求特殊技能的"流水作业"和照看机器的工作，使工人从手工艺者转变为机器操作者。由于工资报酬较技术熟练的成年男工更低，因此女工和童工加入劳动力队伍成为可能。其次，劳动方式发生变革。家庭生产型被工厂就业型代替，在家里或在家附近的就业减少了，代之以在工厂或商店之类的集中地点工作，这就产生了"上班"的新概念，一个新的阶级——工人阶级兴起了。

3) 失业的出现

正如马克思所言，失业是一个历史现象。在农业社会中，人类以自给自足的小农业为主要的谋生方式，生产力低下造成人类生活水平的低下、饥饿和死亡，并没有出现经济学意义上的失业。最早的失业可以说是从英国圈地运动和产业革命开始才出现的现象。第一次技术革命和产业革命期间出现失业的原因在于，自给自足的农业和手工业逐渐衰落，淘汰出大量剩余劳动力；城市工业兴起后，创造出越来越多的就业机会，吸纳了部分剩余劳动力；但资本主义自从自由竞争阶段向垄断竞争阶段过渡开始，技术进步的结果是造成机器代替人的现象，因而工业吸纳就业的能力大大减弱，导致出现失业现象。

3.3.3　第二次技术革命

19 世纪末 20 世纪初以发电机和电动机的发明及应用为标志的第二次技术革命，把社会的工业化提高到一个崭新的阶段，使社会生产力进入电力时代。由于电力比蒸汽动力更为廉价，且供应充足，因此代替蒸汽动力成为新的关键要素。电力越来越广泛的应用，促进一系列产业部门的兴起和发展，如电机制造、电力机械、电缆与电线、重型工程、冶金、石油加工、内燃机和汽车等部门，促使社会产业结构再次发生重大变革，如图 3-9 所示。

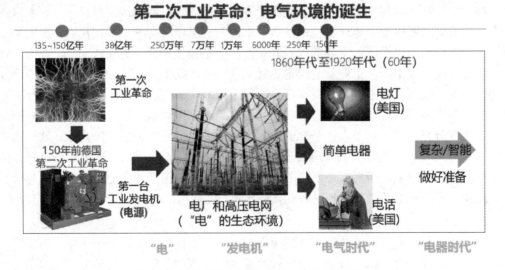

图 3-9　第二次工业革命：电气环境的诞生

1. 对产业结构的影响

第二次技术革命对产业结构产生了重大影响，表现为工业成为国民经济中的主导部门，农业地位继续下降，服务业得到迅速发展。各国在科技创新实力上的差异导致它们在产业结构转变方向和速度上出现差异，但是整体趋势一致。首先，农业绝对产值迅速增加，但比重呈加速下降趋势。随着工业化的完成，农业中使用蒸汽动力、农业机械进行耕作的日益增多，从而提高了农业劳动生产率。尽管这段时期农业的总产值比以前大大增加，但由于第二产业产值增长的数量更快，因而相对而言，第一产业所占比重相对下降了。其次，第二产业比重相对上升。第二产业比重之所以提高，首先是一系列新技术、新兴产业部门的出现和发展，使制造业的产值大大增长。在新兴产业部门中首要的是电气产业。其次，旧有的制造业采用新技术，在生产中进行技术改造而得到前所未有的高速发展。最后，第三产业的发展呈上升趋势。第三产业所占比重增长较快的原因是制造业的发展刺激并推动了金融、通信、交通、服务等技术和产业的发展。

2. 对就业的影响

(1) **就业结构变化**。农业就业比重继续下降，工业就业人数和比重都迅猛增加，并超过农业成为第一大就业部门，服务业出现了吸纳就业的巨大潜力。

(2) **失业呈周期性波动**。随着技术革命的兴起，20世纪初生产力获得极大发展，经济进入繁荣期，失业率下降；但到技术革命即将结束、新技术革命还未出现时，即20世纪30年代，资本主义经济爆发了有史以来最严重的经济危机，失业人数大量增加。

(3) **工人劳动时间缩短**。通过提高劳动生产率，创造了缩短劳动时间的可能性。事实上，工人的劳动时间也是在逐渐缩短的。

3.3.4 第三次技术革命

第三次技术革命从20世纪40年代开始至今。这次技术革命以原子能的利用和电子计算机的发明为主要标志。此次技术革命从规模、深度和影响上都远远超过了前两次技术革命。第三次技术革命可以分为两个阶段：第一阶段以原子能的利用和计算机的发明为主要标志，时间跨度从20世纪40年代至20世纪七八十年代；第二阶段从20世纪80年代至今，随着计算机的广泛应用，出现了信息革命。第三次工业革命如图3-10所示。

1. 第三次技术革命的特征

相比第一次技术革命和第二次技术革命，第三次技术革命出现了新的特征，表现为：首先，它是第二次世界大战的产物，而不是为了解决实际需要，并且在20世纪七八十年代又受到美、苏冷战的刺激而进一步延伸；其次，新技术、产业发展极为迅速，新技术的出现及其更新换代的速度也远比过去迅速；第三，重大的科技发明、创新主要是在政府主导下，通过大规模集体研究和联合攻关取得的；第四，更重要的是技术进步对世界范围的经济影响日益广泛和深远，科技创新能力已成为国际竞争的主导因素，对经济增长的作用不断增强，并出现经济和科技的全球化、区域化趋势。

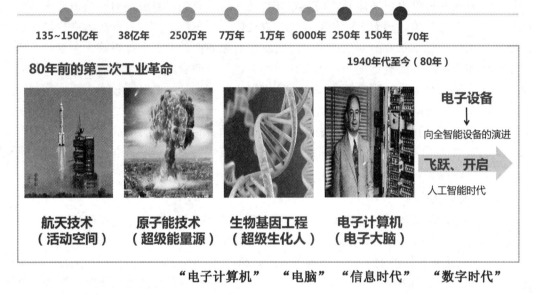

图 3-10　第三次工业革命：电子大脑的出现

2. 对产业结构的影响

原子能和信息是继蒸汽力、电力之后的新一代关键生产要素，它们的共同特点是制造成本低廉、不受自然资源的限制，解决了前几次技术革命中面临的资源约束及成本高昂等问题。因此这次技术革命对社会经济的影响远远超过前两次技术革命的影响。以原子能和计算机为主的新的关键要素，促进许多新产业的发展，主要有电子计算机、原子能技术、航空与航天技术、生物工程和海洋工程等，领先的技术和产业部门则是电子技术、电子计算机、微电子、光纤通信、激光及整个信息系统。

第三次技术革命使发达国家产业结构出现服务业化趋势，即第二产业先升后降，服务业则开始成为国民经济的主导部门。农业产值比重仅占总产值比重的极小部分，到 1995 年，发达国家农业产值比重都不超过 5%；制造业产出比重出现先升后降，但产值总量仍在迅速增长。第二产业比重下降的原因，首先是新技术在制造部门中的应用，提高了劳动生产率，降低了产品成本，从而也降低了第二产业产值在国民总产值中的比重；其次，发达国家在经济危机和能源危机中，特别是 20 世纪 70 年代两次世界"能源危机"中，将某些耗能高、污染严重、劳动密集的制造业部门转移到第三世界国家，从而也降低了第二行业的比重。

第三产业成为国民经济的主导产业，同时，第三产业内部结构发生变化。这次技术革命所出现的新技术、新产业部门中带头的是信息产业，信息产业可分为两大类，即信息制造部门和信息应用部门。由于信息制造部门的发展受传统投入要素影响很小，生产率提高速度极快，因此发展极为迅速，产值也随之迅速增长。信息制造业的发展促进了与信息、销售、传播、管理等有关的信息应用部门的出现，使服务业领域得到扩展；相反，与制造业生产或服务有关的服务业出现萎缩。

3. 对就业的影响

第三次技术革命使就业结构再次发生历史性变化，主要表现为：信息和服务业就业上升为主导就业形式，制造业就业下降，农业在就业结构中只占据极小的份额。其他影响有：首先，职业结构发生了显著变化，白领工人增多，蓝领工人减少；其次，低收入工作增加较多，收入差距加大；最后，劳动时间进一步缩短。

3.3.5 技术革命的演化特征

历次技术革命存在很多显著差异。接下来，从组织模式、生产方式、市场结构、技术范式、发展战略五方面具体阐述历次技术革命的演化特征。

1. 组织模式

第一次技术革命之前，社会呈现出家庭作坊式和手工工场式的组织形式。随着蒸汽机的发明和企业的出现，第一次技术革命促使社会的组织模式开始向纵向一体化转变。随着企业规模的不断发展壮大，到了第二次技术革命时期，出现了很多企业集团。第一次和第二次技术革命以企业生产为基础，经济命脉掌握在少数工业巨头手中，经营方式颇为集中，管理体制呈现为垂直状，即自上而下的传统的等级制，具体细化来说，从基础研究到技术设计开发，再到推广和应用，它是一个从高到低逐渐转化的过程。在第三次技术革命背景下，企业为了能够在动态环境中获得消费者需求和技术信息，并对此采取相应的措施，企业的组织结构趋向扁平化，企业董事会和管理层趋向放松所有权和控制权，将重点转移到掌握技术和市场的创新单元和基层组织上。企业创新源泉不仅来自于权威或传统专家，同时也来自于社会的方方面面，每个个体在整个生产过程中都发挥着重要的作用，成为创新的重要动力。因此，在新的技术革命下，数千中小企业和商业巨头共同控制着经济命脉，组织方式颇为分散，产生一种扁平化、分散化、就地化和共享化的组织模式，使得"分散生产、就地销售"成为可能。

2. 生产方式

第一次技术革命初期，厂商按照客户的个性化要求进行生产，但完成数量非常有限，每次只能生产一件或几件非标准化的产品。从产品的设计到产品的生产再到产品的销售，各个流程环节都是高度个性化的，这种制造模式称为单件小批量制造范式，它是工业制造发展的起点，它完成了生产方式从手工工场向机器生产的转变。伴随着蒸汽机的不断改进，专业化生产开始推广，批量生产模式日益普及，到了第二次技术革命时期，电力被广泛应用，利用电气化设备组成的流水线进行批量生产，产品具有标准化特性。这种制造模式称为大规模生产范式，它提高了生产的标准化和规模经济性，标志着社会开始迈入工业时代。20 世纪 80 年代，信息技术与制造技术开始融合，促使生产出现大规模定制范式，即企业根据客户的需求进行产品研发、设计与生产，这为第三次技术革命的发展奠定了基础。数字制造、人工智能、工业机器人等现代制造技术的出现及发展，能够满足产品功能和产能的任意调整，能够对市场的多样化需求做出快速反应，加速了全球化个性化的制造范式的形成。

3. 市场结构

第一次技术革命时期，社会主要以煤炭、风力、水力、劳动力等为主要能源，能源结构的局限限制了社会主要以发展农业和手工业为主。随着蒸汽机技术不断发展与推广，织布、纺纱技术得到发展，这进一步促进了蒸汽机的不断进步，并应用于铁路、工业生产、航运等领域，促使煤炭业、机械制造业和冶金业得到改进，工业在产业结构中占据的比重不断增大；此外，机器生产取代了家庭作坊，工厂的规模化相比家庭作坊的分散化来讲，规模经济开始显现，企业规模开始扩大且集中度得到提高，市场集中度较低，市场进入壁垒较低，市场结构处于完全竞争与垄断竞争之间。

伴随着第二次技术革命的发生，人类社会进入电气时代，以石油和电力为主要能源，电话、电报、电视、内燃机等的发明促进了钢铁、化工、石油、汽车、电机等产业的发展与扩张。重工业得到了长足发展，逐步取代了农业和手工业，在产业结构中的比重逐渐上升，成为社会支柱产业，占据国民经济主导地位，规模化、大批次、流水线的生产方式逐渐成为社会主流，市场集中度逐步提高，市场进入壁垒也得到提高，社会逐步形成垄断。该时期的市场结构发展为寡头垄断类型。

到了新技术革命时期，可再生能源和互联网的结合能够为生产性服务业提供更多需求，信息技术已经完全嵌入制造业和服务业中，促使高端制造业和生产性服务业相融合，从产品研发、设计到产品生产，再到销售，各个环节联系更加紧密，推动传统制造业向先进制造业转变，生产性服务业向高端发展，促使产业结构不断优化升级，最终形成以服务经济为核心的现代产业体系。在新技术革命时期，定制化、分散化、数字化和智能化生产方式已成为社会主流，这将大大弱化大企业的规模优势和竞争优势。新一代互联网等新兴技术提高了企业的创新能力，中小企业成本大幅下降，市场进入壁垒降低，其竞争优势逐步显现。该时期的市场结构为垄断竞争类型，如图 3-11 所示。

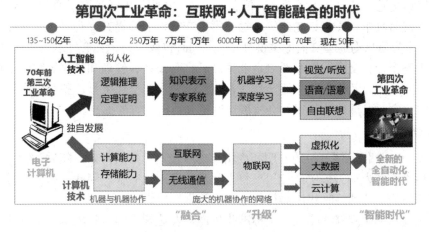

图 3-11　第四次工业革命：互联网 + 人工智能融合的时代

4. 技术范式

历次技术革命在本质上是经济范式的变迁。首先从技术原材料来讲，第一次技术革命主要依靠炼铁技术使得机器生产从无到有，推动蒸汽时代的发展。第二次技术革命依靠炼钢技术使得机器生产从有到优，逐渐走向精密化，为铁路建设、桥梁建筑和房屋建造等领域快速发展创造了重要条件。在第三次技术革命时期，新材料的发展大大推动了制造业的发展，相比传统材料，超导材料、电子材料、生物医用材料、光电子材料、复合材料和纳米材料在质量、性能和强度等方面性能都很优越，尤其是用于 3D 打印时，有效地提高了产品性能，推动制造业进入数字化时代。

其次，从技术生产工艺来说，工厂代替家庭作坊，在第一次技术革命中企业是依靠蒸汽机初步实现机械化生产的。随着技术的不断发展成熟，到了第二次技术革命时期，企业利用生产流水线进行大规模作业，使用的是刚性制造系统，生产成本低，投资较小，适合于大批量、少品种的产品。第三次技术革命中，随着人们需求的增加，个性化要求的提高，开始出现了柔性制造系统，依靠计算机辅助设计技术、模糊控制技术、人工智能专家系统及智能传感器技术等向客户提供个性化定制的产品，出现了可重构制造系统，能够实现灵活多变的生产方式。与第一次和第二次技术革命中先生产零部件再组装的生产模式不同，第三次技术革命中出现了 3D 打印技术，它通过"分层制造、逐层叠加"这种"添加型"工艺将设计与制造融合为一体，使生产流程大大缩减，生产成本也大幅下降，实现了生产制造的快速成型。

最后，从生产辅助技术角度讲，第一次技术革命中，受到技术发展的约束，通信和交通工具发展滞后，信息主要通过印刷品等进行交流，生产贸易主要依靠火车和蒸汽轮船等交通工具，这使得第一次技术革命的发展受到约束。第二次技术革命中，由于电力的不断发展，通信和交通工具得到大幅改善，信息主要依靠电报、电话等电子通信技术进行交流，交通工具发展为汽车、飞机、轮船等，这使得生产效率大幅提升。到了第三次技术革命时期，互联网成为信息沟通与交流的关键性渠道，同时也成为整个社会发展的重要基础设施，它不仅用于整个社会交流，而且对制造业生产、产品设计、管理和销售等起到了至关重要的作用。另外，如今新能源汽车逐步代替常规汽车发展为交通工具，整个生产系统向着智能化与数字化方向发展，这使得社会发展速度得到前所未有的提高。

5. 发展战略

18 世纪 60 年代，蒸汽机的发明和应用标志着技术革命的开始，随后瓦特三次改良蒸汽机，使蒸汽机作为动力被广泛使用，将人类带入了工业时代。因此，第一次技术革命开创了机器代替手工劳动的时代，实行的是"工业化"战略。

第二次技术革命实施的是大批量标准化生产，发达国家为节省成本，实行的是"去工业化"战略，即利用发展中国家廉价的劳动力，将生产制造环节外包给这些国家进行生产，然后再将产品运回到本国进行销售。"去工业化"实质上是去除低附加值的加工制造环节。金融危机之后，发达国家的产业制造强度大大下降，失业率大幅上升，美国、日本以及一些西欧等发达国家开始意识到实体制造的战略地位，把推进"再工业化"和"重返制造业"作为发展战略，重点发展新材料、新能源、智能制造等高端新兴产业，抢占先进制造业的高端环节。"再工业化"实质上是再造高附加值环节，重构制造业产业链。从第一次技术革命的"工业化"到第二次技术革命的"去工业化"，再到第三次技术革命的"再工业化"，表面看来是实体经济到服务经济再到实体经济的回归，实质上体现了服务经济真正服务实体经济的发展战略。

3.4 产业工人技能形成的路径选择

2010 年我国制造业增加值超越美国，成为世界第一制造业大国，"中国制造"随处可见，如图 3-12 所示。而支撑起中国制造超大体量的产业工人主体是"就业短期化、漂泊无根"的农民工群体。国家统计局的数据显示，产业工人队伍中农民工的占比高达 64%。以农民工群体为主体构成的产业工人队伍实际情况告诉我们，中国产业工人的技能形成有其特殊性，其背后实质上折射的是基于低技能、低成本的经济发展方式与社会平等之间的深层次的矛盾冲突：在经济层面，低技能依赖型产业的比较优势逐渐消失，技能短缺成为制造产业升级的主要制约之一；在社会层面，低技能劳动者的劳动保护短缺与劳资冲突所带来的社会问题越来越多，进而反向削弱了农民工群体进行长期技能累积的动机。从这个意义上来说，中国产业工人的技能形成不仅涉及制造产业转型升级过程中人力资本培育问题，更是关乎以社会公平和社会融入为核心的共建、共享社会治理命题。这两个层面的议题在现实中相互作用并实际塑造着中国产业转型及产业工人队伍发展的轨迹。

图 3-12　制造业是国民经济的主体

3.4.1　产业工人技能对知识经济的价值

早在 17 世纪，英国经济学家威廉·配第就认为恰当地评估劳动技能是理解一个国家经济社会发展的重要切入点。这一观点也同样出现在 18 世纪亚当·斯密的经典著作《国富论》之中，虽然相较于市场调节、自由贸易、劳动分工等议题而言，劳动技能可能并没有那么显眼，然而，两个多世纪之后，我们比以往任何时候都深刻认识到，在处于知识经济的今天，劳动技能已成为各个领域不可忽略的关键性要素[①]。大量富有高技能素质的劳动力能够在实际生产过程中产生并采用一些新思想、新观点，激发创新能力和技术进步，从而确保一国或地区具备可持续的竞争力与繁荣发展。

劳动技能成为知识经济社会中宝贵的资源财富，并成为国家综合竞争力的战略资产。然而，预设的经济社会发展目标并没有因为那么多人力资本政策的实施接踵而至。对此可能存在的解释是，政策制定者并没有真正重视劳动力的技能素质，而是把注意力放在与学历教育、财政支出、学校硬件设施等"代理指标"(需要的数据指标无法被衡量时，需要寻找另外一个指标来代替)上。在发达国家，这一代理指标表现为高中教育完成率，近期演变为高等教育入学率；而在发展中国家，这一指标相应转变为义务教育入学率，特别是初中教育入学率。但这并没有宣告人力资本投资的失败，而只是利用升学率、在校学习时间、班级规模等模糊不清的测量指标的失败，特别是在国际范围内比较时更是如此。因此，配

---

① 马歇尔，塔克. 教育与国家财富：思考生存[M]. 顾建新，赵友华，译. 北京：教育科学出版社，2003.

第与斯密的结论依旧正确：劳动技能有助于推动一国经济社会的发展，特别是对于长期经济增长来说是不可忽视的因素。

多个国家的长期发展经验也表明，要摆脱仅仅把正式的学校教育体系作为劳动技能提供方式的观点，而要特别重视企业、社会培训机构等在非正式教育供给方面对劳动技能形成的关键性影响。技能形成体系作为一种涵盖从培训供给到资格认证全过程的技能人才开发模式，其基本内涵是为劳动力提供技能习得的所有制度安排。这些安排基于工作本位，利用全职或在岗培训等多种学习形式实现，其目标是提高劳动力的工作能力。可见，企业作为产业技能形成体系的重要主体，在劳动技能形成过程中承担着关键性的技能培训供给方角色[①]。

从理论上来说，员工技能培训是一种准公共品，具有"知识溢出"效应。因而，企业通常缺乏对员工进行技能培训的内生动力。但是，在现实生活中，发达国家的许多企业不仅会对员工进行专用性技能培训，而且对于通用性技能培训也表现出明显的偏好[②]。一般而言，知识作为推动创新发展和保持竞争优势的核心因素，主要来自研究与开发、大学和科研机构的研究，以及产业工人的人力资本[③]。就研究与开发而言，美国无论是研发投资的绝对数值还是其所占 GDP 的比重，从第三次工业革命以来都是全球无可争议的领先者[④]。

从大学和科研机构的研究来说，常年占据"泰晤士高等教育世界大学排名"(THE)、"世界大学学术排名"(ARWU)、"美国新闻与世界报告全球大学排名"(USNews)等各大排行榜前 10 名的高校，除英国的牛津大学与剑桥大学之外，其余高校一般均归属于美国。就产业工人的人力资本而言，无论是获得高等教育文凭的工人数量还是产业工人所享受的继续教育、技能培训等职业发展福利，美国都可谓无出其右者。这也是虽然美国技能形成体系奉行以个人投资为主的自由市场主义，但其产业工人劳动技能所构成的人力资本仍然领先世界其他国家的重要原因。

产业工人技能作为形成"知识"的三大来源之一，也同样会相应推动知识经济的发展。经历了 20 世纪 70 年代"滞涨经济"折磨后的美国，在 80 年代同样危机四伏，一方面是源于冷战对手苏联在军事和科技方面的竞争表现得咄咄逼人，另一方面是作为资本主义阵营同盟的日本、西欧(主要是德国)在经济发展方面大有与美国一争高下的趋势。为了继续维持其世界头号资本主义强国的地位，美国在 90 年代初开始着手一系列改革以期恢复经济霸

① 王星，徐佳虹. 中国产业工人技能形成的现实境遇与路径选择[J]. 学术研究，2020(8)：59-64+177.
② KARIA N, ASAARI M H A H. The Effects of Total Quality Management Practices on Employees' Work-Related Attitudes[J]. The TQM Magazine, 2006, 18(1): 30-43.
③ 莱曼，奥德兹. 德国的七个秘密：全球动荡时代德国的经济韧性[M]. 颜超凡，译. 北京：中信出版集团，2018：64.
④ 贾根良，楚珊珊. 制造业对创新的重要性：美国再工业化的新解读[J]. 江西社会科学，2019，39(06)：41-50+254-255.

权，也因此迎来了经济和就业双赢的"黄金时代"。在《喧嚣的九十年代》一书中，斯蒂格利茨教授揭示了以信息技术、个人电脑、生物技术、金融服务、软件开发等为代表的新兴行业正在引领美国经济增长和竞争力的大幅提高，隐藏在繁荣背后的内生动力正是"知识"。本该大规模出口资本密集型产品的美国，实际上出口的却是劳动密集型产品，这也被称为"里昂惕夫悖论"[①]。

其实，由知识引发的创新显然不能自动转化为实际行动并获取相应的积极回报，它需要一个组织学习机制来缩短客观存在的"知识距离"[②]。那么，这个组织学习机制的结果就是产业工人的人力资本，因为美国大量出口的劳动密集型产品极富有人力资本元素，属于人力资本兼知识密集型产品[③]。对德国经济崛起的类似研究，也在说明拥有高技能素质的产业工人是"德国制造"走向世界的一个鲜明比较优势[④]。毋庸置疑，将"职业"(Beruf)根植于德意志文化的"双元制"教育体系为企业提供了一大批训练有素且灵活机动的高技能产业工人，也成为二战后德国经济能够迅速崛起的主要因素[⑤]。

3.4.2　产业工人技能形成的多重意涵

制造业是立国之本，强国之基。随着我国人口红利逐渐消失，劳动力市场竞争激烈，随之也进一步激化了制造产业中"用工荒"与"技工荒"并存的结构性矛盾。以"智能制造"为核心的先进制造业成为中国制造行业转型升级的必由之路，与之对应的是产业工人队伍重建迫在眉睫。这其中，技能形成是中国产业工人队伍建设的核心议题。从经济社会学角度来看，作者以为，中国产业工人技能形成包括如下几个方面的意涵。

1. 技能形成的时间性及其对普通产业工人社会保护的意涵

在大部分产业中，劳动力的技能形成都是一个生命历程，制造产业尤甚。技能是知识和经验的有机综合体，技能的获得不可能一蹴而就，是在时间中经过不断实践逐渐积累而成的。因此，对于制造业的产业工人技能形成而言，这个科学规律起码意味着一点，就是掌握高超技能的产业工人不是天生的，通常也不是从学校一毕业就能达到的，更多的是由普通工人经过车间生产实践历练而一步步成长起来的。当下的"技工荒"实质上是大部分

① 华民. 新"里昂惕夫之谜"：贸易失衡的超边际分析：兼论中美贸易摩擦的理论根源与演变趋势[J]. 探索与争鸣，2018(6)：4-12+27+141.
② 舒克，克尼克雷姆. 智企业，新工作：打造人机协作的未来员工队伍[R]. 埃森哲公司(Accenture)，2018.
③ HUGHES Kirsty. The Role of Technology, Competition and Skills in European Competitiveness [M]. Cambridge UK: Cambridge University Press, 1993: 133-160.
④ 森德勒. 工业4.0：即将来袭的第四次工业革命[M]. 邓敏、李现民，译，北京：机械工业出版社，2014：46-47.
⑤ 莱曼，奥德兹. 德国的七个秘密：全球动荡时代德国的经济韧性[M]. 颜超凡，译，北京：中信出版集团，2018：52.

普通产业工人集体行动的必然结果。其中的原因比较复杂，但不容否认的事实是，普通产业工人在技能形成上的集体行动导致了"技工"的短缺状况。所以，从动态历时性角度来看产业工人技能形成，当"普工荒"越来越常见的时候，也就预示着将来技术工人的短缺。从国际上看，尽管美国曾经通过引入海外移民来缓冲本国制造业发展中的技工短缺困境，但是绝大部分制造业强国都是依赖本土培育来解决此问题。本土化培育也是中国高技能产业工人队伍建设的必然选择。那么，这其中产业工人的社会地位之保障就显得尤为重要。我国产业工人通常学历水平较低，在"文凭主导"的劳动力市场中处于底层位置，并且时刻面临着"沦为廉价劳动力"的风险。因此，对普通产业工人的社会保护实质上就是激励这个群体不但能够安心学习，而且愿意长期钻研某项技能，从而夯实高技能产业工人的劳动力蓄水池。

2. 技能形成的实践性及其对普通生产岗位的意涵

技能有赖于生产实践过程才能逐渐积累形成。但在劳动过程理论中，生产实践中形成的技能具有区位等级性。因为车间实践中存在着所谓"概念与执行"的分离，研发岗位通常属于高技术和高技能性的，建设成本高且具有一定的不可替代性；而普通生产岗位则是执行环节，属于低技术低技能性的，其可替代性强。这种概念与执行可分离的事实深化了国际生产分工并加速了制造产业生产链条的全球化。基于此产生的创新理论认为，研发与生产的分离不但能够扩大市场规模、提高研发效率，而且能够强化专业分工，从而助推产业创新。该理论还认为，掌握研发环节才能占据制造产业创新价值链条的顶端，研发创造的价值能够抵消生产环节流失所造成的损失。可是，最新对美国制造业的研究却证明，这种观念完全是错误的。美国制造产业采用的分布式生产模式不但阻碍了产业创新升级，导致美国制造业"显著空心化"，而且还会因为制造产业普通岗位的流失带来大量产业工人失业，进而恶化社会矛盾，甚至催生社会瓦解的风险。研究发现，研发与生产的跨国分离在空间上阻碍了技能形成中隐藏知识的传播，而研发与生产环节无法即时互动反馈会产生所谓的创新死亡峡谷，进而直接拖累产业创新升级的步伐。这种情况下，虽然研发与生产分离貌似能够提高效率，但长期来看会削弱制造产业的创新能力，更严重的是，随着生产岗位的流失，研发岗位也会慢慢流失。所以在制造产业转型升级过程中，普通生产岗位不应被轻视和低估：一方面普通生产岗位是研发创新的现实载体，生产岗位的转型升级与能力提升是整个产业竞争力形成的前提；另一方面普通生产岗位是劳动力从低技能水平走向高技能水平的实践平台，也是产业工人技能形成的基础。

3. 产业工人技能形成对中国制造的品牌意涵

在我国从制造大国迈向制造强国的进程中，德国制造业的转型历程对于我们有重要的启示。众所周知，"德国制造"是全世界制造业的楷模，但在19世纪80年代"德国制造"却是劣质产品的代名词，不过，通过短短十几年的努力，德国制造打造了诸如伍尔特、博世、福维克、西门子、MCM 等一系列的国际品牌，成为国际公认的高质量产品的保证。一般认为，三种制度力量在短短十几年里成就了"德国制造"的高品质水准：一是适合制造产业生产特点的耐心资本融资体系；二是基于国家干预市场的合作主义传统；三是尊重技能形成规律的双元式技能形成机制。在德国制造流程中，小到一颗螺丝钉，大到一架机床，从研发到设计再到车间生产，德国高素质的技术技能工人都是保证德国制造高质量水准的核心密码。中国制造产业转型升级是一个系统工程，同样需要复杂的制度建构才能推进实现。在"中国制造"从加工组合的劳动密集型走向品质主导的技术密集型过程中，我们以为，产业工人技能形成是重塑中国制造产品在国际市场中品牌形象的关键所在。

3.4.3 产业工人技能形成的现实境遇

中国产业工人技能形成涉及制造产业转型升级、中国制造品牌塑造以及劳工社会保护与融入的多重意涵。无论在学理上还是在政策行动中，这都需要我们改变对普通产业工人、普通生产岗位以及制造产业创新过程中研发与生产关系的传统认知。近两年来，国家已经认识到产业工人技能形成的重要性并采取了诸多政策行动。但在现实层面，中国产业工人技能形成依然面临着诸多困难，满足制造产业需求与促进产业工人经济社会地位提升的技能形成平台尚未形成。调研发现，公共服务资源短缺与技能形成体系不健全分别从外部条件和内部机制两个层面制约着我国产业工人的技能形成。

第一，公共服务资源短缺压制中国产业工人技能形成动机。

西方技能形成理论认为，社会保护会对产业工人技能形成过程中选择的技能类型产生直接影响。社会保护程度越高，意味着劳动力去商品化的程度越高，那么产业工人则敢于投资学习失业风险更高的特殊技能类型；社会保护程度越低，意味着劳动力去商品化的程度越低，那么产业工人则更多选择学习通用型的一般技能。对于制造产业转型升级来说，一般通用技能的形成固然重要，但是特殊技能的作用更大。在中国产业工人技能形成过程中，不能简单套用这样的理论框架来解释。西方技能形成理论运用场景是产业工人拥有平等的社会权利，但是在中国，作为产业工人主体的农民工群体在城市里的社会权利存在差异。这里作者引入斯科特的"生存安全"概念来解释公共服务资源对中国产业工人技能形成的影响。斯科特认为，在"生存安全"逻辑下，任何超越界线的风险行为都是不合理、不被认可的。我们调研发现，这种"生存安全"逻辑在中国产业工人技能形成过程中发挥着重要作用。恰如人力资本理论所言，技能学习属于一种投资行为，需要付出成本且具有风险性。在中国产业工人技能形成方面，尽管技能学习与工资收入之间存在一定的正相关性但却不显著，而且技能水平对于其在公共服务资源获取以及城市融入方面作用不大。在"生存安全"逻辑作用下，中国产业工人往往会更倾向于选择技能要求低但来去自由的工作岗位，这实际上动摇了产业工人技能形成的可持续性。

首先，我国大部分的产业工人面临着异地就业与外出打工的情况，在异乡落户是保障产业工人长期投入技能形成的先决条件。在目前中国城市治理中，户籍往往是公共服务资源获取的依据。我们的调研发现，学历型人才在入户条件上占有优势，而大部分产业工人包括技术技能型产业工人由于学历水平较低，通常处于明显劣势。"重学历轻技能"的落户门槛是大部分产业工人群体无法跨越的屏障，往返于家乡与异乡以及季节性迁徙是产业工人的常态。技能形成是一个持续性过程，在生产岗位上长期稳定的经验积累和训练是技能型产业工人形成的必由之路。漂泊无根的状态不利于产业工人的技能形成。

其次，住房短缺是导致大部分产业工人群体居无定所的直接原因。近些年来，随着第一代农民工逐渐退出历史舞台，新生代农民工已经成为主体。与第一代农民工在城乡之间高流动不同，新生代农民工虽然依然处于高流动状态，但是他们更多的是在城城之间流动，他们中绝大部分已经成为"城市事实移民"。因此，他们融入城市的需求更为强烈和迫切。住房是其落脚城市进而安心于岗位并逐渐熟悉工作技能的第一道门槛。我们在某一线城市调研发现，近六成的产业工人面临着住房紧张的问题。城市房租价格上涨，包括近年来城中村改造的兴起，都在压缩城市产业工人的落脚空间。居住地点的不断转换以及通勤时间的增长通常会驱使产业工人变化单位或者选择更为自由灵活的工作类型。对于产业工人来说，没有稳定的工作环境与良好的工作状态，技能形成的进度较难推进。同时他们很难享受城市低收入群体的住房福利政策和待遇。绝大多数农民工在城市里居住面积狭窄，夫妻分居和家人得不到团聚的情况较为常见。这导致产业工人队伍中的农民工群体城市生活质量差，归属感与安全感低。这种漂泊无根的状态不利于他们安心于工作，更无助于他们积累技能。

公共服务资源获得是社会保护机制的现实体现。对于中国产业工人队伍中的农民工群体来说，除了户籍限制、住房福利，农民工群体在子女教育、社会保险等方面均面临着诸多排斥。虽然公共服务资源的获得不会直接作用于产业工人技能形成行动，但是这种社会保护机制的短缺往往会使农民工群体的谋生动机更加强烈，他们更多追求的是斯科特笔下的"生存安全"逻辑，而会削弱甚至放弃属于发展策略的技能学习动机。

第二，技能形成体系不健全阻碍中国产业工人技能的实际形成。

如果说以公共服务资源获得为现实表现的社会保护机制从外部影响了中国产业工人技能形成行动，那么技能形成体系不健全则直接作用于他们的技能形成过程。从狭义上看，技能形成体系主要包括技能培训系统与技能认证系统两个部分。这两个部分的制度安排基本上覆盖了产业工人技能形成的整个流程，前者更多指涉的是技能培训的供给，而后者主要是给技能劳动力价格赋值。从我们对产业工人技能形成实际情况的调研来看，技能培训系统不完备、技能认证系统效力弱是主要问题。

首先，依据制造产业技能获得方式，技能培训系统可以分为外部技能形成机制和内部

技能形成机制。 外部技能形成机制是指从外部获得的技能，职业学校或者社会化培训机构是技能培训供给主体；内部技能形成机制是指企业内部建立的自我组织的培训机制，技能培训供给主体是企业。从我们的调研数据来看，企业牵头的内部技能形成机制是目前中国产业工人技能形成的主要方式，67.1%的被访产业工人的技能培训是由企业供给的，而外部技能培训供给只占19.9%，其中，市场化培训机构占10.1%，职业学校仅占9.8%。由此可见，产业工人的外部技能形成方式相对较为缺乏。企业内部培训存在着"挖人"的风险，一般大型企业比中小型企业更能承受由挖人导致的培训成本沉没，这在一定程度上会制约企业尤其是中小型企业内部技能培训的供给。从我们对企业的调查数据发现，有61.0%的企业因为培训成本较高而未建立内部体系化的培训机制。一般来说，内部技能形成方式难以满足工业生产大规模的技能需求，因此，外部技能形成方式对于工业生产非常重要。然而，我国产业工人从外部技能形成机制中学得技能的比重不高，以职业学校和市场化培训机构为主体的外部技能形成机制与制造产业之间在技能供给与需求上的有效衔接格局尚未形成，个中原因值得深思。造成这种状况的有可能是职业学校毕业的学生大部分没有成为产业工人，但不容忽视的事实是，中国产业工人在技能形成过程中，面临着内部技能形成机制受制约、外部技能形成机制供给相脱节的窘境。

其次，技能认证机制效力弱是目前中国产业工人技能形成过程中面临的巨大挑战。 众所周知，在劳动力市场中，技能认证是价格信号，是受训者技能资本获得市场回报的直接指引。因此，互通有效的技能认证机制能够保障产业工人享受应得的待遇，降低企业重复培训的成本，直接影响技能形成的过程。我们的调研数据显示，产业工人中专业技术人员、技能工人得到政府有效认证的比例仅为35.6%，16.9%为部分认证，大部分的技术技能人员没有得到认证，仅有三分之一的企业内部有技能等级评价机制。中国产业工人技能认证机制存在着认证主体不明、认证责任不清晰、认证内容不具体等问题。这其中，企业认证与政府认证相互隔离而互不承认是较为突出的问题，很多时候，企业并不会因为产业工人拥有国家颁发的某个技能认证证书就会直接给予其相匹配的薪资待遇；政府对于企业或者行业颁发的技能认证同样持怀疑和谨慎态度，一般不会直接将之作为相关公共资源配置的依据。目前的技能认证机制效力弱，权威性和可信度都不够，这对中国产业工人技能形成的影响是直接而深刻的。

3.4.4 产业工人技能形成的路径选择

中国产业工人技能形成是一个复杂的过程，政府相关部门、企业行业、职业学校乃至产业工人本身都是其中的主要参与者。公共服务资源缺乏从外部压制了产业工人技能形成的动机，而技能形成体系中的内外部技能培训供给滞后与技能认证效力不足则直接削弱了产业工人技能形成的绩效。在外部条件与内部机制均存在问题的双重压力下，化解制约我国产业工人技能形成的困境任重道远。在产业工人社会保护方面，公共服务资源获取均等化是重点。开放包容的户籍政策能够为产业工人技能形成奠定稳定的制度环境，激励其技能学习的动机。在为专业技术技能人才落户开辟"绿色通道"的同时，逐步放开大城市的落户限制，破除劳动力流动的体制性障碍，有助于建立劳动力蓄水池，进而为技能产业工人的培育和形成奠定基础。另外，将城市住房福利政策覆盖技术技能产业工人，并逐步增加其在普通产业工人中的配额。目前中国城市中保障性住房最大的问题是增量不足与分配不均，前者是关乎城市用地的合理分配问题，后者是对学历型人才的偏重问题。在政府部门积极寻找增量的基础上，合理优化增量是有效策略，即依据城市发展中技能技术人才的缺口，划拨与修建与之相匹配的保障性住房。

"重学历型人才"的住房资源偏向使得产业工人处于资源分配的不利位置。因而，地方政府要根据实际，适时调配公共服务资源，侧重对技术技能产业工人的资源倾斜，缓解专业技术技能产业工人的住房压力。公共服务保障性资源关乎产业工人的生存保障与生活质量，面对城市公共资源存量不足与分配不均等问题，提升技能因素在公共资源配置中的权重，方能化解中国产业工人"学技术为了不再做技术"的悖论事实。

在产业工人技能形成体系上，政府、行业企业、职业学校以及产业工人之间达成可信性承诺是关键。可以由政府引领和监督，动员多方参与，采用有效方式投资建设一批共享性公共技能培训平台，并委托行业性社会组织进行非营利性管理与运营。这样做一方面能整合企业、培训机构、行业协会等专业培训力量，另一方面有助于分担企业尤其是中小企业内部技能形成机制的成本负担。深化产教融合，改革职业学校尤其是公立学校在产权、师资设立、课程安排以及利益分配上的相关制度，激励职业学院与企业深度合作，通过利益共享与责任共担在学校与产业之间建立可信承诺关系，通过订单班、设置对口专业等方式建立产业工人外部技能形成机制，形成学校到企业、企业到学校，再从学校到企业的循环式技能学习模式，助力产业工人最终成为"专""精""强"技术技能人才。针对产业工人技能认证上出现的责任不明与互不认可的情况，政府部门应赋权和放权并举，加强技能评价的相互认可度。继续加大对职业资格证书清理、削减的力度，减少政府技能认证在资源配置中的权重，逐步回归和恢复技能证书作为劳动力价格指引的本质属性。坚持和拓展技能认证社会化，彰显同行评价在技能评定中的专业权威性，尽快推动完善第三方评价机构主导的职业技能等级认定机制，建立技能认证机构的监管体系。打破职业资格证书系统与产业系统、人力资源系统之间相互封闭的状态，逐步在技能认证、学历与资历之间建立起联通衔接机制，在教育部门、人社部门以及行业企业之间搭建技能认证协调机制，合力打造适合中国产业工人本土实际的技能认证系统。

技能形成被公认为一国经济增长的重要引擎之一，"对国家增长绩效具有绝对的核心作用"。在发达资本主义国家，尤其是实施制造业主导战略的德国和日本，产业工人技能形成体系已经成为其塑造国家竞争力的重要比较制度优势。近两年来，国家出台了多项政策推动我国产业工人队伍建设，党的十九大报告明确提出我们要建设知识型、技能型、创新型劳动力大军，为我国实体经济从劳动密集型走向技术密集型打造人力资本基础。2017 年 2 月，中共中央、国务院印发的《新时期产业工人队伍建设改革方案》明确提出构建中国产业工人技能形成体系的改革任务。从学理上对产业工人技能形成体系进行系统分析，不但对产业升级、经济发展有价值，更重要的是，这也是事关劳动者的幸福生活，以及中国社会治理现代化的重要命题。

第四章　职业教育与产业工人的发展

职业教育是国民教育体系和人力资源开发的重要组成部分。发展职业教育，已经成为世界各国应对经济、社会、人口、环境、就业等方面挑战，实现可持续发展的重要战略选择。

中国职业教育源远流长，师徒制教学有着悠久的历史，主要有父业子承、合同式学徒制、行业学徒制等形式。19世纪中叶，中国为了"自强""求富"，一批有识之士创建了福建船政学堂等实业学校，标志着中国近代学校职业教育的正式诞生。作为国民教育体系和人力资源开发的重要组成部分，职业教育紧密联结产业和就业，职业教育始终与国家命运和家庭幸福紧密联系。

进入新时代，中国政府高度重视职业教育，把职业教育摆在经济社会发展和教育改革创新更加突出的位置。职业学校70%以上的学生来自农村，"职教一人，就业一人，脱贫一家"成为阻断贫困代际传递见效最快的方式，职业教育在中国开展脱贫攻坚、全面建成小康社会中发挥了重要作用。职业教育肩负着培养多样化人才、传承技术技能、促进就业创业的重任，在支撑国家产业结构转型升级、推进中国制造和服务的水平、保障民生等方面作出了突出贡献。

经过长期的实践探索，中国形成了独具特色的现代职业教育发展范式。实践表明，紧跟经济社会发展需求，服务产业升级，推进产教融合、校企合作，是职业教育高质量发展的动力源；坚持扎根中国大地、立足中国国情，服务区域产业发展，是职业教育增强适应性的深厚土壤；落实立德树人根本任务，培养德技并修、手脑并用、终身发展的高素质技术技能人才，促进教育链、人才链与产业链、创新链有效衔接，促进就业创业，是提高社会贡献度和认可度的根本途径。

海纳百川，相倚为强。世界职业教育的蓬勃发展，离不开各国先进特色理念和经验的相互启发、相互砥砺。在经济全球化的大潮中，任何一个国家的职业教育都不能独处一隅，只有交流对话才能协同并进、不断超越；中国既学习借鉴国际先进的职业教育发展经验，也愿意与各国共享经验成果，以更加开放的姿态和自觉的担当，为建设更高水平的现代职业教育、助力建设人类命运共同体作出积极贡献。

4.1 职业教育的基本内涵

现代化是人类历史发展的伟大变革，是以工业化为核心，推动经济增长、思想革命、制度创新和社会转型的发展历程。中国式现代化是一个具有几千年农业文明大国的现代化，是超大人口规模的现代化，是经济、社会、文化、教育的全面现代化。中国职业教育与中国现代化共生发展，发挥着服务经济发展、促进民生改善、优化教育体系、增进国际交流的作用，在面向世界的现代化进程中作出了不可替代的贡献。

4.1.1 支撑经济高质量发展

中国加快推进经济结构调整和产业转型升级，迈向更高质量、更有效率、更加公平、更可持续、更为安全的发展之路。职业教育作为对接产业最密切、服务经济最直接的教育类型，在经济高质量发展中起到了重要的人力资源供给和生产力转化作用。

1. 为产业经济提供源源不断的人才红利

中国职业教育主动适应经济结构调整和产业变革，紧盯产业链条、市场信号、技术前沿和民生需求，设置 1300 余种专业和 12 万多个专业点，覆盖国民经济各领域。近十年来，累计为各行各业培养输送 6100 万高素质劳动者和技术技能人才，在现代制造业、战略性新兴产业和现代服务业等领域，一线新增从业人员 70% 以上来自职业学校毕业生，促进中国人口红利的释放与实现，推动先进技术和设备转化为现实生产力，为中国产业链、供应链保持强大韧性、行稳致远提供了基础性保障和有生力量。

2. 为数字经济跑出加速度提供先导力量

伴随工业信息化、智能化转型，中国职业教育紧盯数字技术前沿，加快专业升级改造，布局一批新兴专业，提升数字技能人才培养能力。大力改造提升传统专业，从专业名称到专业内涵全面推进数字化，使人才培养适应数字经济变革。优化和加强 5G、人工智能、大数据、云计算、物联网等领域相关专业设置，重点打造互联网应用技术、大数据技术与应用等高水平专业群，扩大数字技能人才供给。开发设计大数据分析与应用、云计算平台运维与开发等职业技能等级证书，并融入职业学校人才培养全过程，与华为、腾讯等数字经济头部企业联合培养培训大批数字化技术技能人才，服务数字产业化和产业数字化。

3. 为生态经济提供"绿色技能"转化服务

中国正加快开展各领域低碳行动，推动全产业链生态化发展。职业教育积极参与绿色技能开发，设置绿色低碳技术、智能环保装备技术等专业，扩大绿色低碳技术技能人才供给规模。在职业教育教学标准体系中融入绿色低碳环保理念，将绿色技能纳入国家职业院校技能大赛赛项内容，把绿色要素、绿色理念融入职业学校课堂教学全要素、全过程。中国加强与国际合作组织在绿色技能开发上的合作，通过亚太经合组织(APEC)的"职业教育系统开发绿色技能"项目，将绿色、环保、可持续发展理念融入职业教育与培训体系之中。

4.1.2　推动社会协调发展

职业教育是提升社会流动性、防止阶层固化、保持社会活力的重要途径，在满足人的多样化发展，推进社会协调发展上发挥着重要作用。

1. 为人的多样化发展提供通道

中国树立开放包容融合的大教育观，建立适应多样化发展需要，纵向贯通、横向融通，服务全民终身学习的现代职业教育体系，为不同性格禀赋、不同兴趣特长、不同素质潜力、不同学习阶段的学生提供多样化选择、多路径成才机会，让更多学生就业有本领、升学有渠道、发展有通道。每年有 30 万左右的退役军人、下岗待就业人员、农民工和新型职业农民等社会生源接受高等职业教育。连续举办的全国职业院校技能大赛，让职业学校学生获得展示技能风采、实现人生价值的机会和舞台。

2. 为实现高质量就业搭建阶梯

职业教育坚持面向市场、服务发展、促进就业的办学方向，紧跟产业发展步伐，人才培养对岗位要求的适应性不断增强，职业学校毕业生就业率连续保持高位，根据国家发展改革委员会新闻发布公报报道中职、高职毕业生就业率分别超过 95% 和 90%，专业对口就业率稳定在 70% 以上。职业学校毕业生就业岗位遍布高端产业和产业高端，高职毕业生半年后年收入显著高于城乡居民人均可支配收入的平均水平。

3. 为缩小贫富差距提供途径

中国政府大力发展面向农业农村的职业教育，构建农村职业教育与培训优质资源体系，15% 的高职院校年开展新型职业农民培训超过 5000 人/日，培养了大批"土专家""田秀才""乡创客""致富带头人"，有效服务现代乡村产业体系建设。职业学校 70% 以上的学生来自农村，这有力地推进了新型城镇化进程，这些学生成为脱贫攻坚和乡村振兴的生力军。2013 年至 2020 年年底，累计有 800 多万贫困家庭学生接受职业教育，"职教一人，就业一人，脱贫一家"成为阻断贫困代际传递见效最快的方式。职业学校毕业生已经成为乡村振兴、扩大中等收入群体的重要来源。

4.1.3　服务高质量教育体系

构建高质量教育体系是教育现代化的必然要求，作为与普通教育同等重要的教育类型，职业教育是构建高质量教育体系的重要内容和活力因素。

1. 优化教育结构的重要一翼

随着新一轮科技革命和产业变革不断深化，世界各国空前重视产业链全链条的协同布局，加大研发人才、工程人才、技术人才、技能人才的协同培养。近年来，中国将职业教育作为优化教育结构和教育综合改革的重要突破口，提高职业教育质量，增强职业教育适应性，职业教育在规模和质量上同步提升，稳居中国教育的半壁江山，可动态适应新经济、新技术、新业态、新职业发展变化。

2. 促进教育公平的必由之路

中国始终坚持以人民为中心的发展思想，将职业教育作为优质教育均衡发展的重要内容，努力让 14 亿多人民享有公平而有质量的教育。为保障人人都有机会接受职业教育，中国政府建立了职业教育免、补、助、奖、贷等助学体系，中职免学费、助学金分别覆盖超过 90% 和 40% 的学生，高职奖学金、助学金分别覆盖近 30% 和 25% 的学生。职业教育还为残障人士、生活困难者等弱势群体提供了多种形式的教育和技能培训，在促进职业教育与普通教育、特殊教育、继续教育协调发展方面发挥了重要作用。

4.1.4　促进国际交流与合作

和羹之美，在于合异。中国职业教育面向世界、融通中西，在"引进来""走出去"中不断实现"再提升"，推动构建开放型经济体系，成为国际经济、技术和文化交流合作的重要载体。

1. 助力国际产能合作

职业教育伴随中国企业和产品"走出去"、服务共建"一带一路"，与 70 多个国家和国际组织建立了稳定联系，与 19 个国家和地区合作建成 20 家"鲁班工坊"，在 40 多个国家和地区合作开设"中文＋职业教育"特色项目，培养了大批懂中文、熟悉中华传统文化、当地中资企业急需的本土技术技能人才；一大批中国职业学校教师远涉重洋，手把手将职业技能和经验传授给当地青年，帮助"一带一路"沿线国家培养技术技能人才，助力合作国家工业化进程。图 4-1 所示为陕西工业职业技术学院教师在国外进行员工培训的照片。

图 4-1　陕西工业职业技术学院教师在赞比亚职业技术学院开展员工培训

2. 推动技术文化交流

中国积极参与世界技能大赛,以赛会友、以赛促技。自 2010 年正式加入世界技能组织,在近五届世界技能大赛中累计获得 36 枚金牌、29 枚银牌、20 枚铜牌,参赛项目和参赛规模不断扩大。面向欧洲地区,打造中欧"双元制"产教融合平台,加强与德国、法国、瑞士等欧洲国家相关行业领域优质企业的职教合作,推动成立"中国—中东欧国家职业院校产教联盟",搭建与中东欧国家校企合作的平台;面向非洲地区,启动"未来非洲—中非职业教育合作计划",合作成立"中非职教合作联合会",进一步加强与非洲国家职业学校的联系与交流;面向东南亚地区,实施"中国—东盟双百职校强强合作旗舰计划",在中国和东盟国家职业学校中已遴选了 80 对特色合作项目。2022 年,主办金砖国家职业教育联盟大会,成立金砖国家职业教育联盟,举办金砖国家职业技能大赛,积极推动金砖国家加强职业教育领域的交流对话。

4.2　职业教育的发展历程

2012 年以来,中国政府把职业教育作为与普通教育同等重要的教育类型,不断加大政策供给、创新制度设计,加快建设现代职业教育体系,构建多元办学格局和现代治理体系。中国职业教育实现了由参照普通教育办学向相对独立的教育类型转变,进入提质培优、增值赋能新阶段。

4.2.1　确立职业教育类型定位

2014 年,国务院召开全国职业教育工作会议,教育部等六部门印发《现代职业教育体系建设规划(2014—2020 年)》,明确到 2020 年形成适应发展需求、产教深度融合、中职高职衔接、职业教育与普通教育相互沟通,体现终身教育理念,具有中国特色、世界水平的现代职业教育体系。教育部启动实施《高等职业教育创新发展行动计划(2015—2018 年)》和《职业院校管理水平提升行动计划(2015—2018 年)》,全面激发职业学校办学活力,提升办学质量。

2019 年,国务院出台《国家职业教育改革实施方案》,提出"职业教育与普通教育是两种不同的教育类型,具有同等重要地位",整体搭建职业教育体制机制改革的"四梁八柱",集中释放了一批含金量高的政策红利。2020 年,教育部等九部门印发《职业教育提质培优行动计划(2020—2023 年)》,进一步确立国家宏观管理、省级统筹保障、学校自主实施的工作机制。31 个省份和新疆生产建设兵团的 4562 所学校和有关单位承接任务,计划投入 3075亿元。2021 年,中共中央办公厅、国务院办公厅印发《关于推动现代职业教育高质量发展的意见》,系统梳理中国职业教育改革实践经验,从巩固职业教育类型定位、推进不同层次职业教育纵向贯通、促进不同类型教育横向融通三个方面强化职业教育类型特色。

2022 年 5 月 1 日，新修订的《中华人民共和国职业教育法》(以下简称新《职业教育法》)正式实施，明确"职业教育是与普通教育具有同等重要地位的教育类型，是国民教育体系和人力资源开发的重要组成部分，是培养多样化人才、传承技术技能、促进就业创业的重要途径"，标志着现代职业教育体系建设进入新的法治化进程，也意味着职业教育"类型"地位在法理上得到保障。

十年来，中国职业教育不断深化改革，探索建立"职教高考"制度，实施"文化素质+职业技能"分类考试招生；规范特色培养过程，从培养目标、课程设置、学时安排、实践教学、毕业要求等方面对职业学校专业人才培养方案制订提出具体要求，为专业人才培养和质量评价提供基本依据；建立实习管理制度，明确实习的内涵和边界，重点对职业学校实习治理水平提出系列措施；将职业本科纳入现有学士学位制度体系，在学士学位授权、学位授予标准等方面强化职业教育育人特点。从顶层设计到制度标准，构建了一整套贯穿学生入口到出口、具有中国特色的职业教育制度体系。

4.2.2　完善现代职业教育体系

近年来，中国职业教育主动适应经济社会发展需要，落实职业学校教育和职业培训并重，促进职业教育与普通教育横向融通，推进不同层次职业教育纵向贯通，加快建设服务全民终身学习的现代职业教育体系。职业学校教育包括职业启蒙教育、中等职业学校教育、高等职业学校教育等阶段。职业培训包括技能培训、劳动预备制培训、再就业培训和企业职工培训等类别，依据职业技能标准，培训分为初级、中级、高级职业培训和其他适应性培训，企业、学校、社会机构等均可开展职业培训。图 4-2 所示为现代职业教育体系框架。

基础教育阶段开展职业启蒙教育。全国有超过 4500 所中、高职学校积极支持中小学开展劳动教育实践和职业启蒙教育，辐射中小学近 11 万所，每年参与人次超过 1500 万人。

中等职业学校教育由普通中专、成人中专、职业高中、技工学校等实施，主要招收初中毕业生或具有同等学力的社会人员，以 3 年制为主。2021 年，全国设置中等职业学校 7294 所(不含技工学校)，招生 488.99 万人，在校生 1311.81 万人，分别占高中阶段教育招生总数和在校生总数的 35.08%、33.49%。中等职业学校毕业生可以继续接受高等专科、本科和研究生教育。

高等职业学校教育包括专科、本科及以上教育层次，主要招收中等职业学校毕业生、普通高中毕业生以及同等学力社会人员，专科为 3 年制、本科为 4 年制。2021 年，全国设置高等职业学校 1518 所(含 32 所职业本科学校)，招生 556.72 万人，在校生 1603.03 万人。职业本专科招生人数和在校生总数分别占全国本专科高校招生人数和在校生总数的 55.60%、45.85%。

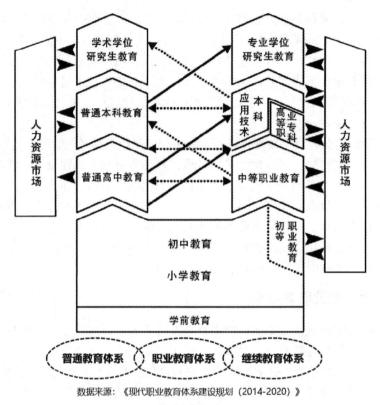

学术学位
研究生教育

专业学位
研究生教育

人
力
资
源
市
场

普通本科教育

应
用
技
术

本
科

高
等
专
科

业
职

人
力
资
源
市
场

普通高中教育

中等职业教育

初中教育

初
等

职
业
教
育

小学教育

学前教育

普通教育体系   职业教育体系   继续教育体系

数据来源:《现代职业教育体系建设规划(2014-2020)》

图 4-2　现代职业教育体系框架模式

2019 年,中国启动"职业技能提升行动计划",截至 2021 年,共开展各类补贴性职业技能培训超过 5000 万人次。从 2019 年起,中国政府从失业保险基金结余中拿出 1000 亿元,设立专项账户,统筹用于职业技能提升行动。目前,全国 1 万余所职业学校每年开展各类培训上亿人次,在开展新型职业农民培训服务的高职院校中,141 所学校年培训量超过 5000 人/日,86 所学校年培训量超过 10000 人/日。

4.2.3　加强职业教育内涵建设

中国职业教育逐步从以规模扩张为主的外延式发展向以质量提升、机制完善为主的内涵式发展转变,在标准体系构建、师资队伍建设、校企双主体育人、数字信息化实践等方面取得了积极成效。

1. 建设职业教育国家标准体系

建立专业、教学、课程、实习、实训条件"五位一体"的国家标准体系。融合新技术、新业态、新职业要求,编制了中职、高职专科、职业本科教育一体化专业目录;先后发布了 230 个中职专业和 347 个高职专业教学标准、51 个职业学校专业实训教学条件建设标准、136 个专业(类)顶岗实习标准以及 9 个专业仪器设备装备规范等;制定了 497 个职业(工种)技能鉴定标准,6 万余项行业培训标准和 42 大类企业培训标准。图 4-3 所示为国家资历标准体系建设的定位与关联示意。

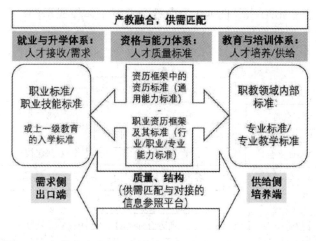

图 4-3　产教融合背景下国家资历标准体系建设的定位与关联

2. 打造"双师型"教师队伍

实施"职业院校教师素质提高计划",建立"国家示范引领、省级统筹实施、市县联动保障、校本特色研究"的四级培训体系。2012 年以来,中央财政累计投入 53 亿元,带动省级财政投入 43 亿元,超过 110 万名职业学校教师参加了国家级及省级培训。2019 年,教育部等四部门公布 102 家企业为全国职业教育教师企业实践基地,已通过国家职业教育智慧教育平台发布两批共计 537 项教师实践项目,服务职业学校包含国家级教学创新团队教师数量超过 2 万人。2019 年,启动职业教育教师教学创新团队建设工作,分两批建设 364 个教学创新团队,示范带动建立省级创新团队 500 余个、校级创新团队 1600 余个,教师分工协作模块化教学的模式逐步建立,团队能力素质全面加强。2012—2021 年,职业学校专任教师规模从 111 万人增至 129 万人,增幅达 17%,"双师型"教师占专业课教师比例超过 50%。

3. 构建校企双主体育人机制

近十年来,中国政府各类政策均把校企合作作为重要内容,支持职业学校与企业开展订单班、现代学徒制、产业学院、集团化办学等多种合作,如图 4-4 所示。截至 2021 年,全国组建约 1500 个职教集团,吸引 3 万多家企业参与,覆盖近 70% 的职业学校。培育 3000 多家产教融合型企业,试点建设 21 个产教融合型城市,给予产教融合型企业金融、财政、土地等支持，享受教育费附加、地方教育附加减免及其他税费优惠。职业学校与企业共建实习实训基地 2.49 万个，年均增长 8.6%。"十三五"期间，分三批在全国布局了 558 个现代学徒制试点，覆盖职业学校 501 所，1000 多个专业点，惠及 10 万余名学生；先后在 22 个省启动企业新型学徒制试点工作，试点企业为 158 家，培养新型学徒制企业职工近 2 万人，其中转岗职工超过 3670 人。图 4-4 为产教融合双主体模式示例。

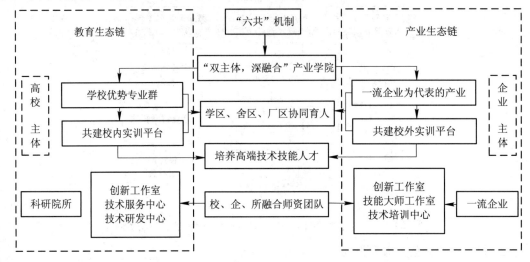

图 4-4　高职院校产业学院"双主体、深融合"的育人模式

4. 推进职业教育数字化

近年来，中国职业教育大力推进现代信息技术应用，在信息化基础设施建设、数字教育资源开发、人员技术培训和管理系统应用等方面取得重要进展，数字生态建设取得积极成效。90% 以上的职业学校建成了运行流畅、功能齐全的校园网；85% 以上的职业学校按标准建成数字校园。建设了一批在线课程平台，建成了 203 个职业教育国家级专业教学资源库，开发了涵盖文理工农医等 12 个学科门类的 992 门精品视频公开课和 2886 门国家级精品资源共享课。2022 年，中国实施"教育数字化战略行动"，国家职业教育智慧教育平台上线运行，汇聚了 1200 个专业资源库、6600 余门在线精品课、2000 余门视频公开课，用户覆盖全国各省份，并惠及 180 多个国家和地区，在疫情期间通过数字技术支持教育复苏，实现了"停课不停学"。

4.2.4　打造多方协同治理体系

中国政府确立了"管办评分离"的教育治理原则，厘清政府、学校和社会三者的权责关系，优化职业教育生态，建立系统完备、科学规范、运行有效的制度体系，形成了职能边界清晰、多元主体充分发挥作用的新局面。初步形成的校企合作理事会结构框架如图 4-5 所示。

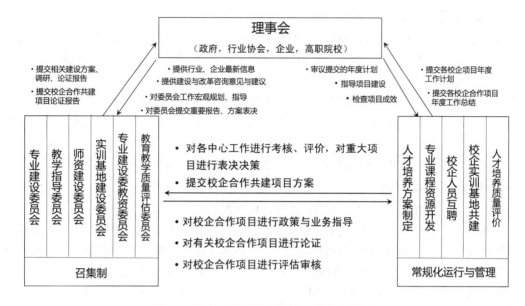

理事会

（政府，行业协会，企业，高职院校）

· 提交相关建设方案、调研、论证报告
· 提交校企合作共建项目论证报告

· 提供行业、企业最新信息
· 提供建设与改革咨询意见与建议
· 对委员会工作宏观规划、指导
· 对委员会提交重要报告、方案表决

· 审议提交的年度计划
· 指导项目建设
· 检查项目成效

· 提交各校企项目年度工作计划
· 提交各校企合作项目年度工作总结

专业建设委员会 | 教学指导委员会 | 师资建设委员会 | 实训基地建设委员会 | 专业建设委教资委员会 | 教育教学质量评估委员会

· 对各中心工作进行考核、评价，对重大项目进行表决决策
· 提交校企合作共建项目方案

· 对校企合作项目进行政策与业务指导
· 对有关校企合作项目进行论证
· 对校企合作项目进行评估审核

召集制

人才培养方案制定 | 专业课程资源开发 | 校企人员互聘 | 校企实训基地共建 | 人才培养质量评价

常规化运行与管理

图 4-5　初步形成的校企合作理事会结构框架

1. 加强政府统筹管理作用

深化政府职能转变，教育"统管"转变为教育"督导"。2012 年，发布《教育督导条例》，明确教育督导的职能定位。2016 年，发布《中等职业学校办学能力评估暂行办法》和《高等职业院校适应社会需求能力评估暂行办法》，并分别于 2016 年、2018 年、2020 年开展了三轮职业学校评估。2017 年，发布《对省级人民政府履行教育职责的评价办法》，将"加快发展现代职业教育"作为评估内容，并于 2018 年起，每年开展对省级人民政府教育职责评价工作。2020 年，发布《关于深化新时代教育督导体制机制改革的意见》，建立教育督导部门统一归口管理、多方参与的教育评估监测机制。

2. 强化行业自律和主动参与

积极发挥行业指导和企业重要办学主体作用，推行产业规划和人才需求发布制度，引导学校紧贴市场和就业形势，动态调整专业目录。2010 年，启动全国行业职业教育教学指导委员会(以下简称行指委)建设，经过五次调整、换届，现设置 57 个行指委，各行指委共编发 60 个行业人才需求预测与专业设置指导报告，44 个行指委牵头制订了国家职业教育教学标准。据教育部发布的《中国职业教育发展报告(2012—2022 年)》数据显示，近五年来，在行指委的指导下，校企合作开发课程 8000 多门、编写教材 6000 多本，行业企业提供实训设备设施总值超过 1500 亿元，投入建设经费超过 60 亿元，8 万多名企业人员到职业学校兼职，23 万多名职业学校教师到企业实践。

3. 提升办学主体自治能力

持续扩大职业学校办学自主权，积极推进以章程为引领的现代学校制度建设，激发办学活力和自主性。2013 年，探索"知识+技能"考试招生制度，完善高考考试招生、单独考试招生、综合评价招生、技能考试招生、中高职贯通招生、免试招生等考试招生方式，逐步形成省级政府为主的统筹管理、学生自主选择、学校多元录取、社会有效监督的中国特色高等职业教育考试招生制度。实行高职专业设置备案制，高职院校可自主设置指导性专业目录内所有专业。2015 年起，在职业学校开展教学诊断与改进工作，进一步完善职业教育内部质量保证制度体系和运行机制，强化落实职业学校的第一质量主体责任。

4. 构建社会监督体系

发挥利益相关方评价作用，引导职业教育良性发展。借助第三方评价，定期跟踪评价人才培养质量，发挥监测评价、预测预警功能，提升教育发展动态监测能力；鼓励各地充分依托大数据技术，探索构建区域教育综合评价体系，进一步做好教学质量监测，注重质量分析和结果反馈，全方位精准诊断职业学校办学中的优势与问题。2012 年起，每年发布高等职业教育质量年度报告，2016 年起，每年发布中等职业教育质量年度报告，报告内容体系逐年完善，职业学校质量意识显著提高。

4.2.5　加大职业教育办学投入

中国加大各级财政对职业教育的投入力度，完善与办学规模、培养成本、办学质量相适应的财政投入制度，充分利用社会资本发展现代职业教育，鼓励社会力量举办和参与举办职业教育。近十年中国职业教育经费投入如图 4-6 所示。

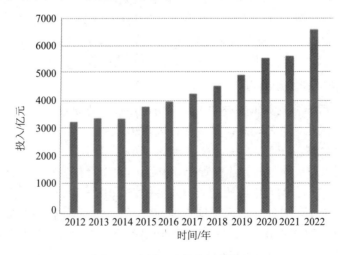

图 4-6　中国职业教育经费投入

1. 发挥公共财政的主导作用

全国各级财政部门把职业教育作为投入重点，坚持把教育经费向职业教育倾斜。"十三五"期间，中国职业教育经费累计投入 2.4 万亿元，年均增长 7.8%，其中，财政性职业教育经费达 1.84 万亿元，年均增长 8.6%，财政性职业教育经费在全部职业教育经费中占比逐年增长。职业教育生均拨款制度持续完善，中国各省份均已建立中职和高职生均拨款制度。"十三五"末期，全国中高职生均财政拨款水平达约 1.6 万元，国家助学金政策资助中高职院校学生超过 580 万名，财政资金投入接近 119 亿元，重点帮扶了 11 个集中连片特困地区的学生和建档立卡贫困户家庭学生。

2. 鼓励社会力量举办和参与举办职业教育

推动国有企业、民营资本成为参与和举办职业教育的重要力量。全国国有企业举办职业教育机构共 435 个，其中中央企业 197 个、地方国有企业 238 个；民办高职学校 337 所，在校生 323 万人；民办中职学校在校生 249 万人。中国积极探索实施职业教育股份制、混合所有制改革试点，如山东省在全国率先发布《关于推进职业院校混合所有制办学的指导意见(试行)》，明确办学形式、设立要求及办学管理，全省开展混合所有制改革的职业学校达到 47 家，拉动社会资本投入超百亿元。

3. 实施示范性项目建设

2006 年以来，中国政府累计投入资金超 5000 亿元，先后实施国家示范性(骨干)高职院校建设计划、国家中等职业教育改革发展示范学校建设计划、高等职业学校提升专业服务产业发展能力项目、实训基地建设计划、中国特色高水平高职学校和专业建设计划、职业教育办学条件达标工程等重大项目，支持建设了 199 所国家示范(骨干)高等职业学校，1000 所国家中等职业教育改革发展示范学校，197 所"中国特色高水平高职学校和专业建设计划"建设学校，3000 多个实训基地，大幅改善职业学校办学条件，引领中国职业教育内涵式发展。

4.3 技术进步与职业教育的发展

当今社会，科学技术高速发展，促使政治、经济、文化各方面突飞猛进地发展，使得个人乃至整个社会都产生了非常大的变化。职业作为社会生活中的一个方面也不例外，就业问题是我国当前一大基本民生问题，而技术作为促进生产发展三个重要因素中最活跃的因素，它的进步对职业的演变产生了不容忽视的影响。瓦特改良蒸汽机后，世界各地相继开始爆发工业革命，工业革命引起产业革命，而人类社会在经历了三次产业革命的洗礼后发生了巨大改变。改革开放 40 多年来，我国经济高速增长，这要归功于我国稳固的经济体制、不断推进的市场改革为经济的增长所奠定的基础，先进技术的发明及应用为经济增长所增添的动力，而且这股力量不断增强，发挥着越来越重要的作用。作为推动国民经济发展的重要因素，技术进步在推动各国经济高速增长、社会生活迅速变化的同时，给职业的变化发展也带来了很大的影响。

4.3.1　技术进步对职业演进的作用

随着技术进步，生产方式也有所改进，使得各职业从业人数也发生了很大改变，主要通过改变劳动对象的范围、性能、功能和劳动资料从而发挥其作用。这种作用的发挥不仅能够改变职业功能和种类，也能够改变劳动者在职业中的数量。技术进步对职业演进的作用主要体现在以下几个方面：

1. 技术进步改变了劳动工具，促进了职业演进

职业活动的一个重要因素就是劳动工具。在社会历史发展过程中，伴随着技术的不断进步，劳动工具的特性也得到了提升与改善，从而大大提高了生产效率。各种各样不同先进程度的技术之间的排组和质量的比例关系形成了一种新的技术结构。技术结构都包含着初始技术、低级技术、中间技术、先进技术和高端技术。简单来说就是手工生产技术、半机械和机械技术、半自动化和自动化智能技术成为技术结构中的一个重要组成部分。劳动工具反映出了社会生产力由低级向高级发展的过程，而生产力水平的提升往往取决于生产工具的日益完善与发展。人类历史的长河中，生产工具已由石器、青铜器、铁器过渡到机器。当前社会已经演变到自动化时代。通信技术和自动化技术与电子计算机的联系非常密切，它们在生产中得到广泛的应用，产生了巨大的影响。与过去很多甚至所有的生产工具相比，电子计算机有很大的不同，主要是它既能代替人的体力劳动又能代替人的一部分脑力劳动。从生产工具这个角度看，它是控制机器的核心，作为机器体系中具有创新性的第四个组成部分，另外它还是高度自动化运作的核心机器。把电子计算机与现代通信技术相结合，就形成了计算机网络，促使单机自动化转向全盘自动化，推动局部自动化走向综合自动化，最终走向大系统的最优控制，进而一方面节约了劳动力，另一方面大大提高了劳动生产效率。

2. 技术进步改进了劳动技能，促进了职业演进

劳动技能是劳动者在学习生产技能与生产实践中积累起来的。随着科学技术的发展，劳动者曾经具备的一些劳动技能发生了变化，主要有以下三种表现形式：

第一，随着时代的发展和技术的进步，一些原有的劳动技能变得落伍而遭到淘汰。例如电子计算机所带来的电算化，使得操作算盘这项技能逐渐从会计行业中消失。

第二，随着对劳动力工作要求的不断增长，原来较高级的劳动技能逐渐成为劳动者的基本必备技能。例如办公自动化的普及，熟练操作办公软件已经成为各行业行政人员的基本技能。

第三，随着新劳动技能的产生，对于劳动者来说技能的变化向他们提出了更高的要求。

3. 技术进步改进了生产组织方式，促进了职业演进

现代企业的生产过程是由多人协作集体完成的，相对于单个家庭的简单生产有了很大的进步。不同类型的劳动力根据技术要求和生产方式的不同进行组合与配置，将劳动力与生产资料有机地结合在了一起。随着生产过程的进步，生产组织方式与管理技术日益科学化与合理化，并被应用到生产实践中，有机结合了劳动力与生产资料，促使劳动生产率得到了有效的提高。例如福特汽车公司的生产方式是流水线作业，这种方式加快了生产的节奏，每个生产环节之间都是紧密相连的，各环节间是相互依赖的。这就要求劳动者要提高适应能力，融入这种新的生产组织方式之中。

4. 技术进步改善了劳动环境，促进了职业演进

技术进步一方面不断提高劳动生产率，另一方面也在不断地改进劳动环境。采用符合人体生理的技术设备，从而改善劳动者的工作环境，这样不仅保护了劳动者的身心健康，也提升了他们的工作积极性。因此，劳动者在选择职业时也会充分考虑到劳动环境的状况。

5. 技术进步扩大了劳动对象的种类，促进了职业演进

职业活动的要素中最主要的要素就是劳动对象，由于技术的不断进步使得劳动对象的种类逐渐繁多。劳动对象所涵盖的范围很广泛，它不仅包括最纯粹的没有经过人类改造的自然物质例如原始矿山中的矿石等，还包括经过劳动者改造过后的劳动产品例如棉麻纺织品等。劳动对象的范围不仅有广泛的特点还呈现着不断扩大的趋势，它不仅包括物产产品还包括电子信息产品，并且在当今科技时代电子信息产品的比重日趋增加，其重要性也就越来越明显。

技术进步影响着各职业的内部结构及内在要素，由于技术进步对各职业要素的影响程度不同，使得各职业或多或少地发生了一些变化。在这些变化中较为明显的就是劳动工具及其技艺的转变。随着时间的推移，职业要素不断改善并且达到了质的飞跃，有了一定的升级，职业由此便发生了分化。在技术进步的推动作用下，有的职业的劳动工具等发生了重大的改变，生产过程日趋复杂，知识、技艺的要求越来越高。从而转变为知识型、技艺型的高难度职业，例如各行业的专门性技术人员。相反，另一些职业对知识、技艺的要求却变得较低，从而转变为非知识型、非技艺型的低难度职业，例如从事机械劳作的一般性生产工人及服务行业中的服务人员等。

4.3.2 技术进步促进职业演进的历程

1. 技术进步促进职业的产生

职业的形成与发展离不开分工的变化，两者间存在着密切的联系。一般来说，分工就

是将社会总劳动划分为若干不同类型的劳动或活动，这些不同类别的劳动或活动之间互相独立又相互依存。相应的，社会劳动力在不同类型的劳动部门的岗位也是相对固定的，劳动者在自己的岗位上从事相对固定的生产活动。在人类社会初期，自然分工是劳动分工的主要形式，体现为两种方式：一种是以性别和年龄为基础进行的分工，在氏族内部的男女老少都要进行劳动，但根据性别与年龄的不同从事的劳动是不同的，其难易程度也是有区别的，例如强健的男性要去狩猎，相对较弱的老人、妇女、儿童则在氏族内部煮饭；另一种表现形式是氏族部落共同体之间因为地域、自然产品的不同而产生不同的分工，由于所处的地域不同，各部落的劳动对象、劳动资料是不同的，所生产的劳动产品也不尽相同。这一时期劳动者的分工并不是固定不变的，是会随着生存需要的改变而进行改变，所以在这一时期并没有职业的概念与划分。作为社会分工的产物，职业随着社会分工的产生而产生。在人类历史上的三次社会大分工中，不断地有劳动者从原有生产活动中分离出来从事专门的产业活动，于是产生了畜牧业、手工业与商业，促使了职业的产生和发展。三次社会大分工与新兴产业的产生如图 4-7 所示。

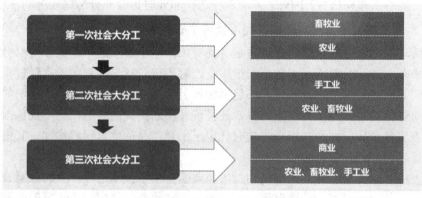

图 4-7　三次社会大分工与新兴产业的产生

- 第一次社会大分工。采集和渔猎是原始社会初期人类的主要生存方式，在采集的过程中人们通过探索发现并总结了植物的生长规律，在此基础上人们开始有意识地栽培农作物，原始农业便产生了。采集过程中逐渐产生的原始农业要归功于长期从事采集的妇女们，在长年累月的采集过程中，妇女们通过不断的观察、摸索，对一些可食用植物的生长习性和周期逐渐有了了解，并经过实验和栽种探索出栽培作物的方法，于是，原始农业便产生了。原始畜牧业的产生源于在狩猎过程中，人们发现有些捕获的动物可以被驯养繁殖，并且随着弓箭的广泛使用扩大了狩猎的规模，捕获了更多的动物，人们就获得了更多容易被驯服的牲畜，饲养的范围越来越大、种类越来越多，并且繁殖的机会越来越高、繁殖的数量越来越多。当人们突然发现饲养动物比打猎要容易并可靠得多时，谋生手段便逐渐由主要靠狩猎变为主要靠驯养动物。驯养的牲畜由少到多，畜群由小到大，加上适宜的条件，就此产生了原始畜牧业。原始农业与原始畜牧业最初是结合在一起共同构成原始社会经济主体的，但随着社会生产力的发展，到原始社会后期越来越需要不同的人去专门从事农业生产与畜牧生产。畜牧生产的劳动产品随着从事畜牧业生产人数的增多而增加时，畜牧业便从农业生产中分离出来成为独立的生产部门，这就是人类发展历史上的第一次社会大分工。第一次社会大分工将劳动者分为专门从事农业种植或专门从事畜牧养殖两大部分，劳动者不用再从事多项劳动，各部分劳动者在一定的工作岗位上相对稳定地专门从事某项工作，职业也就此产生了。伴随着人们需求的发展，人们生产出的产品已不能满足人们所需要的产品数量，"这也增加了氏族、家庭公社或个体家庭的每个成员所担负的每日的劳动量。吸收新的劳动力成为了人们向往的事情了。"这意味着在某些职业活动中劳动力的数量会因为需要的变化而产生变化。所以这种情况下"战争提供了劳动力：俘虏变成了奴隶。"

- **第二次社会大分工**。在古代社会，农业生产部门对整个世界都具有决定性的意义，农业生产率的提高为其它劳动部门的独立化提供了自然基础。其它部门发展除了粮食外，还需要原料、劳动力、资金和市场，这些都是由农业提供的，这也为手工业从农业中分离出来提供了物质条件。原始社会末期，金属工具的制造和使用，尤其是铁的冶炼及铁制工具的广泛使用大大促进了农业的发展，农产品变得富足，出现剩余，这就解放了一部分人的双手，使他们可以从农业中分化出来专门从事手工业生产。迅速增加的财富是属于个人的财富；生产的多样化和生产技术的改进与进步表现在织布业、金属加工业及日益增多的手工业种类上；农业不单单能够提供谷物、豆科植物和水果，也能够提供植物油和葡萄酒，这是由人们制造出来的。如此丰富多样的活动已经不是一个人就能够完成的。制陶业、纺织业等手工业日益壮大，渐渐从农业中分离出来，这标志着手工业已经成为能够与农业并列的独立的社会生产部门。手工业从农业中分离出来是原始社会末期的第二次社会大分工，随着这次分工出现了手工业劳动者这一专门从事手工业的职业。

- **第三次社会大分工**。不同的氏族所处的自然环境不同，故而所生产出的产品也是存在差别的，不同的氏族生产出不同的产品，这就构成了多样化的劳动产品。社会分工的自然基础不是因为土壤的绝对肥力，而是因为土壤的差异性以及所产出的自然产品的多样性，再加上自然环境的不断变化，人们的需要、所拥有的能力、占有的劳动资料和所掌握的劳动方式也日趋多样化。在经历了两次社会大分工后社会生产力更进一步得到发展，劳动生产率得到提高，剩余产品便出现在氏族与部落中。正如马克思所讲，农业与手工业在野蛮时代高级阶段的进一步分工加速了直接为了生产的部分劳动产品的生产，于是单个生产者间的交换便上升成社会的迫切需要。这样一来，客观上来说不同氏族部落间就出现了不同产品进行交换的可能性。在开始时只是与相近的、互相接触过的部落进行交换，这种交换不是经常性的，只是会偶尔进行一次，是偶然才会发生一次的交换。但是随着交换进行次数的增多，交换变为经常性的活动，这些变化加速了商品生产的发展。日益频繁的商品交换扩展了交换的领域，产生了专门从事商品交易活动的商人，这部分人不再从事生产活动，出现了一个新的社会经济部门——商业，这是一个独立的部门，是与农业和手工业并列的部门，是社会上必不可少的一种分工。第三次社会大分工促使商业从农业中分离出来，出现了商人这一职业，专门从事商品交易活动。第三次社会大分工产生了商业，标志着物质劳动与非物质劳动的分工划分，所以相应的会有部分人从事物质劳动，部分人从事非物质劳动。

商业的发展壮大促使越来越多的物质生产领域商品进入市场，伴随着这个过程从业的商业人员不断增多，这些从业人员中大部分的劳动者都是从其他劳动领域中转过来的。比如我国春秋时期不断增多的自由商人其主要来源有：新兴地主阶级、原奴隶主国家商业中的官员、手工业主、部分拥有自由的奴隶等。当商业发展到一定阶段，伴随着商业与商业区的发展也产生了一些新的职业，从事商品交易的地点逐渐固定，这个固定的地点便发展成商业区。商业要想获得长久的发展就要有良好的秩序，而良好的秩序需要对市场进行有条理的管理，所以，市场管理等新的职业便应运而生。西周时期我国还是奴隶制国家，但在当时已设置了专门管理市场交易的职官，在"市"之内由"司市"和其他职务职官来管理交易，分工已经很细致化、规范化。

三次社会大分工是技术进步的结果，而职业的产生与发展过程中三次社会大分工所起到的推动作用是功不可没的。第一次社会大分工中产生了畜牧业，第二次社会大分工后产生了手工业，这两次分工均属于生产劳动范围内的分工，结果是产生了畜牧业劳动者与手工业劳动者这两类生产劳动型职业。第三次社会大分工促使生产劳动与非生产劳动的分离，形成了商业，社会的职业也产生了相应的变化。社会三次大分工为经济领域基本分工体系的形成奠定了基础，在此基础上，工、农、商三大产业相互作用，促使分工在各部门内都得到了进一步的发展，使社会分工更加复杂，职业的分类更加多样化。

2. 技术进步推动职业的演进

商品经济在资本主义社会产生后朝着更高级别的方向充分发展，传统自然经济在商品经济冲击下逐步解体，社会生产力和科学技术也在此推动下迅速发展，从而导致了产业结构和社会分工的重大变革，并且极大地影响了职业及各职业的劳动力的分布。

1) 第一次产业革命推动的职业演进

第一次产业革命是在第一次技术革命的基础上产生的。第一次技术革命发端于英国，而后遍及欧洲各国，它以棉纺织机的革新为起点，以瓦特蒸汽机的发明为标志。蒸汽机的发明，为工业生产提供了强大的动力，极大地促进了机械加工、冶金、交通运输等部门的发展，使资本主义的生产从工场手工业过渡到机器大工业，形成了第一次产业革命，因此，传统手工业进入蒸汽化、机械化时代是第一产业革命的基本特征。从此开始，人类社会告别手工技术时代，生产进入机械化时代，带动了人类社会由农业社会过渡到工业社会。

(1) **农业与工业的分离**。第一次产业革命后，手工业被机器大生产所取代，工业作为独立的物质生产部门与农业相分离。马克思指出，劳动的纯农业性质与劳动的纯工业性质是相适应的，而且这种纯农业劳动是社会发展的产物，并不是自然就存在的，是与特定的生产阶段相适应的，并不是随便产生且普遍存在的产物。这里所提到的特定的生产阶段就是指资本主义生产。纺织业在资本主义生产方式确立前是与农业结合在一起的，作为农民经济的组成部分之一，在生产中是作为家庭副业存在的。纺织业从农业中分离出来，形成了纯农业与纯工业，资本主义从此开始了对农民的暴力剥削。资本主义开始进行了原始积累，从部分农民手中剥夺出的土地一方面被资本家所占有，他们利用自己手中的土地所有权进行集约化农业经营，另一方面将生产资料与劳动力从农村家庭手工业中分离出来，建立了资本主义纺织业。虽然到此时手工业已经初具规模，但并没有能够引起什么根本性的变化，在国民生产中工场手工业只占很小一部分比重，虽然开始运用机器生产，但仍需要农村家庭手工业先把原料加工到一定程度，这是以手工劳动为基础的，仍然需要城市手工业和农村家庭手工业作为依靠。机器大工业阶段完成了农业与手工业的彻底分离。在机器生产的竞争下手工生产的农村副业迅速破产；另一方面，资本主义农业在机器大工业的基础上稳步发展，与农村家庭手工业逐渐分离。

(2) **工业的迅速发展**。产业革命产生了"机器的使用扩大了社会内部的分工，增加了特殊生产部门和独立生产领域的数量"这一结果，工业内部的社会分工在这一过程中获得迅速发展，引发了一系列新的工业部分的产生与兴起，机器制造、铁路运输、煤炭、钢铁、纺织行业成为核心产业，提高了工业在产业部门的地位，超过了农业的地位，工业化在整个社会逐步实现。

分工在资本主义工业内部的发展可以表现为以下几个方面：

首先，生产中进一步深化的分工，促使社会生产部门的种类更加丰富。机器大工业在生产时所需要的工人的数量相对减少，但所能提供的半成品、原料、工具的数量相对增多，与此对应，加工这些原材料与半成品时的程序与步骤也越分越细，相应的，社会中的生产部门的分类也日益多样化。产生这样结果的原因是"机器生产使它所占领的行业的生产力得到了无比巨大的增加。"

其次，奢侈品获得发展。相对于生产必要生活资料所需工人人数的减少，社会阶层财富日益增加，一方面引起新的奢侈要求的出现，另一方面为了满足这些要求产生了新的手段。社会中较大部分的劳动产品变成了剩余产品，但剩余部分不会被浪费，其中较大的部分会以新的多样的形式进行再加工后被生产和消费掉。由此得出，随着机器生产的广泛应用，社会劳动生产力获得提高，对奢侈品的需求也随着社会收入水平的提高而越来越大，从而促使该产业的迅速发展，进而成为吸收就业的重要产业。

再次，交换得到扩大，运输业劳动力的需求得到增加。世界市场关系由于大工业的发展而形成了新的格局。越来越多的外国消费品进入本国与本国生产的产品相交换，不仅如此，还有更多的原料、半成品作为生产资料从外国进入本国工业。这就促使了这种世界市场关系的产生与发展，并带动了运输业的发展，运输业分工的细化产生了许多新的下属部门，又增添了许多新的职业。

最后，工业中分工的发展推动远期工业部门的劳动需求的扩大。社会生产力的发展使得生产资料在工人人数相对减少的情况下依然得到增加，所以多余的劳动力就可以去从事那些现在进行生产但要在较远的将来才能获得收效的产品生产上，这些产品包括运河、隧道、桥梁等。就这样，在直接机器生产的基础上，或在与之相应的工业变革的基础上，产生了一些全新的生产部门，带动了一部分新的劳动领域。但是这部分劳动在总生产中所占的比重不是很大，不论是在最发达的国家还是欠发达的国家，雇佣工人人数与最粗笨手工劳动的需求成正比。这类工业主要是轮船业、煤气业、铁路业、电报业。这说明，只要有新的产业部门出现，便会有与之相匹配的新职业的产生，虽然数量可能不是很多，但是还是在一定程度上存在着。

另外，工业的发展不光推动工业部门的发展，还带动了其他产业如服务业的发展。大工业领域范围内随着生产力的极度提高，对劳动力的剥削在内涵与外延方面都有所增强，这样便有一部分人被分离出来用于非生产劳动，旧式家庭中的这种现象尤为明显，旧式家庭中的奴隶是"仆役阶级"的主要组成部分。1851年英国的家庭服务业人数已达103.9万人，在就业人数上仅次于农业，但这不包括洗衣妇、杂役这些职业。工业化的发展与社会生产力的提高相互作用，劳动者的收入也相应提高，新兴服务业的种类不断增加，创造出更多新的职业。

纺织工业是第一次工业革命的核心产业，纺织业的机械化对机械制造业的形成与发展起了带动作用，同时拉动冶铁和煤炭业，在交通上推动蒸汽轮船和铁路运输的发展，在这一系列变革的基础上形成了以轻纺工业为主体的产业结构。马克思和恩格斯在《共产党宣言》中对第一次产业革命在世界范围内的巨大成就进行了高度概括：在资产阶级争得自己统治地位不到一百年的时间里，所创造出的生产力比过去一切时代所创造的全部生产力还要多。对自然的征服，对机器的使用，对大陆的开垦，行驶中的轮船，穿梭中的火车，方便快捷的电报，就像变魔术一样变出大量的劳动人口，揭示出社会劳动中蕴含着的巨大的生产力。

我们从职业发展的角度分析这段话，可以得出其中所反映出的职业变化情况："机器的使用"表明出现了机器设计人员、机器制造人员、维修人员这些职业及从业人员的增长；"行驶中的轮船，穿梭中的火车"表明水上运输与铁路运输两大运输业服务人员的产生。职业的种类不断增加，每个职业的从业人员数也在相应发生变化。

2) 第二次产业革命推动的职业演进

第一次产业革命后，科学得以飞速发展，为第二次技术革命的爆发奠定了基础。第二次技术革命发生于 19 世纪下半叶，其主要标志是电力的应用，以电机、电力传输、无线电通讯等一系列发明为代表，实现了电能与机械能等各种形式的能量之间的相互转化，给工业生产提供了远比蒸汽机更为强大和方便的能源，从而导致第二次产业革命的发生。人类在短短几十年内对电力加以应用发明了电灯、电话、无线发报机、无声电影，蒸汽机的改进、内燃机的应用促进了汽车与飞机的发明。化学与生物学的发展产生了全新的化学工业和现代农业，还建立了现代通讯工业。

第二次产业革命与第一次产业革命相比，动力机械由原来的蒸汽机变为更先进的电机和内燃机，工业和社会因为电力的应用而进入一个新的时期，电气产品如发电机、电话、电影、有轨电车的问世，带动了相关产业的发展壮大。第二次工业革命以重工业为中心，以电力业、石油工业、机械制造业、钢铁工业等部门为重点，成为社会经济发展的主体部门。在第一次产业革命时兴起的钢铁、煤炭等部门在第二次产业革命中获得了飞速跃进，并诞生了石油、电气、汽车、化工等新部门。例如汽车工业的发展带动了与汽车有关的周边产业的发展，还推动了诸如城市交通、汽车销售、保险业务等产业的发展，这些产业领域的职业种类与从业人员得到扩大。

在这次产业革命中工业成为国民经济的主导部门，农业的地位有所下降，服务业异军突起得到发展。这些变化发生的同时又有一些新的职业悄然而生。如与电话有关的话务员，与电报有关的报务员，与汽车有关的驾驶员、电车司机等。重工业在迅速扩张的同时，在生产、运输等相关领域也带动了新的职业的产生。

3) 第三次产业革命推动的职业演进

第三次技术革命发生于 20 世纪中叶，是以微电子、新材料、新能源、生物工程、航天航海技术为代表的。第三次产业革命是在第三次技术革命的基础上得以发展的，使劳动工具得到革新，劳动对象更加丰富，职业活动的领域更加广阔。在第三次产业革命之前，虽然对机器的应用有了极大的发展，但机器系统的组成部分就是动力机、传递装置与工具机，它们只是作为工具延长了人的手臂、扩大了人的体力。第三次产业革命爆发之后，诞生了一项新的技术——计算机，以计算机为核心的运用产生了自动控制机，它可以按照人们设定好的程序对机器的运转和加工进行指挥和调节，生产变得更加自动化，劳动者不用再参与其中，只需管理好自动化的机器系统和负责定期进行调整与修理。所以劳动者逐步产生了这样的变化：由用手工工具的体力型劳动者渐渐转变为用机械工具的技术型劳动者，再发展为运用智能型工具的脑力型劳动者。人们的生活方式被电子技术所改变，人们办公和生活方式因为电子技术与其它新技术的结合实现了自动化，深刻影响了人们的衣食住行，改变了人们的文化娱乐方式。

国民经济的宏观结构受第三次产业革命的影响也发生了改变。综合各部门就业人口数的变化以及其在国民经济中所占比重的变化来看，呈不断下降趋势的是农业部门，工业部门开始时是上升趋势但后来也是不断下降，唯一服务部门目前来看一直呈增长趋势，并且增长迅速。相对应的，与现代工业的运输业、金融业有关的服务业也得到迅速发展。由于每个行业的技术特性和需要不同，所以产生的是适合本行业需要的职业，这些职业中有些成为本行业特有的职业，有些成为行业共有的职业。日益丰富的职业种类不仅仅产生在工业部门，服务业的职业种类也有所增加。现代社会中，职业的内涵通过产业的发展和人们需求的变化得到拓展，进而使职业的种类增多。首先，越来越细的现代生产中的分工使得一种产品要经过许多中间环节才能形成最终产品，而其中每个环节又与其它部门相联系获得各种服务，例如资金、信息、技术、能源等方面的支持；其次，人们的消费领域随着生活水平的提高而不断扩大，对消费的需求也日益多样化，因此带动了一批为生活消费服务的行业的迅速发展，如旅游业、美容美发业等。20世纪80年代，全球呈现出由"工业型产业结构"向"服务型产业机构"转变的发展态势，于是，社会生产和生活的需要促使第二、第三产业增添了许许多多的新职业，这些新职业的产生也是生产力发展与社会进步共同作用的必然结果。

通过总结职业的形成和发展历史，我们可以看出，从需求方面讲，职业为了满足人类多种多样的需求为人类社会创造出丰富多样的产品，使人们的物质、精神、文化生活得到丰富与满足，人类社会也由野蛮文明向着更高级别的文明发展；从产业方面讲，职业的发展过程与产业的发展是密切相关的，产业结构的每次发展变化势必会引起职业发生相应的变化，而产业结构发生变化的主要原因是由于三次产业革命的发生：第一次产业革命使工业从农业中分离出来，并促使工业迅速发展，随之产生了一系列的新兴工业部门，从而产生了与之相匹配的新职业；第二次产业革命是在第二次技术革命的基础上产生的，第二次技术革命是以电力的应用与内燃机的发明为标志的，大大改变了世界的样貌，制造出如汽车、飞机等产品，同时也相应产生了很多新兴的职业，如司机、飞行员等；第三次技术革命是以微电子技术为主导的，这次技术革命又引起了第三次产业革命，促使了航天、电子计算机等技术的发展，同样也产生了与此相匹配的职业，如宇航员、程序员等，职业的种类变得更加丰富。

3. 对未来技术及职业的展望

1) 对未来技术的展望

当今社会，随着科学技术的不断发展，科技革命与产业革命不断深化融合，已经渗透到了人类生活领域的各个方面，成为了主导人类发展的主要力量，并且重新改变、调整着世界格局。我们要具有前瞻性，善于抓住机遇，做到顺势而为。从宏观层面看，当今技术正在进行战略性调整，主要呈现以下三大趋势。

第一，**颠覆性技术层出不穷，发展速度更快。**作为全球产业发展的前沿领域，信息、网络、清洁能源、新材料与先进制造、生物技术等研发投入集中区域正在孕育一批颠覆性技术，将会使当前产业发生重大变革。干细胞与再生医学、"人造叶绿体"、量子计算机与量子通信、纳米技术、石墨烯材料等给我们展现出一幅广阔的应用前景。先进制造业的机构与功能、材料与器件正在朝向一体化方向发展，极端制造业的发展呈现出极大与极小两个方向。如今的打印技术使得工业生产由集中向定制化转变，推动了物质世界的智能化和数码世界的物质化。这些新兴技术创造了许多新的产品和新的需求，极大地推动了经济社会的发展，调整了经济结构和产业形态，为国家的创新发展提供了驱动力。

第二，**技术创新以人为本，发展方向更为人性化。**生态环境的保护与修复是未来科学技术发展要攻克的重点问题与发展方向，还要着重于对低能耗、高效能绿色技术与产品的研发。农业领域加强对光合作用、智能技术的研发，创造农作物新产品，提高农作物的产量与质量，保证粮食安全。基因测序、远程医疗、干细胞再生医学等技术的大规模应用使医学模式进入一个新阶段：诊治更个性化，诊断结果更精准，医疗成本更低更惠民。经历了机械化、电气化、自动化以后，生活生产变得更加智能化，工业生产也越来越绿色、轻便、高效。服务机器人、无人快递机、自动驾驶汽车这些智能设备的普遍应用，提升了人们的生活质量、解放了人的双手甚至身体。网络信息技术的发展、科研设施资料的共享、制造技术的更加智能化为创新提供了平台与工具支持，迅速降低了创新的门槛，涌现出越来越多的创新平台与创新模式，科研与创新活动越来越个性，越来越开放，也越来越集群化，产生了更多的科研机构与组织。小微型创新是当今创新创业热潮的主要方式，"创客运动"是其主要代表，开启了一个以新技术为驱动，以极客和创客为主要群体的"新硬件时代"。这些变化的趋势变革了人们的科研思路和创新理念以及组织模式，激发了人们的创新活动。人类的需求不断增长而且日益个性化，技术创新在满足这些需求的同时展现出了神奇的魅力。

第三，**科技竞争日趋激烈，发展空间更加多元化。**科学技术制高点随着国际竞争的日益加剧向着深海、深空、深地、深蓝拓展。海是指海洋，海洋新技术的突破升级带动与发展了新型蓝色经济，深海观测系统、水下缆控多功能机器人、深海空间站是对海洋新技术的研发与应用，是海洋安全保障、深海海洋监测、资源综合开发利用的核心支撑。空是指太空、空间，空间进入、利用和控制技术是空间科技竞争的焦点，天基与地基相结合的观测系统、大尺度星座观测体系等立体和全局性观测网络将有效提升对地观测、全球定位与导航、深空探测、综合信息利用能力。蓝是指网络空间、信息技术、人工智能领域。现代信息技术对社会发展更是有着至关重要的作用，是社会发展的"大脑"与"神经系统"，特别是更高速、更大容量、更低功耗的第五代移动通信技术(即5G)的发展，"信息随心至，万物触手及"成为现实指日可待，也将给社会带来巨大的经济及战略利益。地是指陆地，除了对地球深部的矿物资源、能源资源的勘探开发，也包括城市空间安全利用、减灾防灾等方面，人们对地球内部的结构以及资源存储情况有了深入的了解，为新能源的开发提供了条件。

2) 未来技术发展领域

前沿技术作为高技术领域中的重要组成部分，具有前瞻性、先导性和探索性三大特性，奠定了未来高技术更新换代的基础，是新型产业发展的"领路人"，综合体现了国家高技术领域的创新能力。世界高技术发展的方向就是前沿技术发展的方向，引领国家新兴产业的形成与发展。

首先，生物技术领域。生物技术和生命科学作为一种力量，将会推动 21 世纪新的科技革命。生物技术研究在基因组学与蛋白质组学的带领下向着系统化方向发展。对功能基因的研究、发现与应用将取代基因组测定；物质研究将方向转向分子的定向设计与构建；医学领域的干细胞、生物芯片等前沿技术已经成为了医学诊断、治疗取得重大突破的关键。在组织工程、生物催化、功能基因组、干细胞与治疗性克隆、蛋白质组等技术中也会有突破性的进展。

其次，信息技术领域。高性能、低成本和智能化是信息技术发展的主要方向，对新的计算与处理方式的追求是一项重大的挑战。将生物技术、纳米技术以及认知科学等多个学科的交叉融合秉承了"以人为中心"的理念，将极大地促进多领域的创新，推动信息技术的发展。

最后，能源技术领域。经济、高效、清洁利用和开发新型能源是未来能源技术的主要发展方向。人们越来越关注核能、聚变能等技术的开发；氢作为理想的能源载体，可以从多种途径获的，氢的发现与利用会变革能源清洁利用的方式；清洁而又灵活的燃料电池动力和分布式能源系统为终端能源的利用开发了新的途径。核能、氢、高效清洁能源都属于可再生能源，其所具有的低成本、高效率的性质为能源技术领域的突破提供了方向。

3) 对未来职业的展望

随着社会的发展，职业的种类不断增加，分工趋于精细化，这主要体现在不仅增添了许多新兴职业，而且分工越来越精细，有时一种职业会被细化为若干种职业。新技术的发展与运用带动产业结构发生变化，相应的职业也发生变化，第一产业与第二产业不断增强的自动化与智能化程度减少了对劳动力的数量需求，促使大量的劳动力转向第三产业，第三产业就业人口比例上升，得到大力发展。服务业在未来将大力发展，以服务为中心的时代将逐渐到来，替代以生产为中心的时代，行业内就业人员的数量也会相应变化。服务型行业将极大地影响社会发展与人类生活。服务类型可以分为商业型、社会型、生活型和私人型，社区服务、法律顾问、家政服务都属于服务型职业。

(1) 职业的技术含量不断增加。

现代社会正处于知识经济时代，生产和管理的手段日益现代化，产品的技术含量越来越高，技术性工作起先导作用。支撑起整个行业的是科学技术人员和新技术型管理人员，是生存和发展的决定因素。行业不会被淘汰、相关职业不会消失，依靠的正是科技工作的支撑。在竞争中只有掌握了现代科学技术和管理技术，才能立于不败之地。综合化是职业对劳动者突出的新的素质技能要求。面对未来职业的创造性、专业性和技术性等特点，从业人员需要有综合技能和高水平的素质能力。脑力劳动和创意性工作将取代各种职业中的体力劳动。随着社会经济的发展，文化将成为职业竞争力的核心，因此，文化素质较低的人将面临失业。社会将对人才提出新的要求，他们需要具备掌握现代科学技术、拥有高等文化水平，能够以全球战略视角分析国际形势的能力。随着职业的综合化，职业对从业人员各个能力方面的要求也越来越全面，因此那种具有多种技能或较强专门技能的人才更加适应岗位的要求。

　　(2) 职业变更对从业人员素质要求更高。

　　首先，**知识素质要求**。知识包括对事实、信息的描述或通过接受教育和进行实践所获得的技能，能够用来指导实践。在经济水平和生产力水平不断发展的当今社会，对从业者知识素养的要求也不断提高，不仅要求从业者具有扎实的理论基础，更要具备完善的知识结构。从业人员在加强对专业知识学习的过程中，要注重对两方面知识的学习：一方面是对本专业基础知识的学习，这是专业中所有技术的理论基础，通过学习可以更好地了解技术的发展过程和原理；另一方面是对本专业专业知识的学习，这是每个专业不同于其它专业的专门知识，通过学习才能更好地适应本专业应对的职业岗位群。随着社会的发展，对从业者知识面的要求也越来越宽，不但要掌握好本专业的知识，还要广泛涉猎其他专业的知识，对公共基础类的知识都要有所了解，将科学文化知识内化为自己内在的文化素养。科学文化素质已不仅仅局限于知识形态层面，而是上升为一种思维模式、一种内在的能力，是人的素质结构的基础。

　　其次，**技能素养要求**。综合技能是从业人员必须掌握的技能，这是职业综合化发展的基本要求。第一是要求从业人员具有专业能力。专业能力是一种知识和技能的结合，使我们从事各种各样职业活动所需的能力，要想胜任自己的职业，必须掌握好这样的能力。第二是要求从业人员具有综合和升华专业知识的能力，其中包括质量安全意识、时间经济观念、职业适应能力、对新技术的接收和理解力等能力。第三是要求从业人员具有学习的能力。这种能力既包括具有发展性的学习能力，也包括与此相一致的思维方法。随着知识的增长与更新速度不断加快，我们更加需要将积累性、接受性的学习转化为发展性、探索性的学习。从业者需要找到适合自己的思维方法，不能只停留在机械地接受与吸收的层面，要更好地培养自己学习、接受、了解与运用知识的能力。

　　最后，**情感素质要求**。随着现代生活步伐的不断加快，职业竞争更加激烈，职业的更替更加迅速，这就需要从业人员形成正确的价值观，拥有健全的心理素质。此外，从业人员还需要拥有正确的自我观念、良好的情绪、和谐的人际关系，从而更加积极适应社会，拥有强大的心理承受能力，面对就业、失业、再就业的循环压力，可使自己在职场中立于不败之地。

4.3.3　职业教育是适应技术进步的必然选择

人类的产生与进化过程，在某种意义上讲，也是创造工具、使用技术、出现分工、形成职业分类的一个漫长、渐进的过程。在这个过程中，经验的传递、技术的传授，都离不开职业教育。从考古发现来看，三百多万年以前，人类普遍学会了使用石器工具。过去我们一直认为，直立行走是人类出现的标志。其实，发明、制造、使用石器工具，又何尝不是人类出现和进化的最初、最显著的标志呢？工具的发明和使用促进了社会的分工，进而出现了不同的职业。职业的分化、变迁，也成为人类社会进化发展的一个重要标志。人类社会演化与人口增长如图4-8所示。

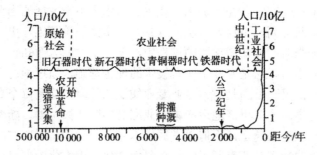

图4-8　人类社会演化与人口增长

教育的历史同人类社会历史一样悠久。自人类社会的原始人群因劳动聚集之时起，职业教育就开始了自身的萌芽发展。马克思曾经指出："所谓世界历史不外乎是人通过人的劳动而诞生的过程，是自然界对人来说的生成过程。"在原始社会初期，人类的生存环境极为恶劣，生产力极为低下。为争取必要的生存条件，原始人类过着群居的生活。为保证在落后的生产手段、生产方式下的生存安全和延续发展，早期的原始人类自觉地形成了对群体协调行动规则的约定、遵守与维护，对石器的制作与使用、对火种的保存控制等简单工具、技能的制作、学习与传承。这一切，都凝结着原始人的群体智慧。这个过程伴随着人类发展，伴随着技术传承，可以看作是原始职业教育活动的萌发过程。

三百多万年前，人类学会直立行走解放了双手，但手的力量并没有因为直立而增加多少，其手指、牙齿的锋利程度也没有发生什么变化。但突然有那么一天，早期的人类在情急之下抓起石块与野兽搏斗时，似乎感到了力量陡增。或许正是这个偶然发现，石器成为采集、狩猎的基本工具。久而久之，石头不仅成为人类随身携带的武器或工具，并在长期使用中发现将石头打制成一定形状后更方便、更有力。就这样，从二百五十万年前到一万年前，人类进入了漫长的旧石器时代。这个时代基本没有明显的社会分工，大家共同完成采集和狩猎。

生产力决定生产关系，是生产关系变革的前提和基础，是人类社会发展的决定力量。人是生产力中最活跃、最革命的因素，具有无穷的创造能力。在人类社会再生产中，人占有着重要的地位，起着不可替代的作用。这不仅是因为再生产首先是人自身的再生产，而且是因为物质资料的再生产、生产关系的再生产也都离不开人的活动，是在人的再生产基础之上才能完成的。因此人是决定性的因素，起着决定性的作用。

人的决定性作用源于劳动，源于人自身的发展需要。没有需要，就没有生产，人类社会的生产活动都是为了满足自身的消费需要。在这个过程中，人类社会活动积累的知识技能、创造的发明成果、形成的风俗习惯、养成的道德规范，总之人类社会活动中产生的一切文化成果，都需要依靠教育将其传承传递下去。而且，人类社会愈是文明发达，知识愈是丰富，技术愈是多样，对传承传递的需求愈是迫切。这也就进一步说明了教育是人类社会再生产的需要，是人类生活的延续，是人类社会发展的必然途径。

由此可以看出，教育是伴随着人类活动的一种社会现象，构成人类社会实践活动的重要方面。人类在互相模仿中探索打制、使用、改进石器的一些活动，也使得人类的技术发明创造得以传承和延续。

大约一万年前，人类发现经过磨制的石器锋利无比，可以更方便地杀死野兽、切割骨肉，且效率更高。渐渐地磨制石器成为主流，人类社会进入新石器时代。在新石器时代，工具的先进性、实用性使得人类可以采集更多的野果、捕获体型更大的野兽。同时，也为了能够采集更多的野果、捕获体型更大的野兽，逐渐明确了由更强壮、更有力的男性负责狩猎，个体力量弱小的女性采集野果等食物。因为工具的先进，狩猎的收获越来越大，节省了劳动力，农业在这一时期便从游牧生活中逐渐分离，原始种植业逐渐形成，专门从事种植业的早期农人开始出现。

随着生产工具的不断改进，极大地提高了生产效率，扩大了耕种面积，原始农业生产开始逐渐在平原、河谷地带显示出其重要性，慢慢形成了主要从事农耕生产的农业部落。农业和农人的出现，丰富了生活方式，增加了谋生的手段，同样也增加了需要代代相传的技术技能。也就是说，社会分工变多了，职业教育学习、传承的任务加重了。生产力的快速发展，又使得畜牧业从农业中分离出来。紧接着，手工业也从农业中分离出来，社会分工越来越细，最后出现了商业。

农业分化出现的同时，在地球的各个角落，从大约五千年前到两千年前不等的时间，人类进入了利用金属的青铜器时代。随后，在人类逐渐熟练掌握冶炼技术的过程中，铁器时代随之跟进。从石器到铜器到铁器，从采集狩猎到农业、手工业、商业分离，生产力、生产手段的发展，促进了社会分工的精细化和职业种类的增加，形成了基本的社会格局。

马克思指出："哲学家们只是用不同的方式解释世界，而问题在于改变世界。"面对堪称险恶的百年未遇之大变局，我们必须高度关注教育的目的如何才能实现。实践是马克思主义最本质的特征。职业教育来源于劳动实践，实现现代职业教育的目的自然也就离不开实践。

培养社会主义建设者和接班人是教育的根本任务。现代职业教育作为与经济联系最为密切的一个特殊的教育类型，必须摆在教育改革创新和经济社会发展中更加突出的位置。习近平总书记在全国教育大会上明确指出："要努力构建德智体美劳全面培养的教育体系，形成更高水平的人才培养体系。要把立德树人融入思想道德教育、文化知识教育、社会实践教育各环节，贯穿基础教育、职业教育、高等教育各领域，学科体系、教学体系、教材体系、管理体系要围绕这个目标来设计，教师要围绕这个目标来教，学生要围绕这个目标来学。凡是不利于实现这个目标的做法都要坚决改过来。"为保证这些措施落地生效，还必须坚持做到"六个下功夫"，即"要在坚定理想信念上下功夫""要在厚植爱国主义情怀上下功夫""要在加强品德修养上下功夫""要在增长知识见识上下功夫""要在培养奋斗精神上下功夫""要在增强综合素质上下功夫"。这"六个下功夫"，为做好新时代教育工作、实现教育目的指明了前进的方向。

任何一项社会活动目的的实现，都需要人的热情参与、积极推动和真情奉献。十年树木，百年树人。教育的本质是传授知识、提高品德、启迪智慧、提高每个人的生命质量和生命价值，由于职业教育类学生的理论知识体系相对较弱，性格特点更加直爽、活泼，所以更需要充满情怀、脚踏实地的工作者。"教师是人类灵魂的工程师，是人类文明的传承者，承载着传播知识、传播思想、传播真理，塑造灵魂、塑造生命、塑造新人的时代重任。"建设社会主义现代化强国，培养促进社会发展的有用人才，对教师队伍建设提出了新的、更高的要求。

一是要敬畏职责，知行合一。敬畏是源于内心自觉自愿的约束，是人生的本真色彩，是理性的生活态度，是无需推理的哲学自觉。心存敬畏，方能有所不为，不去乱为，常怀感恩，忠诚无怨。人作为道德的统一体，外在的他律约束和内在的自律自觉，决定了这个人的道德视野和道德高度，影响着其价值取向。清醒认识职责、勇于担当职责、乐于奉献职责，彰显了一个人的精神境界、人生格局、襟怀气魄。对职责发自内心的真实敬畏，将产生巨大的内心驱动力，推动知行合一，提升履职尽责的自觉性和能力水平。

二是要充满情怀，提升教育力。情怀就是怀情，就是心中有情，是教育家精神的光芒闪耀。情怀含着高尚的师德，高尚的师德滋养着教育家的人格魅力，成为以德立身、以德立学、以德施教的重要力量。这个力量可以汇聚成从事教育教学活动所需的各种素质能力，诸如亲和力、理解力、写作力、表达力、沟通力、科研力、反思力、整合力、观察力、调控力、执行力、谋划力、组织力、辨别力、想象力、创造力等等。这些"力"会因人因课程而异，同时相互之间也有包容、重叠、交叉。我们不可能穷尽描述教师的所有能力，但它们必然是成为新时代好老师的重要动力之源。同时，从社会层面来讲，职业教育目的的实现，需要引起每一个人的关心关注，需要各行业企业的积极参与，需要全社会营造氛围。近年来，国家出台了一系列职业教育新政。然而，从个人到家庭，从行业到社会，制约职业教育发展的最大障碍，不单单是体制机制、办学模式，也不单单是教学方法、教学方式，更主要的是深藏在人们思想深处的根深蒂固的轻视劳动、鄙薄职业教育的传统观念。

习近平总书记曾经强调指出，要树立正确的人才观，培育和践行社会主义核心价值观，着力提高人才培养质量，弘扬劳动光荣、技能宝贵、创造伟大的时代风尚，营造人人皆可成才、人人尽展其才的良好环境，努力培养数以亿计的高素质劳动者和技术技能人才。要牢牢把握服务发展、促进就业的办学方向，深化体制机制改革，创新各层次各类型职业教育模式，坚持产教融合、校企合作，坚持工学结合、知行合一，引导社会各界特别是行业企业积极支持职业教育，努力建设中国特色职业教育体系。

落实顶层设计的美好理想，实现国家政策的最大效益，必须打破传统思想认识局限。真正破除"学而优则仕""官本位"等落后文化影响，尊重劳动，尊重劳动者，必须在概念认识上对职业教育尤其是高等职业教育涉及的学校或教育机构范围有一个权威的、新颖的、符合社会实际和教育规律的重新界定。相当一部分与就业联系密切的专业性学校或综合性大学内的相关专业，按照培养方向、培养目标，自然地应该划归职业教育，如工科大学、医科大学、农科大学、师范大学等类学校或其相关的专业。这样做，不止是概念上的清晰，更是符合现代职业教育理念的要求。这样做，延伸了职业教育的层次，丰富了职业教育的内涵，提高了职业教育的地位，体现了职业教育培养模式、培养规格多样化的思想实质，将使我们的人才培养"立交桥"更加四通八达。

概念是学理的细胞。概念的清晰、准确，将在理论上奠定现代职业教育的科学基础，在实践中形成现代职业教育发展的力量源泉。更为有益的，是将切实推动、有效落实相关政策，真正实现职业教育的全面发展，更好地适应技术进步与职业变迁。

4.4 职业教育与产业工人发展的动态适配机理

互动是一种使对象之间相互作用而彼此发生积极改变的过程。那么产业结构与职业教育的互动就是两者相互联系、相互了解、相互比较、相互促进和提高的过程。其内容涉及到产业结构与职业教育的各个方面。比如产业的演进与职业教育的发展之间的互动，各产业之间的组合方式与职业教育体系的互动，产业布局与职业教育的地区分布之间的互动等等。

4.4.1 产业结构与职业教育的互动关系

随着人类社会的发展及经济的进步，产业结构总是处于不断的调整变化之中，尤其在信息技术比较发达，新兴产业不断涌现的竞争激烈的现代社会，各国产业结构调整的力度愈来愈大，调整的节奏也愈来愈快。职业教育的产生是产业发展到一定程度的产物，职业教育发展的快慢，教育结构及层次的变化均受到产业结构变化的影响。反之，职业教育的发展对产业结构向合理化、协调化、高度化方向发展也起到了推波助澜的作用。

1. 产业结构演变与职教发展的总体对应

经济学家们很早就对产业结构的演变规律进行了理论上的探索。"配第-克拉克定理"指出：随着人均国民收入水平的提高，劳动力首先由第一产业向第二产业移动；当国民收入水平进一步提高时，劳动力又向第三产业移动。由此，劳动力在三次产业间的分布是：第一产业将减少，第二、第三产业将增加。克拉克(Colin Clark)认为劳动力的这种变化是各产业之间出现收入相对差异造成的。库兹涅茨通过对产业结构变动的实证分析得出：随着经济的发展，第一产业实现的国民收入或国民生产总值，在整个国民收入中的比重处于不断下降的过程中，而劳动力占全部劳动力的比重也是如此，说明农业在经济增长中的作用下降。第二产业实现的国民收入随经济的发展略有上升，而劳动力占全部劳动力的比重却是大体不变或略有上升，说明工业对经济增长的贡献越来越大。第三产业实现的国民收入或国民生产总值，随经济的发展略有上升但却不是始终如一的上升，而劳动力占全部劳动力的比重却是呈上升趋势。

随着经济的发展，产业结构总体演变的一般趋势是：就各产业实现的国民收入或国民生产总值的比重来看，由大到小排列的变化情况是由"一、二、三"的格局向"三、二、一"的格局转变。劳动力在产业间的分布状况也如此。由于职业教育是为产业发展服务的，因此职业教育与产业结构演变存在着一定的关系。首先，职教层次结构与产业结构的演变是相对应的。当产业结构水平还处于比较落后的状况时，即以第一产业为主导的情况下，职业教育在人才培养层次上通常也是以初级人才培养为主。而随着产业结构不断向高度化方向发展，职业教育在人才培养层次上也是不断上升的，由培养初级人才为主转向培养中等层次人才为主，进而以培养高等人才为主的变化过程。其次，职教的专业结构与产业结构的演变是相对应的。由于职业教育是为产业的发展培养产业工人的，与产业的发展情况紧密相连，在产业结构演变的不同时期，对应于产业结构特征，就需要有不同的专业结构与之相适应。

在实践中由于不同的专业人才之间具有一定的可替代性以及知识的可迁移性，导致职业教育的专业结构与产业结构之间并不是完全对称的，而是存在一定的偏差。但总体而言，专业结构可以大体折射出产业结构的状况。

2. 产业转移与职业教育的互动关系

1) 产业转移影响职业教育的办学层次

当某一国家(或地区)向另一国家(或地区)进行产业转移时，产业转移对双方的产业结构与职业教育都会产生一定的影响。对转出区而言，由于转移出去的产业大多是不适合在本地区发展的产业，其中有许多是迫于地区产业结构调整和升级的压力而向外迁移的。正是因为这些已不适合在本地区发展的产业能够及时转移出去，这些地区才有能力和精力去培育发展一些更高层次的新兴产业，特别是先进加工制造业和高新技术产业。

因此，产业转移往往带来转出区产业的高度化发展，即传统产业逐步退出，新兴产业涌现并逐步发展。作为新兴产业发展的支撑力产业的技术结构也必向高度化发展，而技术结构的变化，在很大程度上依赖于职业教育对技术人才培养层次的变化。因此，为了适应产业转移的需要，与传统的产业相对应、相匹配的职业教育层次结构会发生相应的变化，即伴随着产业的高度化发展，职业教育办学层次也将向更高层次发展。

对转入区而言，当某一产业被移入本地区，必然要求增加相应的产业工人，从而增加本地区的就业机会。但由于转移来的产业对本地而言往往是新兴的产业，对劳动者的素质亦有更高的要求。这就造成了产业发展对高素质劳动力的需求与本地区劳动力实际供给之间存在矛盾。为了解决这一矛盾，职业教育必然要担负起责任，在人才培养层次上有所提高，以适应产业健康发展的需要。总之，产业转移不论是对转出区而言还是对转入区而言，都将促使该区域的职业教育提高办学层次。

2) 产业转移影响职业教育的专业设置

由于产业转移对转出区来说是为了发展新兴产业，从而带动地区经济的新一轮增长，对转入区来说，转入的产业本身就具有一定的优势。因此对双方而言，都意味着产业的高度化发展。产业高度化发展必然影响到职业教育的专业设置。一方面，产业高度化发展往往伴随着各行业更加细分化，由此需要更加精专的产业工人，从而导致培养产业工人的职业教育的专业设置也更加细分化。对产业转出区来说，由于产业转移导致新兴产业的不断涌现，这些产业从产生到高速发展到成熟，都需要有与之相应的人力资源作保证，其中很大一部分人才的培养，尤其是技术型人才的培养，都要由职业教育来承担，因此新兴产业的出现，必然要求与产业对应的专业应运而生。

同时，由于某些产业向外转出，针对这些产业来培养产业工人的专业设置将会缩减甚至退出。对产业转入区来说，其职业教育也要因为给转入的产业培养产业工人而增加与该产业对应的专业设置。在这一点上，可以引进产业转出区的教学资源。若转入的产业对区域内某些传统产业具有替代效应，则该传统产业将缩减，相应地为之提供人才培养任务的专业也将缩减。另一方面，专业设置更注重整体性与关联性。由于产业转移对转入区而言具有传递扩散功能，可以带动相关产业的发展，因此，职业教育应根据本地的实际情况，在专业设置上不仅要考虑到为转入产业的发展提供人力保障，也要为相关产业的发展提供人才储备，注重专业设置的整体性和关联性。由于相近的专业人才之间针对特定的工作岗位具有一定的替代性，以及专业人才在不同的区域之间具有一定的流动性，从而导致区域内职业教育的专业设置与产业转移情况并非一一对应。

3) 产业转移影响职业教育的地区分布

产业的发展与职业教育的发展具有一定的互动关系：一方面，某地区产业的发展水平高，往往代表了该地区经济比较发达，那么在劳动力就业、教育投入等方面必有优势，从而推动职业教育的发展。另一方面，职业教育的良好发展为产业的发展提供了人力资源的保证，在技术创新上必然具备优势，从而可以推动产业不断向高度化发展。既然产业的发展与职业教育的发展存在互动关系，那么当发生产业转移时，必然会影响到职业教育的变化。

根据赤松要的"雁行模式"和弗农的"产品周期理论"，可以发现两国之间发生产业转移的相对完整的模式。由于产业转移的基础是产业梯度的存在，因此可以将赤松要与弗农的模式进一步扩大，即产业转移不仅发生在先行工业国与后发工业国，在发达国家与发展中国家之间均存在产业转移，同时对某一国内而言，产业转移也存在于发达地区与相对落后地区之间。由此呈阶段性的产业转移，将会推动职业教育向更广阔的地域空间发展，从而影响职业教育的地区分布。但是由于人才具有较强的流动性，可能在某些地区主要依赖于人才引进，而非办职业教育进行人才培养来支撑转入产业的发展，因此产业转移与职业教育地区分布之间也并非是完全对应的关系。

4) 职业教育的良好发展为产业转移提供智力保障

职业教育的发展将有利于产业转移的顺利实现。对转出区而言，职业教育的高度发展，使得转出区具备较多的高技能型人才和创新型人才，这些人才对新兴产业的培育和发展壮大形成了巨大的推动力，而新兴产业的发展，将愈发使得转出区的某些产业成为该地区产业结构调整和升级的压力，从而推动这些产业向外转移。因此，对转出区来说，职业教育的发展会促进某些产业向外转移。

对转入区而言，由于产业转入区通常相对产业转出区来说，经济发展程度处于落后地位，他们利用转出区的经济辐射和产业转移的机会较多，这些地区职业教育的适度超前发展，可以为顺利迎接相对本地区而言的先进产业转移作好人力资源方面的准备。因此，对转入区来说，职业教育的发展为外部产业移入提供了良好的人力资源环境，有利于产业的顺利转入。产业转移与职业教育之间存在着互动关系，主要表现在产业转移影响职业教育的办学层次、专业结构及地区分布。反过来，职业教育层次不断提高、专业设置更加合理、办学地域不断扩大，为产业顺利转移提供了良好的基础，为产业在本地迅速发展壮大提供了劳动力和技术上的保证。但是由于专业相近的人才之间具有可替代性及人才的流动性，导致产业转移与职业教育在专业结构、地区分布之间并不是完全对应的关系。

3. 产业布局与职业教育的互动关系

以上两种产业布局模式对产业的发展会产生两种效应，即产业集聚效应和产业扩散效应。产业集聚(也称产业集群)是指大量相同或相关企业按照一定的经济联系集中在特定的地域范围，形成一个类似生物有机体系统的产业群落。产业集聚对系统内的企业具有很多好处，比如可以提高生产率、刺激创新、形成产业品牌等。

产业扩散是指当产业集聚到一定程度后，其向周边地区扩展的形式。产业之所以向周边地区扩散，一方面是由于集聚体本身有一个生长的过程，随着其范围的扩大，周围地区不断被囊括到集聚体内，成为集聚体的一部分。二是由于集聚过度而导致的规模不经济，生产及经营成本上升，从而导致产业向外扩散。

1) 产业集聚与职业教育互动

产业集聚的形成，往往先是区域内主导产业在某一点上的集中，进而围绕着主导产业，许多相关产业在区域内发展，形成一个以主导产业为中心的产业体系。产业集聚的形成与发展，与职业教育在区域内的形成与发展具有密切的关系。

首先，**产业集聚促使区域内职业教育的产生**。在产业集聚的形成过程中，不单是某一特定产业的大量企业高度集聚，它同时也是一个不断完善的服务体系的建设过程。当一些同类型的企业(通常为主导产业)因为地理因素、政策因素、人文因素等向某个地区集中时，因为规模经济使得区域内该产业的竞争力提高，根据波特的"钻石"理论，提高竞争力是产业集聚的内在动力之一，随着这种竞争优势的外部体现将会吸引更多的相关企业加入产业群体。

随着产业规模的不断扩大，必然要求建立相应的配套服务设施体系来支撑产业的进一步发展，比如交通体系的建设，金融机构的涉入以及教育业的发展。随着产业的发展，产业对劳动力的数量及素质均有更多更高的要求，这些要求会催生教育培训业尤其是职业教育业的产生及发展。

其次，**集聚的产业群与职业教育专业群的互动**。由于产业集聚通常并不仅是某个单一的产业的集中，而是以某一产业(通常是主导产业)为中心的产业群体。为了为产业群的发展提供各类合格人才，相应的职业教育的发展也应建立与产业群相对应的专业群。

再次，**可相互提升知名度，利于品牌建设**。在产业集聚区内，由于产业领域比较集中，集聚区所生产的一些主要产品，一般都在全国甚至世界市场上具有较强的竞争力，占有较高的市场份额，享有相当的知名度。如美国好莱坞制造的影片、硅谷生产的IT产品、我国温州生产的打火机等，都在世界上具有较好的声誉。随着产业集聚的成功，产业集聚所依托的产业和产品不断走向世界，自然就形成了一种世界性的区域品牌。区域品牌与单个企业品牌相比，更形象、直接，是众多企业品牌精华的浓缩和提炼，更具有广泛的、持续的品牌效应。这种区域品牌是由企业共同的生产区位产生的，一旦形成之后就可为区内所有企业所享受。

产业集聚区域品牌形成后，在区域内对该产业的发展起支持作用的职业院校也会受到正面积极的影响，如果这些职业院校采取一定的宣传手段，无疑对提高职业院校的知名度有很大的帮助。反之，随着职业院校知名度的提升，职业院校在资金来源方面，在生源质量及数量方面均会有所改善，有助于提高职业院校的办学条件及办学效果。其结果是职业院校将会为区域产业的发展提供更加优秀的人才，从而为进一步壮大产业创造了良好的条件。

2) 产业扩散与职业教育互动

产业扩散通常有两种形式，即邻域扩散和等级扩散。邻域扩散是指经济要素从中心极核点(地带)向周边地区逐渐铺开，依次扩散。等级扩散是指经济要素从中心极核点(地带)优先向下一级中心极核点(地带)扩散，可能会跨越一定的空间，向较远的地区扩散。产业向哪个方向扩散首先取决于技术因素，其次是成本因素。技术含量高的产业，往往是采用等级扩散，向技术梯度差较小的方向扩散，如微电子技术从美国传到日本。技术含量较低的产业往往采用领域扩散，如上海市简单加工业向长三角地区扩散。产业扩散的形式和方向，对职业教育产生两个方面的影响，一是影响职业教育的布局；二是影响职业教育的办学层次。对于一些技术含量较低的产业，由于往往采用的是领域扩散的方式，这种方式常见的是产业由某个中心城市向其周边城区的扩散，带动周边地区经济的发展。随着产业向周边城区的扩散，为了服务于这些城区产业的发展职业教育便会顺应而生。这样通过产业向周边的扩散，职业教育的覆盖面也会越来越广。我国目前基本上每一个县市都会有职业院校，为地方经济的发展做出了很大的贡献。

对于一些技术含量较高的产业，由于往往采用的是等级扩散的方式，即由一个极点向另一个存在一定技术梯度差的极点扩散。例如 A 国(地区)向 B 国(地区)的扩散，当产业进入 B 国(地区)后，为了满足产业发展所需的技术，B 国(地区)的职业教育在办学层次上将会有所突破。另一方面，职业教育的适度超前发展，将使本地区形成一定的技术基础，这样对于发展外地扩散来的产业，不论是邻域扩散还是自然扩散，都将具有优势。产业布局与职业教育的互动，是通过产业布局而产生的两种产业效应实现的，即产业集聚效应和产业扩散效应。这两种效应对职业教育在某一地区的形成与发展，对职业教育的专业设置以及职业教育的分布与办学层次都会产生影响；职业教育的发展反过来又促进产业集聚规模的扩大以及吸引外地产业向本地扩散。

4. 产业融合与职业教育的互动关系

产业融合对职业教育的专业结构及职业教育的地区分布会产生影响。

1) 产业融合影响到职业教育的专业结构

由于产业融合是不同产业或同一产业内部不同行业之间通过渗透、交叉或重组而形成新产业的过程，不管是通过哪一种融合形式，其最终结果是导致新产业的诞生。由于新产业兼具融合前多个产业的特征，并比原产业更加复杂化，因此，为了促进融合后新产业的发展，仅拥有原来单一产业的技术是不够的。比如生物制药业，是现代的生物技术与传统的制药业融合的产物，如果仅拥有传统的制药技术而不懂得现代生物技术就无法支撑生物制药业的进一步发展。为了促进融合后新产业的发展就需要职业教育对专业结构现状进行调整、整合，使专业结构与产业结构相匹配。由于专业是由课程体系构成的，职业教育进行专业调整重点在于重构课程体系，使知识构成与新产业的技术特点相吻合。

2) 产业融合影响到职业教育的地区分布

产业融合对职业教育地区分布有两个方面的影响：一方面，由于产业融合后出现了新产业，这些新产业的地区分布问题对职业教育的地区分布产生影响，即形成一股力量，促使职业教育地区分布与新产业的地区分布相对应。这是产业融合在有形区域上对职业教育地区分布的影响。另一方面，由于产业融合本身就可能涉及到新科技与传统教育模式的融合，从而产生了新的教育模式，而这种模式突破了传统职业教育的地域限制，比如现代的网络技术与传统的职业教育融合后，产生了诸如远程教育、网络教育的模式，使得教育突破了空间上的限制。这是产业融合在无形区域上对职业教育地区分布的影响。

3) 职业教育反过来推动产业融合向更深层次发展

一旦职业教育进行了专业结构调整，产生了与产业融合相适应的新专业，必将促进产业向更紧密的方向融合。例如当产生了生物制药专业后，将促使生物技术与制药技术更紧密的结合。同样，如果职业教育的区域分布与融合后新产业的分布相适应，则为新产业的发展提供人力支持，从而促进新产业的发展。当然，由于不同专业的人才之间存在一定的替代性及知识的互补性，使得专业结构与产业融合的互动并不完全对称；由于人才具有的流动性及职业教育地区分布的历史原因，使得职业教育地区分布与融合后新产业的地区分布并不是完全对称的。产业融合与职业教育专业结构及地区分布之间存在着互动关系。

产业融合影响着职业教育专业结构的调整，同时使职业教育的地区分布与融合后新产业的分布相适应。但是由于人才之间存在一定的可替代性、知识的可替代性及人才具有的流动性等方面的原因，使得产业融合与职业教育专业结构、地区分布之间的互动并不完全对称。

4.4.2 产业结构与职业教育互动的战略分析

实施产业结构与职业教育互动战略涉及到三个主体：职业院校、行业企业及政府部门。要有效地达成产业结构与职业教育的互动，需要三方采取一定的措施，共同努力。

1. 解决职业教育的定位问题

1）职业教育定位的重要性分析

首先，**职业教育的准确定位有利于把握职业教育的发展方向**。当前我国的职业教育(主要是高职高专)在办学上存在定位不准、发展方向不明确的问题。我国目前的高等职业教育通常是大专层次，但许多职业学院由于定位不明确，办了大专之后就想升本科。这种办学层次升上去也行，但仍然应该走职业技术教育这条路。但事实上是，升上去以后大多数院校就放弃了办职校，而是想转为办理工科型的院校。试想，如果全国的高职院校都要办成理工型、多科型、综合型、研究型的院校，对中国高等教育的发展何益? 对促进中国经济增长何益? 美国的科学技术比我国要发达，但是美国高等教育的分布，按 2000 年卡耐基基金会的划分，分成六种类型 4 个等级，第一个等级是培养博士生的研究型大学，其所占的比例仅仅是 6.6%；一般大学与学院(第二、第三等级)所占比例为 29.4%；另一个等级是培养副学士的社区学院，这一级大学这几年发展很快，占了 43.8%。经济高度发达的美国，其研究型大学也只是占很小的比重，何况中国。我们应该更加需要大量相当于美国的社区学院、多科性技术学院或者短期性大学。美国职业教育体系如图 4-9 所示。

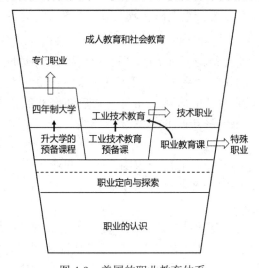

图 4-9　美国的职业教育体系

所以我国的职业教育在发展方向上，应定位于职业教育而不是转型到普通高等教育。

其次，**职业教育的准确定位有利于职业教育教学改革**。职业教育的教育模式所确立的目标是培养生产、建设、服务、管理第一线需要的职业型、技能型人才。对这些人才的培养，重点在应用性知识和具体的技能上，使他们能够在第一线具有实际操作能力。但是，我国很多职业教育在培养人才的方式上仍然按照本科压缩型来培养，对具体的应用性知识及实际技能培养不足，使得这些学生在理论知识上不及本科院校的学生，在技能应用上独立工作能力又不足。这些直接导致了用人单位对职业教育在培养学生动手能力方面的怀疑，从而加重了职业学院毕业生的就业压力。只有对职业教育进行准确定位，以理论够用为前提，注重应用能力的培养，才能使高职教育办出有别于本科教学的特色。为了实现职业教育之目的所在，对职业教育的教学进行改革是十分必要的，改革的方向将是更加偏向于提高学生的实际动手操作能力。

再次，**职业教育的准确定位有利于为地方经济建设服务**。职业教育在人才培养方面，要立足于本地的经济情况和产业发展情况，为地区产业发展输送合格的技术应用型人才。

在我国，目前基本上实现了每一个县市都拥有一所职业学校，这些职业学校为促进我国各地区经济的发展做出了巨大贡献。各地职业教育如何才能办出特色呢？由于各地区经济发展情况存在差异，各地区在主导产业的选择上也必然不同，职业教育只有与本地区的优势产业、主导产业的特点相结合，才能在育人模式、专业选择上办出特色。

2) 职业教育定位的内涵

职业教育定位的内涵主要体现在职业教育的目标、功能及层次三个方面。

首先，**职业教育的目标定位要具有适应性**。我国加入 WTO 后，产业结构技术升级加快，科技成果转化周期缩短，职业岗位(群)的技术含量大大增强，技术创新成为跨越发展的核心目标，技术人才成为企业竞争制胜的关键要素。在这一背景下，职业教育的目标定位必须突破校本位封闭单一的办学模式，积极寻求与行业、企业的紧密对接，采用产学研相结合的育人模式，以校企结合、定向培养企业急需人才为结合点，既有针对性地培养企业需要的技术型人才，也为企业提供各类在职培训及人力资源和素质保障，并合作开展新技术、新产品的研发和推广，充分发挥校企各自优势，实现校企资源共享和双赢目标。

其次，**职业教育的功能定位要具有互补性**。职业教育与普通教育相比，与经济具有更为直接的亲和力，这就决定了职业教育在为社会输送各层次技术型人才的同时，还必须承载技术开发、技术转化、技术服务等社会功能，尤其是高等职业教育，在技术开发、转化等方面更应发挥更大的作用。

因此，职业教育要以教育、科研、生产、服务等完整的功能体系和有效机制置身于经济建设的主战场，介入经济发展的循环圈，拓展自我发展空间，增强办学竞争实力。职业院校应根据自身特点与优势，面向区域经济和社会发展，开展全方位、深层次的产学研合作，尤其是贴近企业技术改造、农业产业化的实际需要。发挥应用研究与技术开发功能，提供形式多样的应用研究和技术服务，增强对区域经济增长的辐射力和贡献率，同时也为自身资源扩展、基地建设、人才就业和可持续发展，赢得生机与活力。

所以，职业院校对于区域经济发展的相关程度越高，所赢得的支持回报也将越高，两者具有较强的功能互补性。

再次，**职业教育的层次定位要具有延伸性**。随着社会经济的发展，新兴产业不断涌现，以及高新技术对传统产业的渗透和改造力度加强，这些都会提高劳动的复杂程度，对劳动力的素质提出了更高的要求。为了与社会经济的发展变化相适应，职业教育在人才培养的层次定位上要具有延伸性，要能够向更高层次职业型人才培养伸展。

2. 解决外部合作机制的建设问题

职业教育要走产学研之路，就必须积极主动地与外界进行合作交流。尤其是在我国，由于行业、企业参与产学研结合的积极性不高，给产学研合作的顺利开展带来了一定的障碍。正因如此，职业院校为求发展，需建立外部合作机制，促进与产业界的合作。

1）加强对产业发展动态的研究

职业院校要为地区的产业发展提供技术应用型人才，就要针对地区的产业现状及产业发展趋势来设置相应的专业及课程。尤其是产业的发展动态问题，由于职业院校对人才培养存在一定的滞后性，仅从现在的产业情况来设定专业就会与未来产业对人才需求之间存在不相匹配的问题，就如同许多院校争办热门专业一样，可能现在还是很热门的专业，等到学生毕业时情况已经发生了很大的变化。因此，职业院校应对地区的产业发展趋势进行预测，找出影响地区产业发生变化的各因素，比如周边地区产业的发展对本区域产业会产生什么影响，国家出台的新政策对区域产业发展产生的影响等等。然后根据预测的结果以及职业院校自身的办学条件、资源优势等来对职业院校的专业结构进行调整。

2）建立与产业界联系的桥梁

关注产业界，了解区域产业的发展态势，并且设置与产业发展相匹配的专业，这样职业院校就具备了与行业、企业进行合作的基础，即双方可以从合作中得到人才供求、信息共享等方面的"双赢"局面。但仅具备这种潜在的基础是不够的，要将这种合作的基础转化为现实，职业院校需要采取走出去的战略，主动建立与产业界进行沟通的互动平台。这样，职业院校有必要成立一个部门，专门负责与行业、企业进行沟通合作，这个部门的组成人员可以具有很大的弹性，除主要负责组织管理工作的人员要比较固定之外，其成员可由各专业教职人员、管理人员组成，这样可以发挥出全校教职员工的对外关系网络，促成学校与产业界的合作。

3）加强院校合作，提升服务功能

职业院校除了积极寻求与产业界合作外，还应加强与兄弟院校之间的合作往来，这样可以实现资源整合、优势互补，提升职业院校的整体服务功能。由于单个职业院校自身资源有限，且各自在办学模式、专业侧重上也会存在差异，其社会服务功能存在局限性。为了突破这种局限，职业院校之间通过加强合作，发挥各自的优势，联合起来可以更好更全面地为产业界服务。因此，通过加强院校合作，可以发挥整合优势，提升职业院校的服务功能。

3. 解决职业院校内部问题

解决了职业院校的定位问题及建立了对外合作机制之后，职业院校还要对内部进行适当的改革，使之支撑学校定位及外部合作机制，利于产学研合作开展。

1) 强化"双师型"师资队伍建设

在教育业比较发达的国家，都非常重视师资队伍的建设。在德国，对从事职业教育的教师不仅有一套完整的培养培训体系，而且采取严格的国家考试制度。德国联邦劳动和社会秩序部根据职业教育法的规定，制定了《实训师资资格条件》，对实训师资的要求作了明确而详细的规定。德国的大学毕业生要成为职教教师，要有 5 年或 5 年以上的工作经验，经过两年半的教师培训后，参加国家考试取得职教教师资格后方能从业。

同时，德国各联邦州的法律规定，职教师资需要不断进修，每年每位教师有 5 个工作日可脱产带薪参加继续教育。在澳大利亚，职业教育教师上岗前必须参加为期 1 年的新教师上岗培训，培训结束时接受教育部门和学校的评估考核，不合格者不能颁发教师资格证书。另外，澳大利亚职业教育专业教师必须具有 3～5 年从事本行业工作的实践经验。在美国，社区学院的师资除了必须具备州政府颁发的有关教师证书外，特别强调具有相应的实践经验。同时，美国社区学院兼职教师由社区内的企业家、某一领域的专家以及生产一线的工程技术人员、管理人员等组成，其数量超过了专职教师。

从以上可以看出，这些国家对于职业教育的师资不仅对理论上有较严格的要求，对师资的实践能力也有很高的要求。但在我国，据抽样调查显示，由高校毕业后直接任教师的占 67.1%，由其他高校调入的占 8.7%，由企业调入的占 22.2%，由科研机构调入的占 2%，这些教师上岗前缺乏应有的考核和培训。我国高职院校的大多数教师缺乏在生产、建设、管理、服务一线的工作经历，实践能力不强。因此，我国职业院校要加强"双师型"教师的师资队伍建设。一方面，通过引进既具有理论知识又具有丰富的实践能力的教师来充实师资力量，这些教师可以是全职的也可以是兼职的。另一方面，加强对学校内部师资力量的建设，给内部师资更多培训的机会，培训的力度主要放在实践能力上。

2) 专业结构的调整变化

专业是职业教育与社会经济的接口，是保证人才培养适销对路的重要环节。专业结构必须与产业结构相适应并随着产业结构的变化而变化。专业设置应该符合本地经济发展的实际需要，助力推动本地经济的发展。应以发展的、动态的观点来分析本地产业结构发展变化的趋势，关注市场经济的竞争和科学技术的发展等因素对产业结构变化所带来的影响，根据产业结构的变化要求设置专业。因此，职业院校的专业应围绕本地产业、企业发展的需要来设置和调整，面向市场，从产业、企业的现状和发展需求出发，充分体现地区产业、企业的特点，在培养人才规格、内涵功能上反映和满足社会需求，使专业设置趋向合理，以适应产业结构调整的要求。

3) 课程开发改革和教学手段改革

由于职业教育与普通教育相比，更加注重对学生实际动手能力的培养，但在我国，很多职业院校在培养方式上，仍然按照"压缩型"本科的培养方式，学科本位的思想在课程中的表现仍根深蒂固，而能力本位的课程模式基本还停留在概念层面，主要表现在教育领导部门、办学机构的各类文件中仍大量使用诸如"基础课、专业基础课"等学科本位课程中经常使用，而能力本位课程中不存在的概念；在专业培养计划中仍沿用学科本位的课程体系和课程形式；在直接面对学生的科目课程中从教学内容到方法手段几乎没有向能力本位转换。要对职业教育的课程体系进行改革，突出能力本位的思想。在课程开发上，要满足职业岗位对人才培养的要求，最有效、最基本的途径就是校企合作共同开发。

目前来看我国高职课程的开发，虽有企业人员的参与，但大多还是以学校为主的，造成课程与工作的客观联系被割裂开来，教学内容跟不上行业、企业现行的主流技术。课程开发的变化，也要求教学方法和教学手段进行相应的变化，才能保证教学质量。在教学方法方面，要吸取众多教学方法的各种优点，以最优化的组合来实现教学过程的最佳效果。比如一些学校通过采用大量的类似课程设计、大型作业及有关课程知识应用的实例讲解，或由学生自己提出在实践中遇到的各种问题供大家思考、讨论与交流等做法，收到较好的效果。在教学手段上，应尽可能采用现代教学技术和手段，强调电子设备和技术的应用。同时还应要求老师备课时采用"电子化"技术，这既便于充实和修改教学内容，又可以节省大量的课堂板书时间，将时间用于讲透教学内容上，利于教学目的实现。

4) 内部教学质量测评

教学质量的测评工作对职业院校改进和提高教学质量具有重要意义。通过教学质量的测评，可以了解课程结构设计是否合理以及如何改进，可以了解学生对课程的掌握情况，以及社会对专业的需求情况等。教学质量测评并不仅是对教学结果的考核，而是贯穿于教学全过程的一系列活动，是一个动态的过程。在教学活动之前，职业院校应针对专业进行课程的设计，也就是确定一个专业需要学习哪些课程。结构合理的课程设计是学生毕业后胜任本专业工作的保证。图4-10所示为职业院校现行的诊断改进质量监测体系。

课程设计并不是一成不变的，随着社会经济的发展，同样的岗位被赋予了新的内涵，对工作人员的能力有了更高的要求，职业院校的课程设计应体现出这种变化，对课程要进行不断调整。课程的结构设计好后，还应对教材的选择做出评估，选择合适的教材进行教学。在教学活动中，要对学生的学习情况及实践能力进行测评。比如学生的出勤情况、教学内容的考试情况、实际操作能力以及教师的授课情况等进行评价，分析评价结果并采取改进的措施。学生毕业后，还要进行跟踪调查。比如学生的毕业率与就业率情况，就业学生的工作能力情况等，以此来检验职业院校专业设置的合理性、课程结构的合理性等，并采取改进措施。综上所述，职业院校需要在办学定位、外部合作机制的建立以及内部改革方面做出大量的工作，积极采取各种措施与产业界进行合作，提升其为产业界的服务功能，努力使产业结构与职业教育达到良性互动之目的。

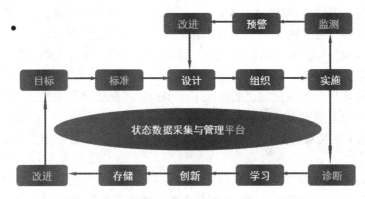

图 4-10　职业院校现行的诊断改进质量监测体系

4.4.3　职业教育与产业工人队伍建设的耦合及路径

当下，以技术创新为重要驱动的产业转型升级正在不断加大对高素质技术技能人才的需求。拥有一支适应先进生产技术的人才队伍俨然已成为赢得国际间产业竞争，实现国内经济社会高质量发展的关键要素。2021 年，中共中央办公厅、国务院办公厅印发了《关于推动现代职业教育高质量发展的意见》，明确提出"到 2035 年，职业教育整体水平进入世界前列，技能型社会基本建成。技术技能人才社会地位大幅提升，职业教育供给与经济社会发展需求高度匹配，在全面建设社会主义现代化国家中的作用显著增强"的远景目标。不难发现，当前，国家将职业教育高质量发展提到了前所未有的高度，立足点也从教育体系内部转为国家社会经济发展上。构建技能型社会，旨在切实增强职业教育适应性，真正实现职业教育与经济发展命脉紧密相融，与共同富裕福祉紧密相连。

产业工人作为技术技能人才队伍中的重要组成部分，是支撑经济社会发展的中坚力量，也是扩大中等收入群体中的重要民生服务对象。面对当下以技术创新为重要驱动的产业转型升级，提高产业工人技术技能水平，将对我国加快发展现代产业体系，实现人民对美好生活的向往具有长远而重要的意义。在构建技能型社会背景下，我们应该如何重新审视产业工人队伍建设这一发展命题？技术发展又将会对产业工人产生怎样的需求？职业教育作为产业工人重要的供给主体又面临着怎样的挑战？厘清这些问题将是加快构建技能型社会，迈向技能强国的重要一步。

1. 技能型社会下产业工人队伍建设与职业教育使命担当

(1) 从"经济建设"到"共同富裕"是产业工人队伍建设新命题。

长期以来，我们通常将产业工人队伍培育定位于推进经济转型升级、促进就业稳定民生层面。一方面是"做大蛋糕"，即通过提升产业工人技术技能水平推动经济高质量增长；另一方面是"分好蛋糕"，即通过引入知识、技能、技术等价值要素，改善产业工人收入在初次分配中的比重。处理两者关系的本质其实是处理经济发展公平与效率的问题。单纯地从经济发展的视角看待产业工人队伍建设，那就会将每个产业工人都视作理性的经济人，随着蛋糕不断做大，两者之间的冲突势必会逐渐变大。也正因为如此，当前在我国经济高质量发展已经逐步迈入常态化轨道的情况下，产业工人队伍建设需要逐渐从定位于服务产业经济发展转型为服务发展共同富裕。

(2) 让产业工人切实感受到勤劳创新致富的获得感是共同富裕下产业工人队伍建设的重要主题。

一方面，需要将技术、技能、创新等多种要素纳入薪酬分配体系中，从物质层面保障公平与效率；另一方面，更要实现对"蛋糕"的"优质共享"，即从人力资源向人力资本转变的过程中，除了让产业工人切实感受到共同富裕带来的物质生活水平的提升，更应实现产业工人对社会建设成果的共享，达到体面就业、体面工作。其中主要包括两个层面的内涵：一是实现产业工人的职业全生命周期发展，就如马克思认为人类社会发展的方向是实现"人以一种全面的方式，也就是说，作为一个完整的人，占有自己的全面的本质"，即人的各方面能力不再受到压力和限制，并且能最大限度得以发挥和拓展；二是对工人文化的再次发展，一方面是提升个人对所从事工作的文化历史认同，另一方面是提升社会对技术技能工作嵌入社会运行系统中的功能价值认同。

2. 政府主导，构建教育机制

为提升我国产业工人职业教育质量，政府要充分发挥自己的作用，增加资金投入，实行宏观管理，转变管理理念，做好自己的职责定位。政府和管理部门应当制定我国的产业工人培养战略规划，进一步加强政策引导和支持，通过加强相关公共服务的力度，对我国的产业工人培养模式进行宏观调控。要统筹整合所有可以利用的资源，特别是要深入挖掘利用职业教育资源，全面构建现代化、标准化、系统化的新时期产业工人培养模式，充分发挥市场竞争和调控机制在产业工人培养中的作用。组织社会力量对产业工人全面展开职业技能教育，通过加大教育服务的供给，在财政预算方面向产业工人的职业教育倾斜，进一步加大经费支持力度，并进一步完善相关法律法规，使得产业工人培养模式实现科学化和正规化。产教融合是职业教育和产业发展的融合，是目前职业教育必备的时代特征。

在建设职业教育的过程中，要充分发挥政府与市场的作用，在构建高效产业工人培养模式中起到至关重要的作用。职业教育在培养产业工人的过程中，必须建立完善的课程教育体系，其适用性与针对性必须满足当代产业工人的素质要求，全面构建职业院校产业工人培养模式体系，并对相关的课程教育机制进行发展和完善。在具体的教学中，必须把学生的职业技能与创业创新能力作为职业教育的重点，为国家和社会培养出复合型和创新型的职业技术人才。

3. 强化人才建设，建立培养体系

在构建职业教育产业工人培养模式的过程中，必须充分重视人才建设的作用。职业院校应建立一个优质的人才资源获取体系，这一人才体系应当由企业专家、专业教师、职业经理人和一线技术精英共同构成。针对职业教育的特征，在不同阶段、不同专业配置优秀的教师资源，全面构建实用性、专业性较强的教学体系，促进我国职业教育产业工人培养模式高效有序的运行。在人才建设方面，职业院校还要坚持引进来和走出去的原则，让校内教师进入企业进行实践指导，让企业的精英进入学校进行实践教学，鼓励师生之间展开密切的合作，使得职业院校的产业工人培养模式可以取得较好的市场效益。在职业教育产业工人培养模式中，建立高效的产业工人职业教育培养模式是我国高职院校发展的重要方向，这样可以使得烦冗重复、力量分散的传统职业教育模式从根本上进行改变，使得我国产业工人培养模式跟上时代发展的步伐。为全面提升我国产业工人职业教育培养模式的效率，以及使得我国产业工人培养模式可以适应制造业转型升级的要求，今后的产业工人培养必须实现院校化。

我国的高职院校长期以来为我国的工业化发展提供了大量的人才资源，后面更需充分利用我国高职院校的人才和设备资源，对我国职业院校的产业工人培养模式项目加大政策和资金支持力度，提升我国职业院校的产业工人教育水平。院校化的产业工人培养可以充分利用院校的师资和设备，可选拔优质的企业员工加入培训团队，实现管理模式的市场化运作，并利用文化教育提高企业员工综合素养。高职院校产业工人培养模式的院校化对于企业来说，是学校与企业互补发展的模式。职业院校为企业的复合型人才培养提供建设基地，国家部门和社会则进行政策资金支持，并充分发挥职能引导作用，给予院校教师更多的训练实践机会，提高院校办学能力，实现企业和院校的合作共赢。

4. 完善教育机构，创新培养模式

职业教育是产业工人提高自身业务技能和文化素养的有效途径，为全面提升我国职业教育质量，有关部门要注重职业院校产业工人培养模式的创新，在教学中秉持因材施教、以人为本的原则，进一步优化和创新校企合作的产业工人培养模式，创新教学理念。根据企业需求和社会经济发展对教育机构进行完善，将对应的职业技能培训与日常的产业工人教学相融合，依托当地优势行业发展当地的职业教育，对产业工人培养的各种资源进行优化，政府要充分发挥自己的引导作用，构建校企密切配合的产业工人培养体系，实现职业教育与企业需求的无缝对接，为我国新型工业化转型提供源源不断的人才支持。

5. 创新教学手段，探索信息化教学

职业教育教学改革必须跟上时代的发展步伐，运用信息化技术作为教学手段，要在项目教学法、理实一体化教学中充分利用信息化手段，并在职业教育中进行推广和普及，要充分利用微视频、翻转课堂、线上线下混合式教学手段，借助各种新媒体平台展开教学活动，使得职业教育取得更好的成效。另外，针对当前职业教育生源质量堪忧，学生学习热情不高，教育质量无法保证等突出问题，要发挥学生视野开阔、头脑灵活、信息化学习能力强的优势，在教学手段上进行创新，充分征询心理学专家、课题组老师、媒体技术专家的意见，在尊重新一代产业工人心智特点的基础上，教学设计要以他们喜闻乐见的形式，制作各种多媒体教学课件，进而激发他们的学习兴趣。教学方法要与专业课程特点相结合，信息化教学要充分体现出自己的针对性，不能流于形式化一刀切，要提前做好前期调研工作，必须注重课堂气氛的营造，并且设计定做合适的教学软件，提高学生的学习兴趣，取得较好的教学效果。线上线下混合式教学模式如图 4-11 所示。

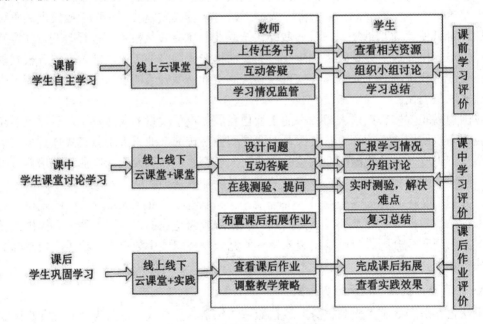

图 4-11 线上线下混合式教学模式

综上，职业教育作为我国教育体系的重要内容，在产教融合大背景下，我国在建设自己的产业工人职业教育培养模式的过程中，要尊重职业院校的主体地位，政府和企业要积极配合，打造院校—企业—政府一体化产业工人职业教育平台；要充分依托职业院校内部的课程体系，加大人才建设力度，充分运用信息化技术，实现校企之间的密切合作，按照产教融合的发展方向，全面推进我国职业教育产业工人培养模式实现健康可持续发展。

人工智能——技术技能、职业教育与产业工人的发展

第五章 人工智能时代技术技能、职业教育与产业工人的发展

5.1 人工智能时代技术技能与产业工人的发展

人工智能作为一种革命性的技术，近年来，以大数据、人工智能等数字技术为支撑的新技术、新业态、新模式正驱动着传统产业进行数字化、智能化的转型升级，催生了新型产业格局，冲击了现有的劳动力市场结构，对各行各业的发展和劳动力市场产生了深刻影响。在国家政策层面上，2017 年开始，在国家战略性新兴产业发展规划的高度上，在政府工作报告中提出关于人工智能建设发展的议题，同年出台的《促进新一代人工智能产业发展三年行动计划(2018—2020)》，其中五个保障措施之一就是要加快人才培养，即要"吸引和培养人工智能高端人才和创新创业人才，支持一批领军人才和青年拔尖人才成长，支持加强人工智能相关学科专业建设，引导培养产业发展急需的技能型人才。"随着人工智能技术与传统产业的深度融合，"智能制造 2025"行动的全面推进，越来越多的企业基于效益考量加快向智能化迈进，促使劳动力市场结构更迭加速。

5.1.1 新时代技能型产业工人队伍的现状

1. 技能型产业工人总量不足、高技能产业工人短缺

从全国范围来看，北京、上海等发达城市技能型产业工人的总量和密度比较大，由于具备的资源和能力不同，高技能型产业工人分布不均情况突出。目前，国有大中型企业，特别是制造、能源、环保、电力、信息等行业的企业，集中了绝大部分高素质、高技能型产业工人，这样的企业设备齐全，经济实力较强。而相对落后的则是民营的、新兴的中小型企业。在国家大力发展民营经济的政策框架中，可以看出，高技能、高水平的实用型人才十分紧缺，从而导致企业发展落后。

2. 技能型产业工人资源转化率低，产业工人队伍结构不合理

近年来，产业工人的技术技能素质明显提升，为产业转型升级提供了有力支撑，但也存在一些明显的短板，还不能完全适应产业调整的需要。随着我国体力劳动者、从事简单程序性与重复性工作者首先受到人工智能的冲击，技术变革将淘汰大批处于人力资源价值链低端的工人群体，并可能逐步演化为"结构性失业"或"技术性失业"，"智能替代"与"技术排挤"现象将不断突出。技能操作人员需要多年悉心培养才能掌握一定的技能，当前存在技能操作人员培养时间长和社会对技能操作人员认知缺失的矛盾，导致培养了多年的技能操作人员转行、流失，高技能产业工人队伍结构调整及人才培养问题亟待解决。

3. 技能型产业工人受重视程度不够，创新创业环境不良

首先，人才资源不是放在第一资源的高度，在发展经济时首先想到的是对资金、项目和设备的要求，在整体"强资本、弱劳动"的大环境下，这种认知不同程度地阻碍了技能型产业工人主观能动性和积极性的发挥。其次，工人阶级的主人翁地位并不明显，他们的职业和收入不够稳定、社会地位也在减弱，一些企业中工人阶级的经济地位和政治地位被忽视，企业内部没有发挥工会组织的作用，代表工人的声音和力量极其微弱，他们参与政治和政治讨论的作用不够明显，主人翁的地位也没有得到充分的体现。第三，职工技能提升存在机制障碍。没有对产业工人队伍建立起完整的培训教育体系，培训机制不健全，职教、普教和职业技能培训的关系还不够协调。由于在生产教育一体化、校企合作、工学结合方面还不完善，导致渠道不顺；且其发展没有独立的健全的法律、法规、政策等做依托，同时对这项工作的投入不足，对人力资本的投入与发达国家相比存在很大差距。第四，激励机制不健全，薪酬制度还不能完全体现其劳动的价值、贡献、效益，使技能人才缺乏自主投入的内在动力，劳动报酬在初次分配中的比重低，不能优化、激发产业工人创新创业的热情。

5.1.2 产业工人需求新趋势——从"机器换人"到"人机协同"

"机器换人"稀释掉数以百万计的就业机会，释放了大量从事简单重复生产的劳动者。中端技能市场的劳动力被不断压缩，低技能和高技能劳动者间的差距不断拉开。同时，劳动者在生产过程中的控制权和议价权被进一步削弱。随着数字化工厂智能制造的不断演进，这种替代的范围和程度势必扩大，并将会是一个长期持续的过程。值得注意的是，无论是在流水线上的劳动者还是与机器竞争工作岗位的劳动者，他们的劳动始终是紧紧围绕着机器展开的。机器虽然在某种程度上使劳动者在体力和脑力上得到解放，但也有可能却给劳动者带来了更重的负担。劳动者必须以高度紧张的状态和最大的体力消耗以配合机器运转的速度。

当前，以人工智能、大数据为代表的数字技术发展正使得生产从"机器换人"转向"人

机协同"。数字技术的发展使得机器自动化的程度进一步加深,机器在拥有基本逻辑判断能力的基础上能够拥有更为复杂且灵敏的感知能力,不断优化的学习能力。一方面,数字技术使得大规模批量生产的工作机制变得更为透明,机器能够在更大范围内替代劳动者,加速"机器换人",真正实现全生产过程自动化、无人化;另一方面,数字技术开始将生产从"自动化"转入"智能化",基于生产流程和智能装备的组合可快速、灵活调整,实现柔性生产,适应市场的变化和客户需求个性化、定制化将成为未来企业间新的竞争空间。

对此,复杂的人机协同的需求增大。企业生产方式重新被拉回以人为中心的组织模式,劳动者将真正完全从高强度、危险、重复的劳动中解放出来,同时承担更多的管理、创新的工作。另外,针对我国"卡脖子"行业的发展也急需大量能够人机协同工作的技术技能工人。当前,芯片、集成电路、医药核心技术、新材料核心技术等岗位的结构性矛盾突出,产业工人的求人倍率远远不止 2,一个职位往往五六个月也等不到合适的人才。"卡脖子"行业对技能型产业工人的需求往往面向的是制造设备中的精细化零件加工和精准的生产操作。

5.1.3　新时代技能型产业工人的重新定义

随着人工智能技术在社会生活各个领域的广泛应用,该技术不再局限于单纯地模拟人类行为,这就意味着随着人工智能技术的不断发展,产业工人应结合经济转型和产业升级的需求,不断提高自身学习能力,创新能力将成为促进产业工人持续发展的核心素质。人工智能与行业领域的深度融合导致产业结构的快速变革,对能适应新技术需求的产业工人有着巨大的市场需求,且产业工人需求的结构也将发生改变。围绕产业工人的知识、技能、能力三方面结构的调整和变化,人工智能时代产业工人应具备如下特征。

1. 知识需求呈现复合化与精细化相统一的特征

人工智能的发展必然对产业工人的专业知识需求提出更高的要求,具备复合化与精细化相统一的专业知识是人工智能时代对产业工人专业的基本要求。

1) 专业复合化

人工智能与产业领域对话带来的产业结构转型升级使得产业领域对产业工人的技能复合程度要求越来越高,具备多学科、多领域的知识结构尤为重要。首先,产业工人应具备较强的分析问题和解决问题的能力,这就要求其掌握的专业理论知识应是复合型的知识。不仅要掌握实用的专业基础理论知识,还要掌握其他相关领域的知识,以形成较为宽广的专业知识面,进而综合运用所掌握的知识来解决生产实际中、技术攻关革新中遇到的技术应用难题。其次,由于人工智能的发展是由深度学习算法以及运算能力所推动的,算法是关键,也是短板。未来的产业工人只有掌握一定的算法等人工智能基础知识,才能更好地掌握人工智能驱动下的先进生产技术原理,从而提升在生产实践中破解技术难题的能力,甚至可在产业应用中进行技术的突破创新。

2) 知识精细化

当前，人工智能技术应用爆发式增长，新型产业行业不断涌现，对产业行业链各个环节的细节调整和质量控制的要求更加严格和专业，新的领域需要大量专业的产业工人。除此之外，产业领域智能化水平日趋提高，智能化生产成为主要的生产方式，智能生产设备的应用分类更加明确，使得社会分工更加精细化，就业岗位更加细致且全面。因此，社会上对产业工人的专业分类更加详细和明确，例如，新型的职业"自然语言处理师"和"语言识别工程师"，看似相似却又有不小的差别；再如，未来智能制造业的热门岗位，如编程人员及安装、操作、维护应用设备的技术人员、相关岗位的工程师等，都要求其具备相关领域较高的专业知识水准。

3) 技能需求更加强调动脑能力

传统产业工人的核心特征是动手能力强，有过硬的实际操作能力，能够运用生产实践经验或先进的技术手段，及时发现和排解生产实践中的技术故障。也有学者提出"手脑联盟"的概念，认为产业工人需求的特征是"手脑联盟"，现代产业工人高超的动手能力不再只是传统的"手艺"和某些"绝活"，而是具有现代化专业理论知识的"手脑联盟"的技能劳动者。

人工智能时代更强调产业工人的动脑能力。人工智能时代的产业工人应能依靠自身所掌握的先进技术以及高效科学解决问题的能力来分析、判断并高效解决问题。有学者研究指出，在技能领域的不足集中在内容技能、过程技能、复杂问题解决技能和社交技能方面。无论是内容技能的习得还是过程技能的掌握，都离不开智力知识因素的加入，而对于解决复杂问题的技能掌握以及社交等方面技能的提高则本身就是脑力劳动的结果。因此，在人工智能时代产业工人的劳动技能结构中，脑力劳动的比重将进一步加大。机械性、低水平重复的劳动将进一步被人工智能所取代，中低技能劳动者仅凭所掌握的熟练的动手技能则很容易面临失业，因此，不论是哪一阶段哪一工种的技能产业工人，在其劳动构成中脑力劳动的比例都将很大程度地提高。人工智能时代的产业工人依然是"手脑联盟"的技能劳动者，但不同于传统定义的是，未来的产业工人将以脑力为主、手脑并用。

4) 能力需求更加注重创新能力、学习迁移能力以及适应能力

科技发展日新月异，为抢占人工智能发展高地，建设创新型国家，产业工人应具备较强的自主创新能力、学习迁移能力以及适应能力，发挥其在技术创新及运用创新中的作用。创新型、学习型、适应性是人工智能时代对产业工人的能力要求，也是其实现自身可持续发展的基本保证。

(1) **创新能力**。人工智能发展的关键是充分发挥人才的创新能力进行技术创新，因此对产业工人的创新能力有着很高的要求。具有创新能力的产业工人，可以顺利抢占人工智能时代发展的制高点，在新的社会发展格局中居于优势。产业工人不仅要掌握和操作先进

生产技术与设备，而且能利用所掌握的专业知识和技术进行工艺革新、装备改造、技术改良等，产业工人逐渐成为技能创新型人才，在生产过程中，通过发挥主观能动性，创造性地开展生产劳动，解决实际问题，提高技术革新的能力，从而促进产业发展。

(2) **学习迁移能力**。相对以往的社会形态而言，人工智能时代对劳动者的学习能力提出了更高的要求。首先，在技术革新的影响和推动下，新材料、新技术、新工艺、新装备层出不穷，不论哪个行业哪个工种的产业工人，仅凭所掌握的专业知识和技能很难持续地满足生产的发展要求，需要对产业领域的新技术不断追踪学习，跟上人工智能背景下科技发展的脚步，这就要求产业工人具备较强的学习能力，不断自觉主动和创造性地学习。其次，产业工人的职业岗位及技能具有较强的专用性，其技能是针对特定岗位和特定职业的，具体的工作岗位是产业工人施展技能技术的唯一平台，不断地学习掌握新的生产方式和工艺技术也是产业工人职业发展的必然要求。

(3) **适应能力**。人工智能时代产业工人较强的适应能力主要表现在对新技术及新工种的适应上。一方面，产业工人应具有很强的适应新技术的能力，对新材料、新技术、新工艺、新装备要有很强的适应能力，区别于初、中级技能型产业工人的是，产业工人是掌握高精尖操作技术的劳动者，其劳动过程融入了知识、经验和智力因素，具有较强的适应新技术的能力。另一方面，产业工人应具有较强的适应新工种的能力。人工智能背景下的产业行业企业具有极强的创新能力，可以对上下游产业进行辐射和技术溢出，带动整个产业链的技术创新。现阶段的产业工人的工种和岗位，在技术革新过程中很可能会被取代或升级，同时，人工智能的发展也会带来一些新的岗位，要求产业工人有较强的适应劳动岗位变动的能力。

5.2　人工智能时代职业教育与产业工人的发展

目前，中国产业工人队伍的技术技能素质整体偏低，文化水平不高。统计资料显示新生代产业工人约有 1 亿人，但是在制造业中却有 70%的产业工人仅仅是初中及以下水平。2022 年农民工监测调查报告显示，2022 年全国农民工总量为 29562 万人，未上过学的占0.7%，小学文化程度占 13.4%，初中文化程度占 55.2%，高中文化程度占 17.0%，大专及以上占 13.7%。在外出农民工中，大专及以上文化程度的占 18.7%；在本地农民工中，大专及以上文化程度的占 9.1%。据 2023 年中华全国总工会发布的第九次全国职工队伍状况调查结果显示，目前全国职工总数为 4.02 亿人左右，职工平均年龄为 38.3 岁、平均受教育年限为 13.8 年，29.3%具有专业技术职称，产业工人比重远低于工业发达国家水平，低水平的产业工人比例过高，导致产业工人的职业教育发展通道变窄。图 5-1 所示为 2021 年全国农民工总量学历占比(资料来源：国家统计局、智研咨询整理)。

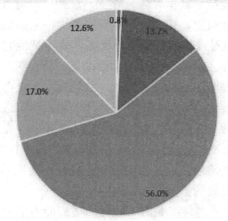

图 5-1　2021 年全国农民工总量学历占比

造成这种状况的主要原因一方面是社会各界长久以来对于产业工人的职业教育不重视，另一方面是职业教育在专业设置、培养模式和教学方法等方面，没有充分体现出职业教育紧跟人工智能时代的发展需求，使许多职业学校的毕业生自身素质达不到智能时代对产业工人的基本要求。2019 年 2 月，国务院颁布的《国家职业教育改革实施方案》指出，职业教育办学要注重对接科技发展趋势和市场需求，完善职业教育和培训体系。可见我国人工智能发展与职业教育改革是相互影响、有机统一的关系。人工智能时代背景下，职业教育的发展机遇和挑战并存，面向人工智能，职业教育如何做到从适应到引领转变，实现自身的突破性发展，是当下职业教育改革中必须深思的问题。

5.2.1　我国产业工人技能形成中的职业教育的现实困境

在我国产业工人的技能形成中，职业教育起着基础性的作用，国务院 2019 年 1 月印发的《国家职业教育改革实施方案》中指出，"要完善高层次应用型人才培养体系，完善学历教育与培训并重的现代职业教育体系，畅通技术技能人才成长渠道，逐步提高技术工人收入水平和地位"。但在现实中，职业教育在提升产业工人的技能水平方面，还存在一些问题。

1. 现行职业教育和职业培训的人才培养规模与水平难以满足新时代产业工人发展需求

我国的职业教育是指劳动者进入劳动岗位前的各层次、各类型职业院校(含高等职业院校和技工院校)提供的技能教育，是未来产业工人的培养基地。改革开放以来，我国的职业教育蓬勃发展，虽然对产业工人培养培训的投入不断加大，但仍滞后于我国经济发展的需要，产业工人的技能素质水平不高与产业工人的构成失衡同时存在，对高端技术产业工人的需求紧张一直居高不下。我国的技术工人求人倍率超过 1.5 : 1，高技能工人高达 2 : 1，在全国 7.7 亿的就业人口中，技术工人占比约为 20%，远远低于德国、日本这样的发达国家技术工人占比超过 80% 的水平，中小型的私营企业更是出现技术工人严重匮乏的现象。同时，我国产业工人的构成较为特殊，大部分企业以流动性较强的农民工为主体，农民工具有"候鸟"的特征，不会长时间停留在一定的地区和企业，这部分人的技能教育和培训成为空白点。而一些企业为了避免技能培训后的人才流失造成的成本浪费，往往减少甚至取消工人的技能培训，造成一部分产业工人根本没有进行过任何职业技能培训，致使我国至今没有形成包括职业教育、企业和社会共同协作的产业工人技能形成的长效机制，这是造成我国产业工人技能素质不高、结构失衡的重要原因。

2. 职业教育对产业工人技能培养的体系不完善，培养与晋升通道不畅通

虽然我国职业教育的办学规模不断扩大、教育质量稳步提升，但由于传统观念的影响，和普通本科教育相比，出现了"进出两难"的现象。一方面一些成绩优秀、综合素质较高的学生首选普通高等教育，职业院校的生源从规模到质量出现不同程度的下降。另一方面受到重学历、轻技能的社会氛围的影响，职业学院的学生"出路"变得愈发狭窄，限制了参与较高水平就业岗位的机会。同时职业教育本身也存在着技能培养体系不完善，层次结构不合理的问题，表现在：一些职业院校的培养模式与专业设置不合理，培养目标脱离市场的需求，教学方法、手段也比较落后，没有把现代化、信息化的教学手段运用到教学中，实训实习基地设施不足；师资队伍水平有待提高，部分教师知识储备不足，技能知识老化，双师型教师欠缺；缺乏具有职业教育特点的学位制度，不能保障产业工人终身学习的需求；职业教育投入机制单一，多为政府投入，社会力量参与较少，有些地方资金瓶颈显现；适应产业工人技能形成的教育质量监控和考核体系不够科学等。

3. 职业教育与企业培训融合度不高，培养过程脱离生产实践

我国的职业教育属于学历教育，重学历轻技能的现象依旧普遍存在，一些职业院校的教育教学活动仍然停留在课堂讲授、理论讲解和以学校为中心的层面，和企业需要的人才素质要求存在距离，因此急需把企业纳入产业工人的技能培训体系中来，从而传递好产业工人从学校到就业市场的"接力棒"。但一直以来，在产业工人的技能培训中，缺乏对企业相应的激励机制，企业主动参与职业教育技能培训的积极性不高，企业因为种种原因不愿对产业工人的培训进行投入，也不愿意对产业工人的未来进行科学化、系统化的规划。一方面，在岗工人难以进入职业院校继续学习与深造，技能水平不能得到系统的培训和提升。另一方面，职业学校的毕业生也因为封闭的校园学习，没有机会亲身参与一线企业的实践，即使毕业也不能立即胜任企业的工作，影响企业的劳动生产效率。

5.2.2　人工智能技术为职业教育发展赋予了"智慧"支撑

当前人工智能在我国教育领域的应用水平在一定程度上落后于国际先进水平，在职业教育领域的应用还不够广泛，但可以预见，在未来一段时期内，人工智能技术必将为职业教育发展赋予越来越强大的"智慧"支撑，为职业教育现代化提供更强大的动力。

1. 人工智能将更大程度地解放教师

综合运用以机器学习、图像识别、语音识别、自然语言处理为代表的人工智能技术打造"智慧课堂"，可以通过规模化的智能学习终端提供过去由教师讲授的专业基础理论和技能知识的教学内容，从而大大减轻专业课教师传授标准化、统一化基础理论和知识的教学压力，解放教师的时间和精力，让教师能够专注于从事人工智能无法胜任的思想道德教育、人格塑造、情操陶冶等育人工作。

2. 人工智能有助于深入实施因材施教

因材施教一直是职业教育教学高质量、精品化发展的重要目标，也是职业教育教学过程的理想状态。传统职业教育由于种种主客观因素的限制，教师难以真正将因材施教落到实处。但在大数据、云计算等信息技术与人工智能技术的帮助下，教师可以更系统、更高效、更便捷地收集学生的个性信息、素质信息和学习信息，并依托智能学习终端制订个性化教学方案和计划，从而真正实现因材施教。一种个性化学习架构如图 5-2 所示。

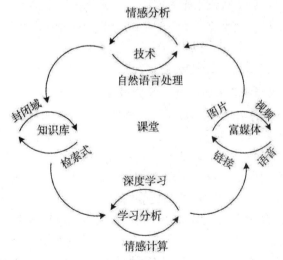

图 5-2　智慧课题学习架构

3. 人工智能将显著提高职业教育管理的科学性

不论是区域群体职业教育管理，还是职业院校个体教育管理，科学的决策都需要依托全面、准确的信息，只有掌握了充分的信息，才可能实现"一切从实际出发"。通过建立区域、校园大数据中心，打造人工智能管理服务平台，利用大数据分析、业务建模、数据可视化等技术手段，可以为职业教育管理者提供远超以往的信息支持，从而显著提高职业教育管理的科学性。

5.2.3　我国人工智能发展的相关政策为职业教育提供了方向指引

近年来，党中央、国务院科学判断现代职业教育发展趋势以及人工智能技术发展方向，出台了一系列旨在促进人工智能与职业教育深度融合的政策措施，为我国职业教育的现代化、智能化建设指明了新的方向。

1. 在人才培养层面

2016年5月，发改委牵头制订并印发了《"互联网+"人工智能三年行动实施方案》(以下简称《方案》)，文件明确指出既要加快引进、培养一批人工智能领域的高端、复合型人才，也要着力突破若干人工智能关键核心技术。2017年7月，国务院发布《新一代人工智能发展规划》，明确指出我国人工智能技术发展的关键在于高端人才队伍建设。国家相关政策的出台为职业教育培养新时代的人工智能技术人才指明了方向，也提供了政策依据。

2. 在专业与课程建设层面

《方案》指出：人工智能领域的人才培养要努力完善高校人工智能相关专业与课程的建设，并注重人工智能与其他学科专业的交叉融合。专业与课程建设是职业学校专业教育的根本，是技术技能型产业工人培养的基石，是专业教学的质量保证。《方案》的出台无疑为职业教育人工智能相关专业建设与课程开发提供了重要指导。

3. 在关键技术发展层面

2016年8月，国务院印发的《"十三五"国家科技创新规划的通知》明确指出我国新一代信息技术发展的主要方向之一就是人工智能，强调在产业转型升级以及推动技术创新过程中，要重点关注人工智能技术的开发，推动人工智能与实体经济深度融合。技术创新与推广是职业教育的重要社会职能，国家政策对人工智能技术的高度重视既是对职业教育突破关键技术的鞭策，也为职业教育攻破技术壁垒，以技术服务社会经济发展指明了前进的方向。

5.2.4　人工智能时代对职业教育产业工人培养模式和体系提出的变革要求

1. 劳动力知识结构须跨界融合

目前我国引领人工智能时代发展的高素质技术技能人才的培养体系尚不完善，多数职业学校的人才培育质量尚难满足数字经济和智能社会发展的需求。建立在传统工业经济时代的传统职业教育体系，难以适应数字经济和智能社会对技术技能人才的新要求，在培养方式、教学模式、专业设置和合作模式等方面需要实现较大的调整和改进。被人工智能技术改造升级的生产线、生产工艺脱离了旧有的生产形式，不具备现代职业素养和完备知识结构的劳动者难以适应新兴生产形式的用人要求。新技术、新工艺、新方法未能及时进入职业教育的课堂，许多职业院校的人才培养质量难以满足社会需求。生产制造从"刚性生产"逐渐转向"柔性生产"，新的制造技术已不局限于某一领域内部，而是更多地出现在不同领域的交叉地带；产业工人不再是只需要掌握某种技能的"螺丝钉"，而是必须更加富有创新精神、具备综合职业能力。"窄"口径的专业设置方式已落后于产业发展需要，职业教育的专业和课程设置面临新的挑战。

此外，"智能制造"下传统技能的施展空间将进一步被压缩，更重视劳动力的创新意识、发展意识、全球视野与全球思维等综合素质，职业教育既有的重"硬技术"轻"软实力"的教育理念和培育目标亟待变革。适应新需求的职业教育师资力量不足，也成为构建人工智能时代制约职业教育发展的一大短板。提高人工智能办学质量的核心是提高师资队伍的力量与质量。许多新兴产业正在起步，但师资储备不够。尤其是"双师型"教师总体比较缺乏，兼具人工智能思维、智能教学工具使用能力以及人工智能相关产品设计与制作能力的教师更是稀缺。现有教师的知识、技术技能储备若不更新，将对培育更多人工智能时代急需的技术技能人才造成掣肘。

2. 职业教育是面向人人的教育

新一代人工智能技术的普及与应用有潜在的进一步扩大收入差距的风险，职业教育可帮助劳动力群体实现技能的持续提升，是解决潜在结构性失业问题、让更多人在人工智能时代享有平等发展机遇的重要途径。一定时间内，对劳动者素质、技能水平要求相对较高的岗位和职业会获得较高的工资溢价。新技术应用带来的技术溢价加剧了不同职业收入差距扩大的趋势。只有持续更新劳动技能，尽快接受、适应并引领人工智能时代的就业市场变革，练就一种根据时代需求变化进行职业和技能转换的本领，才是未来最重要的竞争力。职业培训可在一定程度上解决每个行业中人才供需不匹配和失衡情况。在人工智能时代，职业教育能够让更多人获得平等的发展机遇，解决潜在的结构性失业问题。但同时，人工智能技术在教育领域的应用会进一步加剧教育资源的不均等。进城务工人员群体是我国劳动力素质改善的重要突破口。目前，我国大约有 3 亿进城务工人员，其中，仅约有三分之一受过专业的技能培训，大专及以上学历者不足十分之一。

人工智能时代，进城务工人员等低技术技能群体就业将受到较大冲击，存在结构性失业的隐忧。2019 年，有 2729 万"建档立卡"贫困劳动力在外务工，打工收入占家庭收入的 2/3 以上。进城务工人员就业多是在需要简单重复性劳动的行业，技术含量相对较低，这些行业比较容易被工业智能覆盖。工业智能逐渐覆盖建筑工地的诸多生产环节，助力简单建造和营运维护工作，部分熟练工人转型成为管理者，能够操作建筑机器人的工人成为新需求。促进更多进城务工人员转型为人工智能时代的合格产业工人，满足新生代进城务工人员对持续提升技能的需求，需要大力发展职业教育和培训。

人工智能等新一代信息技术的普及和应用将进一步加剧要素回报率的差距，提供更多普惠性的新技术技能职业培训，令更多人在人工智能时代共享发展机遇。当生产的自动化、智能化带来的回报超过增加人力资本投入带来的回报时，劳动力就可能被取代。人工智能等新技术的使用会改变劳动者的工资收益，对技能要求高的岗位和职业获得的工资溢价相对更高。新技术应用与普及带来的技术溢价增加了不同技能和职业之间工资差距扩大的趋势。教育公平是关乎人的发展的基础性公平。收入不平等影响一时，教育不公平影响一世。职业教育是面向人人的教育。帮助中低技能劳动力和有转岗再就业需求的劳动力实现技能提升，以适应劳动力市场需求的动态变化，需要大力发展职业教育，通过多种形式、多种层次的职业教育和职业培训，帮助广大劳动者提高自身素质、增强就业能力、拓宽就业渠道。

5.3 人工智能时代技术技能与职业教育的关系

5.3.1 技术技能指向技术性，职业教育指向职业性

技术技能是指学习者在特定的目标指引下，通过练习而逐渐熟练掌握的对已有的知识经验加以运用的操作技能。大多数教育与心理方面教材根据技能的性质和特点，又将技能分为操作技能和智力技能。智力技能可以通过课程和教学环节来培养，使学生掌握必需、够用的基础知识，为操作技能提升奠定必要的理论基础；熟练的操作技能也可以促进对知识的深入理解。

职业教育是指对受教育者实施可从事某种职业或生产劳动所必需的职业知识、技能和职业道德的教育。职业教育是与基础教育、高等教育和成人教育地位平行的四大教育板块之一。职业教育是时代发展的迫切需要，国家经济社会发展已经进入一个新的历史阶段、新常态。这个阶段对职业教育的发展提出了更高的要求，要求职业教育为现代化建设提供大量的、大规模的技术技能人才。

5.3.2 职业教育是技术技能形成的最主要的执行者和参与者

产业工人技能形成是一个综合复杂的过程，政府指导、企业执行，职业教育乃至产业工人本身都是其中的主要参与者。其中，职业教育是产业工人技能形成的最主要的执行者和参与者。目前，我国已经建立起来了比较完备的职业教育体系，基本形成了培育规模巨

大的产业工人队伍的能力。近几年，我国职业教育每年都培养出数百万人的高技能人才，为产业工人队伍提供了大量新鲜血液，为国民经济的发展提供了强有力的人才支撑。

5.3.3　技术技能积累创新是现代职业教育外显社会功能承载的新维度

技术技能积累创新是现代职业教育外显社会功能承载的新维度。传统的职业教育与工作过程处于相对独立的不同环节，学校教育过程往往只发生在进入工作岗位之前，成为进入工作岗位的一个前置环节。近年来，在智能化的战略背景下，我国产业升级与技术转化的速度加快，职业教育与工作场所的联结不再以单纯的知识传播和特定技能研修为唯一途径，技术技能积累创新成为当前职业教育社会功能的重要取向之一。校企协同的技术技能积累平台在政府、行业企业的支持下建立，企业将职业院校纳入合作技术积累及创新体系，职业院校则承担起技术知识递进和技术能力积累的职责，通过校企协同开发技术推广体系、人才培养体系等方式，实现技术人才传播与技术产业化的同步发展。

职业教育的技术技能积累，促进个人、组织和社会在长期的生产、学习和创新实践中获得技术技能的递进、积累和传承，职业院校在技术技能积累与传承过程中起到中介和桥梁作用。从这一视角看，技术技能积累是职业教育服务经济社会发展的重要使命。而职业教育技术技能积累功能的彰显，要求职业教育的人才培养、课程教学内容改革必须更加强调和重视基于现实行业和企业的需求，实现教学与生产的对接。从这一视角看，针对现代职业教育的技术技能积累功能，职业教育学科领域有必要重视对这一功能的基本理念、运行机制和实践路径进行探索，通过理论与实践的批判与反思，更好地完成职业教育技术技能积累的重要使命。

5.4　人工智能时代技术技能、职业教育对产业工人发展的影响

5.4.1　"互联网+"职业教育为产业工人素养技能提升保驾护航

职业教育的最终目标是要培养合格的产业工人，在产业迭代和复杂化生产的背景下，发展现代职业教育的目标则是对大量中坚产业工人的培养。所谓中坚产业工人就是与复杂化生产相匹配的核心生产工人，这种产业工人具有技术技能强、专业复合型强以及综合素质强的典型特征。产业迭代的过程既是企业复杂化生产与集约化经营的过程，也是中坚产业工人与机器相结合替代普通工人的过程。当前产业迭代在生产领域的表现是复杂化生产和集约化经营，具体体现在生产线的改进上，机器换人的比率大幅度提高，生产过程以智

能化和网联化为主要方向，具体表现为许多传统工作岗位的消亡或合并，对工人专业知识、能力要求也相应拓宽，这也就意味着企业对工人的需求将逐渐淡化，强调岗位技能的专业转而注重岗位协调能力提升，对工人专业知识与能力要求更宽，这些深刻的转变都要求有与之相适应的产业工人的教育和培训。在人工智能技术发展的潮流中，职业院校的最终目的是要为社会的发展输出综合职业能力强的新产业工人，培育更多符合社会需求的高质量的产业工人队伍。

1. 发展职业教育可以提高产业工人的素质

提高产业工人的素质，主要是依靠教育，包括学校教育、社会教育和家庭教育。其中学校教育尤为重要，因为它是一种规范化的教育，是要求学生德、智、体、美全面发展的教育，是有目的、有计划、有组织的教育，是由广大干部和教师负责任地去完成的教育，这种教育对提高产业工人的素质起到了决定性作用。在人工智能技术快速发展的当下，以人的素质为基础的综合国力竞争日趋激烈，对全民综合素质的提高已成为当务之急，从而把对产业工人的职业教育摆在了优先发展的位置。

2. "互联网+教育"时代，催生产业工人学习新机遇

进入"互联网+"时代，以"互联网+教育"模式为新的学习方式正成为新产业工人学习的主要载体，在"互联网+教育"与"产业工人学习"相互交联的过程中，其凸显出来的跨界性、创新性、人性化等时代特征，一步步催生了新产业工人学习发展、创新和变革的新机遇。

新型教育结构带来了教育面貌格局的变化，一方面，以更为广阔的开放性视野，冲破固化思维的藩篱，打破刻板思维的局限，在工与学、学与用、个与群矛盾中，获得新的理论知识和专业技能；另一方面，通过"互联网+教育"实现新产业工人跨岗位、跨行业、跨领域的外向型学习，有利于突破以往传统教育狭小的空间，拓展新产业工人学习的广阔空间。新型教育结构带来了教育学习方式的变化。传统教育模式下，产业工人学习大多是以老师为主体，自己是客体，是知识灌输的被动接受者。而"互联网+教育"模式更加注重学习方式的创新，其首要目标便是突破传统教育的学习方式，改变以往学习方式的单一化、固有化，着重体现学习方式上的灵活性、多样性，借助互联网实现足不出户线上学习，甚至是足不出户取得相应的学历文凭和专业技能证书。

5.4.2 技术技能是产业工人由"工"变"匠"的重要要素

习近平总书记强调："要高度重视技能人才工作，大力弘扬劳模精神、劳动精神、工匠精神，激励更多劳动者特别是青年一代走技能成才、技能报国之路。"《中国制造2025》将"人才为本"作为制造强国建设的"五大方针"之一，把技能人才的培育与发展上升为国家战略。素质能力与技术技能是成事之基、立身之本，也是产业工人个人成长进步的重要基础。

人工智能主要是研究如何利用软硬件来模拟人类智能行为的基本理论、方法和技术。现在，世界各地关于人工智能的研究处于蓬勃发展时期，并已经取得了丰富的研究成果。例如，人工智能技术已经具有智能语音对话、图像和视频识别、交通情况预测、感情解析等功能。人工智能图像识别技术的快速发展将促进计算机视觉系统在工业、新能源汽车等实体经济场景加速落地。随着人工智能技术在社会生活的各个领域的广泛应用，该技术不再局限于单纯地模拟人类行为，这就意味着随着人工智能技术的不断发展，技术技能人才必须不断提高自身学习能力，尤其是创新能力将成为促进人才持续发展的核心素质。在人工智能时代，智能设备将会代替人来完成简单的劳动工作，在这种形势下，人才的角色发生转变，由岗位上的劳动者变成具有一定知识水平的管理者，几乎所有的岗位都需要具备相关专业知识的工程技术人才，而不仅仅只是简单的体力劳动者。如果产业工人要从普通工人晋级为技艺高超的匠人，技术技能是其最基本也是最重要的要素。

5.4.3 智能时代产业工人队伍改革的路径

在全球新一轮科技革命和产业变革中，互联网与各领域的融合发展具有广阔的前景和无限的潜力，已成为不可阻挡的时代潮流，正对各国经济社会发展产生着战略性和全局性的影响。我国是制造业大国，也是互联网大国。党的十八届五中全会、"十三五"规划纲要都对实施网络强国战略、"互联网+"行动计划、大数据战略等作了部署。运用互联网推进产业工人队伍建设，推动互联网和实体经济深度融合发展，促进全要素生产率提升，对于推动创新发展、转变经济发展方式、调整经济结构具有积极作用。

人工智能的应用场景如图 5-3 所示。

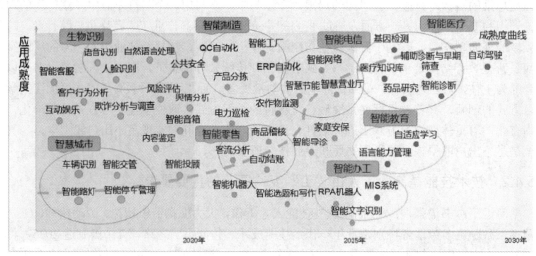

图 5-3　人工智能的应用场景

1. 创新产业工人队伍建设网络载体

随着世界多极化、经济全球化、文化多样化、社会信息化的深入发展，互联网越来越成为人们学习、工作、生活的新空间，越来越成为获取公共服务的新平台。《新时期产业工人队伍精神改革方案》(简称《改革方案》)明确提出，要"按照国家信息化发展战略、'互联网+'行动计划""创新产业工人队伍建设网络载体"。这是顺应时代发展和产业工人需求的重要举措，必将在互联网时代对产业工人队伍建设产生深远影响。

1) 时代发展呼唤产业工人队伍建设走进"e时代"

20世纪90年代中期，PC与Windows的革命已经到了极限。从1995年8月9日一家位于加州的小公司网景(Netscape)，创造了第一个重要的网页浏览器开始，PC和视窗系统带动了网景浏览器和电子邮件的广泛普及，促使世界各个角落的人，都能前所未有地方便交互交谈，从"网网不互联"变成"网网互联"，吹响了世界注意互联网的一声号角，从此世界完全改变。技术类杂志《连线》月刊的前总编克里斯·安德森、华盛顿特区经济趋势基金会主席杰里米·里夫金等将互联网时代称为第三次工业革命。

互联网快速发展使产业工人所处行业变化剧烈。新一代信息技术与制造业深度融合，正在引发影响深远的产业变革，形成新的生产方式、产业形态、商业模式和经济增长点。波士顿咨询公司在2016年发布的一项报告中分析认为，中国作为世界制造中心，以云计算、大数据和人工智能为代表的工业4.0新技术将成为制造业提升效能的关键。

互联网快速发展使产业工人职业细化和对跨界人才的需求增加。伴随着移动互联网融入人们生活衣食住行的各个方面，不断涌现出新需求、新体验和新业态，由此衍生了更细化、更专业的职业。例如，专门负责生鲜食品外卖的"同城闪送"，负责上门服务的家居衣橱整理"收纳师"，为新开发APP提供编写程序服务的"APP技术工程师"等。这些新职业都是依附于整体产业的互联网化而出现的，不仅要求从业人员具备相关专业技能，而且要掌握网络平台运营的基础知识，这种综合素质和综合技能较强的跨界人才，在求职竞争中体现出较好的竞争优势。

互联网快速发展对产业工人技能人才需求不断上升。在全球化和信息化的进程中，我国正从处于产业链低端的"世界工厂"向高附加值产品生产过渡阶段，对高技能人才的需求在不断上升，一些全球化程度高的IT服务、软件服务、研发服务及金融服务等企业也正在吸收大量的受过高等教育的劳动力。人工智能逐渐取代劳力工作，企业人才争夺战将愈演愈激烈。以"无人驾驶""农用机器人"和"机器仓管员"等为代表的人工智能技术崭露头角，正逐步取代着基础的劳力工作。一些科技巨头公司，诸如谷歌、微软和百度争相开拓着各自的人工智能领域，抢占行业制高点，推出重金招聘、大量并购人工智能小公司、将人工智能团队进驻在各个部门等策略吸引人才。

2) 创新产业工人队伍建设网络载体是推进器

从国际上看，德国工业 4.0 计划的推出引领了新一轮把互联网与产业工人建设结合的热潮。新一代互联网技术向工业渗透，是德国启动工业 4.0 计划的重要背景。德国企业界普遍认为，工业 4.0 导致了对优秀员工标准的转变，它建立在一个开放、虚拟化的工作平台之上，重复性的简单体力和脑力工作不断被智能机器所替代，人机交互以及机器之间的对话将会越来越普遍，员工从服务者、操作者转变为规划者、协调者、评估者、决策者。

《中国制造 2025》是在新的国际国内环境下，中国政府立足于国际产业变革大势作出的全面提升中国制造业发展质量和水平的重大战略部署。《中国制造 2025》强调要健全完善中国制造从研发、转化、生产到管理的人才培养体系，为推动中国制造业从大国向强国转变提供人才保障。"十三五"时期，我国大力实施网络强国战略、国家大数据战略、"互联网+"行动计划，为创新产业工人队伍建设网络载体提供了坚实的支持。

2021 年 3 月《中华人民共和国国民经济和社会发展第十四个五年规划和 2035 年远景目标纲要》中提出，数字经济与数字化应用作为国民经济发展新方向，未来必然在各行业产生巨量的大数据资源内容，而各行业未来的数字化已成为趋势。新一代新兴产业重点发展方向为：物联网、通信设备、智能联网汽车(车联网)、天地一体化信息网络、IC、操作系统与工业软件、智能制造核心信息设备。高端制造领域向着智能化、高效化、绿色化快速发展，提升自主创新能力仍是大势所趋。《"十四五"国家战略性新兴产业发展规划》中提出创新发展是破解产业发展"卡脖子"问题的核心，在创新驱动发展战略的指引下，努力夯实产业发展的安全基础，力争到 2025 年实现产业关键核心技术自主可控，摆脱产业发展受制于人的不利局面，助力新兴产业高质量发展。工业和信息化部印发的《工业互联网创新发展行动计划(2021—2023 年)》中提出，到 2023 年新型基础设施进一步完善，融合应用成效进一步彰显，技术创新能力进一步提升，产业发展生态进一步健全，安全保障能力进一步增强。工业互联网新型基础设施建设量质并进，新模式、新业态大范围推广，产业综合实力显著提升。正是在这个背景下，互联网与产业工人建设相结合，创新产业工人队伍建设网络载体、打造网络学习平台，多措并举协同发力，推动产业工人信息互联互通、共建共享，有效保障"中国制造 2025"的顺利实施。

3) 《新时期产业工人队伍建设改革方案》中创新产业工人队伍建设网络载体的亮点和重点

一是建立健全结构清晰、数据准确、动态管理的产业工人队伍基础数据库。建立产业工人队伍基础数据库，不仅仅是信息登记的问题，而且是运用大数据创新产业工人队伍建设的必经途径。信息技术与经济社会的交汇融合引发了数据迅猛增长，数据已成为国家基础性战略资源，大数据正日益对全球生产、流通、分配、消费活动以及经济运行机制、社会生活方式和国家治理能力产生重要影响。

数据信息平台是推进产业工人队伍建设的基础。建立健全结构清晰、数据准确、动态管理的产业工人队伍基础数据库，就必须制定完善互联网信息保存的相关法律法规，构建互联网信息保存和信息服务体系。积极参与国家大数据资源统筹发展工程，充分利用现有政府和社会数据中心资源，运用云计算技术，及时准确掌握产业工人生产生活、技术技能和思想状况，有针对性地做好研判分析。大力推动各地区、各部门、各有关企事业单位及工会组织相关信息互联互通、数据共享，加强顶层设计和统筹规划，明确各部门数据共享的范围边界和使用方式，厘清各部门数据管理及共享的权利和义务，努力打通数据壁垒，消除信息孤岛，依托政府数据统一共享交换平台，提高"用数据说话、用数据决策、用数据管理、用数据创新"的水平。

二是加强网上思想引领。近些年来，随着科技进步和互联网技术的不断创新，思想理论的传播载体和传播方式正在发生着重要变化。网络、自媒体的传播优势是更强、更快、更有感染力。可以说，谁掌握了以互联网为代表的新媒体，谁就拥有最大的话语权。加强对产业工人网上思想引领，就必须善用网络平台，抢占"信息制高点"，把社会主义核心价值观、社会公德、职业道德、家庭美德、个人品德等思想观念及时、形象地传播到产业工人中，让产业工人有更多真切的共鸣。积极适应新技术发展，认真研究新媒体传播规律，拥抱互联网、做强新媒体，在创新教育形式上多动脑筋，在强化引导效果上多下功夫，采取产业工人喜闻乐见的形式和载体，不断在产业工人中拓展和聚拢用户，快速传递正面声音，将党中央对产业工人的关心关爱、党和政府制定的重大方针政策、民生和绿色低碳发展等最有营养、最有主流价值的"思想蛋糕"送到产业工人手中。

三是举办形式多样的网上练兵活动。各级工会借助网上学习系统拓宽职工学习练兵平台，促进职工职业素养、职业技能和创新能力提升，形成了许多工作品牌。近些年，"职工技能学习和岗位练兵"网上平台已率先在全国机械冶金建材工会系统以及莱芜钢铁集团有限公司、邯郸钢铁集团有限责任公司等重点企业搞起来，进入稳定运行阶段，积累了一定的经验和资源。

2. 打造网络学习平台

互联网正改变着世界，也改变着产业工人的学习模式。随着网络设施不断完善、海量数据快速产生，以及信息处理技术不断提高而诞生的信息革命，对未来人才知识的综合性结构提出了更高的要求。移动学习、双向实时互动学习、网上社区等种种学习形式的出现，丰富了产业工人学习的内容和形式。信息科技时代，未来企业将朝着通信技术、人工智能、新材料领域等高技术产品的产业群发展，劳动者不仅要成为本专业领域技能人才，而且能够顺应环境变化，转换职业角色，成为掌握多种知识和技能的高素质复合型人才。

1) 产业工人学习向网络拓展是大势所趋

新兴职业对产业工人互联网学习提出了新的要求。技术的不断进步，给传统职业带来了巨大冲击，也延伸出了许多新的工艺、服务和产品，这些新技术的开发及应用，必然导致部分职业的新旧更替。未来，脑力劳动职业将越来越多，体力劳动职业将越来越少，新兴职业技术含量不断提高。制造业与互联网融合对产业工人互联网学习提出了新的要求。据国务院新闻办公室就 2016 年工业通信业发展情况发布的信息显示，我国稳居世界第一制造大国和网络大国地位，建成了全球最大的 4G 网络。制造业与互联网融合发展迈出坚实步伐，智能制造水平明显提升，基于互联网的"双创"平台快速成长；企业数字化设计工具普及率超过 61.8%，关键工艺流程数控化率达到 45.4%；机器人及移动互联网、云计算、大数据等产业快速增长，工业互联网快速发展，信息化和工业化融合管理体系贯标扎实推进。

2) 加强网络公共学习平台建设

(1) 加强集师资队伍、教育内容、传播渠道和受众群体为一体的网络公共学习平台建设，提高有效应用现代信息技术的意识和能力，这是产业工人网络学习的核心。《制造业人才发展规划指南》明确指出，要增强信息技术应用能力。强化企业专业技术人员和经营管理人员在研发、生产、管理、营销、维护等核心环节的信息技术应用能力，提高生产一线职工对工业机器人、智能生产线的操作使用能力和系统维护能力。加强面向先进制造业的信息技术应用人才培养，在相关专业教学中强化数字化设计、智能制造、信息管理、电子商务等方面的内容。因此，面向"互联网+"融合发展需求，产业工人要向复合型人才发展，利用网络学习形式提高学历层次和能力水平，适应现代信息技术快速发展的需要。推进"互联网+"专业技术人才培训。《技工教育"十三五"规划》强调指出，要加强信息化建设，建设全国技工教育网，打造技工教育政策和招生宣传平台、校企合作平台、在线课程平台、教师在线培训平台、毕业生就业服务平台。全面加强技工院校信息化建设，提高课程教学质量和内部管理水平，丰富多元办学内容和手段。2020 年，我国技工院校已 100%建立了校园网。

(2) 开辟内容丰富、学习简便的网络培训课堂。与《"十三五"规划纲要》提出的实施"高技能人才培养计划"相衔接，以产业工人"自主学习、快乐学习、公平学习、竞技学习"为理念，利用数字化手段构建 3D 动画模拟工艺实操模块和信息化工具互联互通优势，使用分享经济和社会协同模式创设、挖掘、积累与整合全国各行各业的工艺技术场景和职业教育培训资源，提供专业齐全的工匠讲坛、实操案例、模拟实训等电子课程，以满足产业工人在线学习的需求。开展线上线下相结合的多工种专业技能大赛和深入持久的岗位练兵活动，形成集技能学习、岗位练兵和职业技能鉴定于一体的职业技能提升平台，扩大职业培训覆盖面，提升培训质量和效果，让广大职工获得更便利的职业发展机会。

(3) 积极发展"互联网+教育"。《国家教育事业发展"十三五"规划》指出，积极发展"互联网+教育"，加快完善制度环境，鼓励企业和其他社会力量开发数字教育资源，形成公平有序的市场环境，培育社会化的数字教育资源服务市场，探索建立"互联网+教育"管理规范，发展互联网教育服务新业态。全力推动信息技术与教育教学深度融合，深入推进

"网络学习空间人人通"，形成线上线下有机结合的网络化泛在学习新模式。加快教育大数据建设与开放共享。发展现代远程教育和在线教育，实施"互联网+教育培训"行动，支持"互联网+教育"教学新模式，发展"互联网+教育"服务新业态。推动各类学习资源开放共享，办好开放大学，发展在线教育和远程教育，整合各类数字教育资源向全社会提供服务。实施产学合作专业综合改革项目，鼓励校企、院企合作办学，深化互联网领域产教融合，依托高校、科研机构、企业的智力资源和研究平台，建立一批联合实训基地。建立企业技术中心和院校对接机制，鼓励企业在院校建立"互联网+"研发机构和实验中心。近年来在线教育发展如图 5-4 所示。

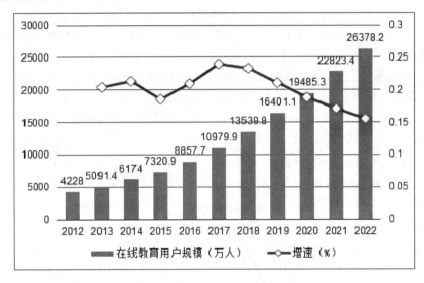

图 5-4　中国在线教育用户规模及增长速度

建设职工电子书屋服务系统和工会理论与实践工作应用资料数据库。这两项载体是《全国工会网上工作纲要(2017—2020 年)》中加强职工网络学习的重要平台。职工电子书屋服务系统可以实现用户管理、电子书查询、权限管理、版权管理等基本功能和在线学习互动等。该系统对已有版权资料进行分类整理，职工可根据个人账号登录系统查询资料。管理员可对系统进行监测，提供职工学习互动、交换心得等操作，可在协同管理中心展示。工会理论与实践工作应用资料数据库存储工会干部学习的理论知识、案例讲解，保存图文资料，实现统一文档共享，按照行业进行分类，帮助检索，具备全文搜索、文档排序、多文件上传、规则应用、权限管理、Office 无缝集成等多种功能。

3) 建设面向产业工人队伍的新媒体矩阵，提升产业工人网络文明素养

习近平总书记指出，网络空间是亿万民众共同的精神家园。要本着对社会负责、对人

民负责的态度，依法加强网络空间治理，加强网络内容建设，做强网上正面宣传，培育积极健康、向上向善的网络文化，用社会主义核心价值观和人类优秀文明成果滋养人心、滋养社会，做到正能量充沛、主旋律高昂，营造一个风清气正的网络空间。对产业工人来说，互联网不仅是一个信息化学习、提升素质的重要载体，也是一个进行社会交流的大平台。因此，要把互联网作为提升产业工人网络文明素养的重要阵地。

(1) **建设面向产业工人队伍的新媒体矩阵。**新媒体是以数字信息技术为基础，以互动传播为特点并具有创新形态的媒体。它对大众提供个性化的内容，传播者和接受者成为对等的交流者，无数的交流者相互间则可以同时进行个性化交流。总的来说，面向产业工人的新媒体主体形式为"两微一端"，即微博、微信和 APP 客户端。微博是目前互联网传播中唯一限制信息发布篇幅的媒介应用，除了具有海量性、即时性、多样化等传统互联网传播特征之外，微博的传播方式趋于简单、碎片化、节点化、社交网络化的特征。微信是一种更快速的即时通信工具，从一诞生就是以用户关系为核心建立起来的强关系社交平台。工会 APP 是各级工会根据全总统一要求，结合各地方需求，充分体现地方特色而建设的移动端网上工会工作载体。通过 APP 实现会员入会、会籍管理、困难帮扶、法律援助、劳模管理、普惠服务、职业培训、就业服务、交互式即时通信等功能，如图 5-5 所示。

图 5-5　企业工会新媒体矩阵示意图

(2) **培育积极健康、向上向善的网络文化。**广泛开展"网聚职工正能量 争做中国好网民"主题活动，通过多种形式的网络素养教育和培训，普及网络安全知识和网络防护技能，倡导文明健康的网络生活方式，教育引导产业工人自觉学习网络知识、掌握网络技能、用好网络技术，不断提升正确认知和应用互联网的能力与水平，形成崇德向善、遵纪守法、文明上网的网络行为习惯，筑牢网络空间行为规范底线，让中国好网民这个重要理念在产业工人中落地生根、付诸行动。不断提升网络文化产品的供给与服务能力，通过开展征集公益广告设计、"科技创新·劳模展示微视频""画面故事""网言网语"以及"网络好职工"读书征文等丰富多彩的职工网络文化创意活动，创建一批体现时代精神、具有影响力和示范性的网络文化精品，寓教于乐、滋人育才，打造好广大产业工人的网上精神家园。

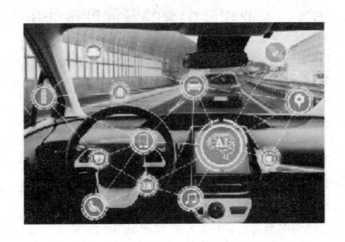

第六章 产业工人队伍发展演化——

技术技能、职业教育与产业工人的发展互动

6.1 工业建设中人的发展理论分析

在《1844 年经济学哲学手稿》《资本论》等重要著作中，马克思以共产主义理论为基础，科学阐述了人的自由全面发展思想。马克思主义认为，人类发展的最高境界是人的自由全面发展和人的本质的真正实现。关于人的发展问题研究，既是一个历史和时代命题，也是马克思主义哲学的一个根本问题。

6.1.1 人的发展的内涵

人是社会建构与社会交往的本质与主体，人的所有活动都依附于社会，都在社会范畴内开展，人的发展离不开社会。所谓人的发展，即人的全面而自由的发展，是一个具有丰富内涵且不断扩展的动态的概念。它伴随着社会的不同程度的发展而不断扩充与更新现实依据和事实依据。

我们这里的"人"，不是指某个具体的人，而是对古往今来、形形色色丰富多彩的具体的人的一种哲学抽象。马克思主义认为，人的本质，在其现实意义上，是一切社会关系的总和。人的发展指人的本质的全面提升：一，人的体力和智力的发展；二，作为现实性本质的社会关系的发展，人与人之间关系朝着一个没有剥削压迫、平等互助、彼此合作、和谐共赢状态前进的发展。

从人类的本质上来看，马克思认为人需要的是体力与智力两方面均衡的相互发展。恩格斯认为"各方面都有能力的人，即能通晓整个生产系统的人。"他指出了人的全面发展的内涵。

在人的依赖关系阶段，由于社会处于蒙昧落后的阶段，生产能力低下，人们的生产生活都只能依赖于一定的社会共同体。在物的依赖阶段，虽然人还是受社会关系的制约与束缚，但是生产力水平有了一定的提高，人们的思想觉悟也逐渐提高，文明社会的特征也初步体现出来，人类的独立自主性已经逐步凸显出来。在人的全面发展阶段，人类已经不再受其他的力量所主导，人们已经拥有了一定的自主权，成为自由个性的人，生产力水平也

有明显的提高，整个国民的素质也有质的飞跃，大家的劳动观念也有改变，人们也拥有了自由支配时间的权利。

人的发展是一个不断创新的过程，是一个不断内化的过程，是一个不断摒弃旧的社会形态而走向理想的新时代的过程，人在以生产力发展为基础的发展过程中，其自由、自主的程度得到不断的提升。

6.1.2　工业建设发展为人提供物质基础

人在赖以生存的社会中生存，必定离不开物质的支持，物质与工业建设息息相关，工业建设的发展带动了物质的发展，并为人们提供了物质基础，从某种意义上说，工业建设发展将推动人类的全面发展。

要大力发展工业建设，就要大力解放和发展生产力。生产力的发展不仅为人类创造了吃、穿、住、行等的物质资料，还为人类提供了一定的创造世界、改变世界的能力。人类为了实现自我生存，满足自我需要，完善自我发展，必须不断地发展生产力，所以生产力的发展水平直接影响着人类社会的工业建设，最终影响着人类的全面发展。没有物质基础的生产力的发展只能是空谈，没有任何物质保障来发展生产力，发展工业建设，个人的自由全面发展只能停留在幻想层面。工业建设的发展为人的自由全面发展提供了坚固的基础和强大的动力；人的自由全面发展也依赖于强盛的工业建设所提供的物质保障。

6.1.3　人的发展推动现代化工业建设

人的发展推动社会现代化工业建设，推动了社会现代智能化工业建设模式。任何生产劳动都是体力劳动与脑力劳动的有机结合。智力的发展在人的发展中占据很重要的一部分。人类在社会劳动生产中提供智力的支持。在工业建设生产中，运用人类的智慧，通过劳动，生产出更加节能、高产量、高质量的产品；尽量用最低的成本、最高的工作效率来获得最大的收益。在社会工业建设中，智能化的生产方式能提高生产效率，从而实现人类的利益最大化。所以，人类智力的发展促进了人的发展，人的发展促进了人类工业建设生产方式的智能化，越来越智能的工业建设生产方式最终促进了社会的不断进步，加快了社会主义现代化工业建设的脚步。

工业建设，在我国目前就是社会主义现代化工业建设，这是一项极其复杂且任重而道远的事情，我们人类作为社会活动的实践者与主体，在这条艰难的道路上，必将面临不计其数的抉择。从战略到战术，从眼前到长远，从经济价值到社会效益，从宏观到微观，从局部到整体，在这些选择中，往往蕴藏着机会与挑战。可以说，一个正确的、理性的、科学的抉择可以推动社会经济、政治、文化的发展，对社会起着积极的作用。换言之，一个错误的、鲁莽的、不科学的抉择会严重阻碍社会历史的发展，甚至会使社会停滞不前或者倒退。选择是一种智慧的体现，只有当做抉择的人不仅智力发展到一定的水平，而且其他方面也全面发展的时候，才能做出正确而科学的选择。这些正确的选择促使社会的向前、向上发展，最终将加快社会主义现代化工业建设的步伐。

6.1.4　自然生产力时期人的发展进程

在历史上人的发展形态由人的依赖向物的依赖转变，与人类社会生产由自给自足的自然生产向社会化、市场化和机器化的大工业生产的转变是同一过程。在 18 世纪，人们依靠科学技术的威力促使人类社会生产生活发生了根本性变革，亦即爆发了工业革命。社会化大工业生产不仅给人们带来了巨大的物质财富，而且打破了人身依附与隶属关系对人的束缚和限制，在人与人之间确立起普遍物化的社会关系，从而造就了孤立的个人。

自然生产力时期既有的简单商品生产是工业生产力形成的内生根据。在自然生产力条件下，社会分工极其简单，人们单一的自然需求基本上由自己生产的物品来满足，自给自足是自然经济最大的特征，其自身固有的封闭性和保守性使得生产力发展异常缓慢。人们在长期的生产实践中不断地积累生产经验，提高劳动技能并制作劳动工具，生产力得到发展。伴随着生产力的不断发展，产生了剩余产品，基于人对物质的追求，分工不同的人们把自己生产的剩余产品拿来互通有无，物物交换，相互交易，以满足各自不同的需要。

最初，交换仅限于原始部落或共同体之间，以共同体的名义进行，不具有独立生产者之间发生的商业经济行为的性质，严格意义上的交换主体尚未确立。而随着生产力的发展，用于交换的剩余产品不断增加，交换的对象和范围不断扩大，人们的交换需求和频率也在增强。这样，受时间和空间限制的物物交换已经无法满足人们多方面的物质需求，人们迫切需要固定充当一般等价物的商品即货币的出现。货币的出现不仅使商品交换实现了在时间和空间上的分离，空前扩大了人们商品交换的对象和范围，使人们多方面需要的满足更加便利和有效，而且使大量不同质的商品有了一般的物质财富形式，人们多方面需要的满足都可以通过货币来实现。

因此，人们为了满足自己多方面需要的商品生产和交换活动最终汇聚成对货币的追求和占有，物质财富成为人们社会生产和生活的目的。随之手工业和商人的出现及其融合，最终促就简单协作的手工业作坊的形成。手工业作坊的进一步发展，必然促使手工业打破固有的行规实现行业内部的分工和生产过程诸环节的分工，进而形成了新的生产联合体即工场手工业。这种新的生产方式为以后的机器化大工业的到来做了准备。新兴资产阶级不惜采取暴力强占、圈占农民土地，把农民赶出自己的家园，使他们成为除了出卖自己的劳动力外别无他途的特殊商品。自然生产力的上述文明积累在一定意义上使得资本完成了原始积累，资本主义生产方式的发展所需的各种条件日趋成熟。但只有到了近代，随着科学技术被广泛应用于生产而引发的产业革命的兴起，资本主义工业生产力才真正确立。建立在自然生产力的文明积累基础之上的近代科技革命，空前激发和扩展了人的物欲及其以货币为目的的商品生产的规模。

在工业生产条件下，人们一方面依靠科技的力量打破了外部自然力对人的长期统治，赢得了自己在自然界中独立的实践主体地位，另一方面则受制于外在的资本和机器化生产体系的驱使，成为依附于资本并附属于机器的客体劳动力，同时工业生产的高度社会化和商品化致使整个社会关系普遍物化，卢卡奇的《历史与阶级意识》里阐述得比较清楚，物化是一种资本主义社会中商品形式的普遍化，直白点说，就是以商品的形式衡量一切社会价值，这种价值观甚至渗透到各种社会关系甚至是自我关系之中。工业化进程的影响是极其广泛而深远的，它深刻地改变了人们的生产和生活方式，塑造了新的社会群体，拓展了经济和技术领域。然而，工业化进程同时也增强了社会分工不均等和利益分配的不稳定性。因此，我们必须思考如何应对工业化的进程，保护我们现有的社会关系，同时也促进科技进步，创造更好的未来。

6.1.5 工业建设中人的发展历程

工业革命是工业文明的历史起点和逻辑起点，也是世界现代化的历史起点和逻辑起点。自从蒸汽机问世以来，世界先后经历了三次工业革命。

第一次工业革命标志着人类从农业文明时代进入工业文明时代。第一次工业革命开始于十八世纪六十年代，其主要标志是蒸汽机，世界工业进入蒸汽机时代。机器取代人力资源，大规模的工厂生产被个别车间的人工生产所取代；传统农业社会开始转变为现代工业社会；机器制造让社会生产力与经济增长速度更上一层楼，而轮船与火车又极大地拓展了人们的活动半径，让相隔万里的国家能够频繁交流。也正是从第一次工业革命开始，地球上各大文明才第一次突破了相对封闭的地域圈子，朝着国际化、全球化的方向不断前进。

第二次工业革命使工业文明进一步发展，人们从此由蒸汽机时代进入了电力时代。第二次工业革命开始于十九世纪中期，主要应用是内燃机的发明和电的扩散。发电机的诞生将人类的历史带到了"电气时代"，伴随着第二次工业革命的科技创新大爆发，某些发达国家的工业总产值超过了农业，而工业体系也由轻工业转为重工业。西方发达国家制度在全球范围内确立，由西方发达国家主导的国际贸易体系框架形成。在电气革命时代，资本积累与商品输出的规模远远超出了蒸汽机革命时代。自从电能与机械能实现互换后，人类的生产生活方式发生了极大的改变。电车让人们的出行更加便利，国际化、全球化发展更进一步。

第三次工业革命的爆发，则将世界带入了空间技术、原子能技术和计算机技术的信息时代。第三次工业革命开始于二十世纪四五十年代，这一时期科技领域又出现了许多新理论与新技术，计算机技术、电子通信技术、空间技术、生物技术、新能源技术、新材料科术等高新科技，为世界带来了一种以信息控制为核心的新工业革命。各种高新科技颠覆了第二次工业革命形成的生产生活方式，其中对世界影响最大的是互联网科技。全球互联网的形成，是第三次工业革命中最重要的成果之一。互联网的诞生标志着人类踏入了信息文明时代。随着互联网技术的扩展延伸，全球经济一体化格局的形成，工业、农业、服务业都发生了翻天覆地的变化。互联网工业革命的规模、深度与影响力，已经远远超过了蒸汽机革命与电气革命。

从现代文明进程来看，每一次的工业革命都会创造巨大的生产力，使生产关系和社会关系都发生深刻的变革。在第三次工业革命的基础上，现代科学技术又发生了重大变革。随着互联网、物联网、物流网、数字化、云计算、工业机器人、智能化等技术的日益完善，第四次工业革命开始悄然拉开帷幕。以智能化生产、互联为核心的第四次工业革命以前所未有的方式改变着现代社会的生产和生活方式。人类社会这一重大变化，要求我们从人的自由全面发展的角度对第四次工业革命进行分析思考，提出新的观点、解决新的问题。

从历史的角度来看，第三次工业革命中诞生的信息通信技术、自动化生产技术和计算机技术，为第四次工业革命的出现奠定了优良的基础。第四次工业革命的核心是智能制造与智能工厂，是以人工智能、新能源、机器人技术、量子信息技术为主的全新科技革命。然而，它超越了技术本身，并将在人际关系、商业模式、思考方法、经济和社会形式以及政治等方面产生巨大变化。在第四次工业革命时代中，人员和机器、机器和零件可以时刻通过智能网络互换信息。整个虚拟世界和物理世界合二为一，智能化和网络化的进步将取代传统生活生产方式。第四次工业革命将全方位地提高人类的生活水平。智能机器人的广泛应用将人类从体力劳动与低端脑力劳动中彻底解放出来。人类可以用更灵活的方式来平衡工作与生活。而智慧城市的构建，将使个性化的智能生活无处不在。将科技与人文、经济社会形态融为一体的第四次工业革命，将让人们生活在一个文明程度、人性化程度更高的环境中。

第四次工业革命渗透到生活的方方面面。第四次工业革命的到来让人们有更多的时间摆脱繁重的脑力劳动，在物质和心理层面体验生活享受生活。人们可以通过智能交通快速到达所有目的地，并可以通过更多样化的社交媒体与地理限制以外的人交流，从而全面促进人的自由发展。

6.1.6　工业建设发展与人的发展的辩证统一

人的全面自由发展与工业建设发展密不可分，在某种程度上，这两者相得益彰。工业建设为人类的自由全面发展创造了一定的条件。资产阶级利用工业建设的发展来开辟资本主义世界市场，他们科学并充分利用工业建设的发展来扩大生产，通过改变生产关系，世界各地区的生产效率得到提升。人们依靠工业建设发展中科学技术进步所带来的成果来保障自身文明的发展。与此同时，工业建设发展中带来的科学技术进步改变了人们思考和交流的方式，工业建设发展的一系列文明的成果已经在人们生活的各个方面有所传播。最能影响人们的是人们思维和沟通方式的变化，这也能促进个人的发展，丰富人们的精神世界。

恩格斯说："在马克思看来，科学是一种在历史中发挥作用的革命力量"，"社会化生产的发展取决于科学在生产中的使用。科学技术的发展，促进了劳动分工和生产规模。人作为生产的主体，社会化生产的发展必然要求提高人的科学文化水平和技能。因为新的工具和机械体系是人制造的，而所有这些科学技术成果，又是人把它运用于生产过程，创造出新的产品。从全面提高人的素质提出问题，最后落到社会化生产形成不断扩大日益丰富的劳动体系和不断扩大日益丰富的需求体系。这两个体系互相推动、互相适应、互相转化，从而使社会化生产向新的更高的水平发展。马克思主义理想中的人的全面自由发展的环境和条件将随之被创造出来"。

在马克思和恩格斯看来，科学技术不是一个孤立的知识体系，而是维护和表明人类的实践经验和实践能力，以工业建设的方式呈现。为了消除真正的困境，走向自由的领域是促进科学技术发展的内在动力。改造自然获得更大的生存优势是推动技术发展的外部动因。在这种背景下，主观世界的转型与客观世界的转变交错在一起，伴随着现代工业建设的全面进步，人类的发展已经渐渐渗入各个层面的社会生活中。第四次工业革命已经来临，人们已经开始实践，智能化的生活已经悄然开启，这些技术会极大地推动工业建设并进一步促进人的自由全面发展。

6.2　产业工人全面发展的当代内涵和实现条件

二十世纪八十年代，低廉的劳动力和空白的市场是当时中国工业的真实写照。40年过去了，在美国等西方发达国家产业转移战略的影响下，大量的劳动密集型产业落户中国，在这个进程中，工业化联动增进了基础设施的大量建设，从而给制造业带来了极大的市场，促进了制造业的迅猛发展，其每一年的增长速率都远超国家 GDP 的增长速率，使中国在世界工厂中排名前列。

中国的制造业之所以能取得如此巨大的成就，靠什么？靠的是人，是这几十年来兢兢业业奋战在一线、努力拼搏、奋发向上的主力军——产业工人队伍。改革开放以来，我国的产业工人做出了卓越的贡献，推动国家从计划经济走向市场经济，同时在国家和社会的重视下，逐步形成了"劳动光荣、技能宝贵、创造伟大"的中国工匠精神。

党中央一贯重视产业工人的建设。2011年以来，国家针对实施制造强国战略、全面提高产业工人素质方面，陆续出台了很多关于产业工人队伍建设的方案和文件，提供了政策遵循和行动指南，推动产业工人全面发展。

6.2.1　产业工人全面发展的当代内涵

前文我们阐述过产业工人的内涵，主要包括在第一产业的农场、林场，第二产业的采矿业、制造业、建筑业和电力、热气燃气及水生产和供应业，以及第三产业的交通、运输、仓储及邮政业和信息传输、软件和信息技术服务业等行业中从事集体生产劳动，以工资收入为生活来源的工人。社会进步，工业建设发展，需要产业工人素质不断提高，那么应该或者说重点提高产业工人哪些方面的素质呢？

2011年，中央组织部、人力资源社会保障部发布《高技能人才队伍建设中长期规划(2010—2020年)》，这是中国第一个高技能人才队伍建设中长期规划；2011年人力资源社会保障部、财政部发布《国家高技能人才振兴计划实施方案》；2017年中共中央国务院发布《新时期产业工人队伍建设改革方案》(以下简称《改革方案》)。

《改革方案》着重提出"构建产业工人技能形成体系"，着力提升产业工人的技能素质。"技能形成体系"的提出，对于构建和形成技能型产业工人的成长、成才、优质发展的环境起到了纲领和指南的作用。也正是有了国家的重视、企业的支持，拼搏向上的产业工人大军中涌现出一大批优秀的高技能人才和他们所带领的人才团队。因此，当代产业工人向技能型产业工人转变是必然趋势。

技能型产业工人是指掌握专业知识和技术，可以解决生产和服务等一线工作实践中的关键技术和流程操作问题的产业工人。他们是一支以知识为基础，技术娴熟，有创新能力的劳动力队伍，是高精尖生产技术的推动者，是创新和创造的源泉。他们是创造社会财富的中坚力量，是创新驱动发展的骨干力量，是实施制造强国战略的有生力量。产业工人全面发展的当代内涵，就是向知识型、技能型、创新型工匠转型。

6.2.2　当代产业工人队伍全面发展的意义

从产业工人的定义可以看出，产业工人存在于社会的各行各业，因此，当代产业工人队伍全面发展，即向技能型产业工人发展具有重要意义。

第一，当代建立一支技术熟练的产业工人队伍有助于经济的发展，也有助于经济竞争力的提高。随着经济的不断发展以及产业结构的不断调整优化升级，我们对产业工人的素质要求也逐渐提高。众所周知，劳动力对劳动生产率的提高和经济的增长有着不可小觑的作用。因此，我们可以说，在一定程度上，只有拥有一支技术熟练、素质过硬的产业工人队伍，才能切实提高我们的自主创新能力，才能真正走上新型工业化道路。产品的竞争才是经济竞争的核心。产业工人的技术水平代表着一个行业、一个地区，甚至一个国家的产品技术水平。在繁复的生产过程中，产业工人直接影响着产品的质量水平。假使某个行业的产品质量和经济效益能够得到保障，那么我们可以说，这个行业最基本的生产和服务一定能够得以顺利开展。因此，提高产业工人的技术水平、搞好产业工人技术人才的队伍建设，不仅能提高企业的自主创新能力，而且能够促进经济的发展，提高经济竞争力。

第二，当代建立一支技术熟练的产业工人队伍有利于供给侧改革的推进。在经济新常态的时代背景之下，经济结构不断调整，产业也不断转型升级，然而，当前行业内人员自身素质参差不齐，难以满足产业结构调整的新需求，由此也需要我们持续推进劳动力的供给侧结构性改革，需要我们建设一支技术熟练的高素质产业人才队伍。要想解决产能过剩的突出问题，实现产业结构调整和经济结构升级的目标，供给侧改革势在必行。这些都对工人们的知识和技能提出了更高的要求。"苟日新、又日新，日日新。"为了满足需求，当代工人必须不断赶上时代进步的步伐，不断学习新的技能和技术。而且，这种学习必须是全面的，要有系统全面的组织指导，只有这样，才能实现"中国制造"向"中国创造"的迈进，才能实现制造业大国向制造业强国的迈进。因此，推进供给侧改革，建设技能型人才队伍正当其时。

第三，当代建立一支技术熟练的产业工人队伍有利于缓解就业压力，有利于缩小贫富差距，实现共同富裕。当前劳动力市场存在着严重的供需不平衡的问题。一面是待就业的工人，另一面却是找不到合适人才的企业；一面是拥有熟练技能、能满足企业需要的人才严重不足，另一面却是企业对熟练工人的需求不断攀升，而且这一看似矛盾的现状大有不断蔓延的趋势。由此可见，加强对工人的技能培训、推进技能型工人队伍的建设，不仅能提高工人们的自身素质，而且还能促进就业，缓解劳动力市场供需不平衡的矛盾。而另一方面，工人们职业技能不断得到提高，必定能够增强其就业能力，提高就业待遇，提升薪酬水平，从而缩小贫富差距。

6.2.3　产业工人全面发展存在的问题

产业工人的全面发展，就是向技能型产业工人的转变。我国在工业化的进程中，总结了很多工人队伍建设中优良的经验和做法，但对照新时代技能型产业工人队伍建设的新要求和广大职工对美好生活的需要，依然存在着一些差距和问题。

1. 技能人才总量不足、高技能产业工人短缺

从地域范围来看，由于具备的资源和能力不同，高技能人才分布不均情况突出，北京、上海等发达城市技能人才的总量和密度比较大，其他新一线、二线、三线等城市相对稀缺；从企业分布来看，国有大中型企业，特别是制造业、能源、环保、电力、信息等行业，集中了绝大部分高素质高技能人才，这样的企业设备齐全，经济实力较强，而相对落后的则是民营的、新兴的中小型企业，在国家大力发展民营经济的政策框架中，可以看出，高技能、高水平的实用性人才十分紧缺，从而导致企业发展落后。

2. 技能人才资源转化率低，产业工人队伍结构不合理

技能人才资源转化率低的直观表现就是人才闲置和浪费现象严重。一批具备专业技术职称的职工工作不饱和甚至下岗闲置在家，这其中不乏有在业内有一定知名度、年富力强、经验丰富的专家，他们的特长没有发挥空间，长此以往，这批技术人员的专业技能得不到锻炼和提升，没有上升空间，导致落后甚至淘汰。经济越落后、越不发达，就导致产业工人队伍与经济发展的匹配度越差。

目前产业工人中还有一个非常庞大且重要的农民工群体，在我国 2 亿左右的产业工人中，农民工占 6 成左右，由于农民工的普通教育水平较低，他们一般集中在劳动密集型产业，如建筑、传统服务和制造业。他们中的绝大多数只关心生活待遇，对技能提升、企业发展等漠不关心，不具备产业工人应有的开拓意识和创新意识，成为适合经济发展所需的技能人才对农民工兄弟来说是个难题，是个如何转变思想意识和行动的难题。

3. 技能人才受重视程度不够，创新创业环境不良

首先，人才资源没有放在第一资源的高度。在发展经济时企业通常首先想到的是资金、项目和设备，在生产实践中，论年纪、论资历、论先来后到，这些人为因素非常明显地阻碍了技能人才发挥主观能动性和积极性。

其次，工人阶级的主人地位并不明显。企业内部没有发挥工会组织的作用，代表工人的声音和力量极其微弱，工人参与政治和政治讨论的作用不够明显，主人的地位也没有得到充分体现。

第三，产业工人队伍结构不稳定。这与国家和社会在一定方面对其重视程度不够有很大关系。员工的身份由于大量外来农民工的加入，发生了巨大的变化，工作单位的不固定性随之增大。社会主义是为了最大限度地满足人民的物质、文化需求，而不是为了剥削。为了降低成本，个别单位不与员工签订劳动合同，也不为员工提供养老金、失业、医疗、工伤等保险，员工缺乏安全保障。

第四，职工技能提升存在机制障碍。没有对产业工人建立完整的培训教育体系，呈现出缺乏顶层设计，培训机制不健全，职教、普教和职业技能培训的联系不协调等现象。由于在生产教育一体化、校企合作、工学结合方面还不完善，导致渠道不顺，且其发展渠道狭窄，成长环境需要进一步改善。没有独立的健全的法律、法规、政策等作为依托，同时这项工作的投入不足，对人力资本的投入与发达国家相比存在很大差距。激励机制不健全，薪酬制度还不能完全体现劳动的价值、贡献、效益，使技能人才缺乏自主投入的内在动力，不能优化激发他们创新创业热情。

6.2.4 实现当代产业工人全面发展的指导原则

要做好当代技能型产业工人队伍建设工作，必须坚持党的领导，把握正确的方向；坚持

服务大局，发挥支撑作用；坚持以人为本，落实主体地位；坚持问题导向，勇于改革创新。要按照"政治上保证、制度上落实、素质上提高、权益上维护"的总体思路，建立适应新时代、新形势、新任务的和产业工人建设所需的体制机制。把握住培养、调动、吸引和使用、更新观念等步骤，注重人力资源和资源建设，注重人才结构优化，注重制度和机制创新发展，重点发展和引进优秀人才队伍。加强党政、工会和企业的结合，充分调动广大产业工人的积极性、主动性、创造性，为当代产业工人提供人才保障、智力支持和创新活力，为实现"两个一百年"奋斗目标、实现中华民族伟大复兴的中国梦更好地发挥产业工人队伍的主力军作用。

工人阶级主人翁地位的重大指导原则是：坚持以人民为中心，充分调动工人阶级和广大劳动群众的积极性、主动性、创造性，全心全意为工人阶级和广大劳动群众谋利益；坚持全心全意依靠工人阶级，要通过制定一系列的法律、法规，动用政治、经济、法律、舆论、行政等一系列手段，切实维护职工合法的民主权利，确保工人阶级的根本利益落到实处；充分发挥工人阶级的主力军作用，无论时代条件如何变化，始终都要崇尚劳动、尊重劳动者，始终重视发挥工人阶级和广大劳动群众的主力军作用。

6.2.5 当代产业工人全面发展的实现条件

1. 注重实用能力，加强教育和培训体系建设

建立产业工人技能培养体系，以实用能力为重点，采取完善产业工人职业教育体系、提高培训教师综合素质、优化职业技能培训机制和硬件设施、健全产业工人技能评价机制、实施农民工技能提升计划等措施。落实国务院关于实施终身职业技能培训体系的意见，鼓励和引导广大职工通过各种形式和渠道树立终身学习理念，带动职工学习与创新能力的提高。整合各级各类培训资源，构建优势互补、覆盖全国教育培训网络，形成大规模技能型人才培养的新格局。

依托社会化培训机构，逐步形成以高等院校、科研院所、职业技术学校和高级技工学校为依托的人才培养教育体系，加大对产业工人的操作培训、技能培训及安全生产培训，积极争取国家政策倾斜，对各大院校和科研机构实行鼓励培养高端人才的机制，遵循系统性、科学性、目标一致性、可操作性、可比性原则，在短期内，把学科体系、基础体系、管理体系和职业资格认证体系按照时代的要求建立起来。大力开展网络教育和远程教育，利用互联网推动产业工人建设，包括加强产业工人网络学习和网络服务两个平台的建设。力争做到对全市的教育培训网络体系进行全覆盖。建立有竞争力的公共和私营部门提供公共服务的模式，促使学习与培养常态化、系统化，以学习促进实践创新。

针对重大项目和重点岗位，特别是支柱产业、新兴产业和现代服务业，以优质、高效、安全、环保、节能为主要内容，开展多层次、多元化的绩效竞赛。组织动员大多数员工进行创新，争取卓越，并为创新创业做出贡献。

2. 解放思想更新观念，调整和优化人才结构

加快建立和完善人才市场体系，完成人力资源市场配置。履行政策监督和服务职责，引导劳资关系的有序发展，强力执行劳动合同制度，从源头规范劳动关系。鼓励企业加大对员工教育和培训资金的投入，拓宽员工职业技能提升的渠道。全方位、多渠道规划员工事业，拓展高技能人才的职业发展空间。建立科学、动态的职业指导体系。以员工职业规划方向和有序稳定发展为前提，在人力资源社会部门的依托下，建立就业市场信息资源库，推动职业教育体系的不断完善，并与产业工人的就业需求相匹配。

3. 创新体制和机制，激发技能人才创造活力

我们必须解放思想，更新观念，不断创新，用科学的人才观指导我们的实践，推进我们的工作。我们所处的这个时代，鼓励先进、树立典型已成为时代潮流，优化技术人才发展环境就是让技能人才成为产业工人的主流队伍。实施产业工人发展的激励政策，从拓宽职业发展空间、深化劳动和技能竞赛、提高产业工人待遇三个方面提出要求；必须建立健全产业工人队伍建设支持体系，必须完善财政投入机制，必须完善经济权力保护机制，明确而具体地对产业工人建设的社会环境提出要求。

(1) **科学推动产业工人队伍管理**。坚持党委统一领导，加强各方面政策支持，建立工作模式，促进产业工人队伍建设，规范相关政策法规。以科学化、人性化的模式进行管理；以优化的收入分配制度，为产业工人解决长远的后顾之忧。提高产业工人队伍政治地位，在选举党代表、全国人大代表、各级政协委员时，应积极向一线工作者倾斜，确保他们有权参与国家事务管理，及时倾听他们的声音，真正把工人阶级置于主人的位置。

(2) **加强产业工人权益保障**。认真贯彻落实《劳动法》，执行劳动合同、工资待遇、社会保险等各方面的规定，尊重劳动、按劳分配，切实维护职工依法取得劳动报酬的权益。在物质激励的基础上附加精神激励和发展激励是市场经济的属性。以精神奖励为重点，以发展激励为核心，鼓励人才的工作热情，增强工作的积极性。有必要探讨关键岗位和人才收入分配的政策倾斜问题。在安全生产方面，要确保必要的安全生产投入，加强员工安全教育，不断改善劳动安全卫生条件，做好职业病危害防治工作，保障劳动力的健康、安全，让广大职工有幸福感。

随着新的征程和新的使命的召唤，广大产业工人要继续发挥工人阶级主力军作用，坚持中国道路、弘扬中华民族精神、团结力量，为中华民族的伟大复兴谱写绚丽的华章！

6.3 智能化背景下产业工人队伍发展分析

以智能化为核心的新一轮工业革命正在影响着全球经济发展，各国纷纷推出战略计划，

实施智能化赋能，抢占新一轮经济发展的制高点。工业智能化的概念最早是于2011年在德国汉诺威工业博览会上提出的，并在2013年的汉诺威工业博览会上被德国正式确定为重要发展战略，工业智能化由此在国际上受到了前所未有的关注。

美国、德国等国家先后推出"工业互联网"与"工业4.0"的战略计划，尝试借助工业再升级和智能化转型创造出经济增长新动能。我国也发布了《中国制造2025》，以此推进实施制造强国战略。智能化技术在驱动经济增长的同时，也加速了不同技能产业工人群体的分化。智能化技术的广泛普及改变了传统的生产方式及劳动过程，工业机器人替代大量低技能产业工人完成简单程序化的工作，低技能产业工人需求大幅减少，这一劳动群体面临着前所未有的困境，而对高技能产业工人的需求却空前迫切，产业工人技能结构在客观上趋向于高级化。尽管工业智能化的正式提出不过数十年，但其发展并不是一蹴而就的，而是自十九世纪开始孵化并稳步向前发展。

6.3.1　智能化背景下产业工人发展的意义

中国作为全球经济体的重要组成部分，正处于传统增长动能衰减和转向高质量发展的关键时期。近年来，国内工业机器人的生产和使用数量逐步增加，对产业工人技能结构正在产生着深刻的影响。但不同于西方工业强国，一方面我国的工业智能化发展并未建立在完备的工业化和信息化之上，在推动智能化的同时还要夯实工业基础，工业智能化在我国的发展有更多的不确定性，其对产业工人市场的影响可能还受到其他因素的制约。另一方面，我国区域经济发展不均衡，人口老龄化现象突出，第三产业发展滞后，诸多的特定因素使得工业智能化驱动我国产业工人技能结构升级的机制更为复杂。因此，立足国情，探索工业智能化背景下产业工人发展路径对实现我国经济高质量发展至关重要。

6.3.2　智能化背景下产业工人的现状

产业工人一直以来都是经济活动的重要支撑，受外界条件的影响，市场对产业工人的需求时刻在变化着。学界对此非常关注，关于产业工人影响因素的研究也较为丰硕。研究者们发现，产业工人市场不仅会改变对工人数量的需求，更多的可能是改变了对产业工人技能的需求。

在技术进步视角下，从经济发展初期至今经历过数次技术革命，而不同技术主导的技术进步会对技能需求产生差异影响。所以，早在手工业时代，机械化的技术进步使得原来复杂繁琐的工作可以轻而易举地由机器完成，手工艺工人因此失去大量的就业机会，而操控机器是简单易上手的低门槛工作，完全可以胜任该工作的非熟练工人占领了劳动力市场。当时资本家对利润的追求，使工资低、规模大的低技能工人占领了劳动力市场，经济发展初期的技术进步表现为低技能偏向性。随着技术水平的提升，技术进步改变了产业工人的技能需求，尤其是目前广泛应用的自动化和智能化技术表现出了强烈的技能偏向性特征。比以往技术进步影响范围更广、程度更深的智能化技术会对产业工人市场产生颠覆性影响，从事常规性工作的中等技能产业工人在此次技术革命中受到前所未有的冲击，产业工人技能需求呈现"两极化"趋势，即对高技能和低技能劳动力需求增加，而对中等技能劳动力的需求下降。

近年来世界范围内正在广泛经历着以智能化技术为核心的新一轮工业革命，这对经济社会产生了深远的影响，而工业智能化技能偏向性的特点也使其对产业工人技能需求的影响尤为显著。技能偏向性技术进步理论认为技术与技能是相辅相成的，高技能产业工人能适应新技术环境，具备使用新技术的能力以胜任新工作，而低技能产业工人则面临着被新技术替代的危险。智能化技术会替代低技能产业工人完成大量简单任务，同时也会创造技能要求更高的复杂工作，而这部分工作通常只能由技能水平较高的高技能产业工人完成，产业工人市场需求不断向高技能人才倾斜。

6.3.3 智能化背景下产业工人队伍发展的实证分析

纵观国外文献发现，国外关于工业智能化对劳动力影响的研究较早，相关研究较为全面，研究结论也较为一致，即工业智能化的广泛应用将替代中等技能劳动力，而对高技能劳动力和低技能劳动力的需求则明显增加，劳动力技能需求呈现"两极化"趋势。与国外研究不同，国内对于该问题的研究结论存在争议，部分学者认为我国劳动力技能需求同样呈现"两极化"趋势，但也有学者提出相反观点，认为我国劳动力技能需求呈现"单极化"趋势，究其原因，我国区域发展不均衡、人口老龄化问题突出、第三产业发展滞后等因素影响着工业智能化背景下劳动力技能需求的趋势。

国内外的众多文献为劳动力技能需求的研究提供了文献支撑，但梳理现有文献发现，目前学界对劳动力影响的研究主要将其分为不同技能群体进行独立分析，鲜有学者聚焦整体研究劳动力技能结构，事实上分析整体影响有助于劳动力技能结构优化升级，对推进我国经济高质量发展至关重要。而且已有研究大多只关注智能化技术对不同技能劳动力需求的净影响，忽略了与其他因素的交互影响，这与现实并不相符。即使有少数学者关注到智能化技术与其他因素的交互影响，但也只是简单地引入交互项来分析这种影响关系，研究方法过于粗糙，所得结论的科学性欠佳。

1. 对高技能产业工人需求的作用

在现有研究的基础上，通过进一步剖析智能化技术改变产业工人技能需求的本质，我们发现工业智能化对高技能产业工人需求的作用可以分为新岗位创造效应、生产率效应和互补效应。

其一，**新岗位创造效应**。工业智能化的诞生是从技术的研发设计开始的，技术的复杂性和创新性意味只有掌握最前沿知识的高技能人才能完成这项任务，工业智能化从一开始就对高技能产业工人产生巨大需求，并且随着技术的迭代更新会产生更多关于软件编程、数据分析、智能传感等知识技术密集的工作岗位，这些工作蕴含了超高的技能水平，高技能产业工人无疑是进入这些新工作岗位的合适人选。

其二，**生产率效应**。工业智能化的应用使部分生产环节实现了自动化和智能化，极大地提升了生产效率，这也在一定程度上提高了例如研发、设计、维修等非自动化环节的就业率，技能产业工人需求增加。

其三，**互补效应**。尽管智能化技术的应用场景越来越丰富，功能越来越强大，但还是有许多任务是智能设备无法独立完成的。智能技术执行的是重复性和常规性的任务，但对于复杂性和非常规性的任务却无计可施，而高技能人才具有综合分析并灵活解决问题的能力，与智能设备相互补充，二者互相促进，工业智能化进程的不断推进增大了高技能产业工人的市场占比。

同时，高技能产业工人因其完备的知识体系而拥有更高的生产效率和更低的学习成本，这一群体不仅能快速适应新技术环境，而且还可以在工作中充分发挥干中学效应，有利于激发技术创新，高技能产业工人所具有的优势与工业智能化相辅相成。

2. 对低技能产业工人需求的影响

与高技能产业工人相比，工业智能化对低技能产业工人需求的影响更为复杂，可将其作用分为替代效应、规模扩张效应、新岗位创造效应和生产率效应。

其一，**替代效应**。与前三次工业革命类似，工业智能化的广泛应用使得生产制造等行业实现了大范围自动化生产，率先替代了一批体力产业工人，而且，工业智能化的智能特性还会替代部分常规性、程序化的工作岗位，而这些工作几乎都由低技能产业工人完成，对这一劳动力群体的需求大幅下降。近年来，我国人口红利消失，劳动力成本上涨，迫切需要新技术来改善生产困境，而与日益上涨的人力成本相比，逐渐成熟的工业智能化具有低替代成本的比较优势，加速了低技能产业工人被替代的进程。

其二，**规模扩张效应**。智能化技术的应用极大地提升了产品的生产效率，降低了产品价格和生产成本，市场需求因此增加，进而刺激企业扩大生产规模，生产的各个环节也相应扩充了用工数量，为低技能产业工人带来一线生机。但是，新技术带来的高生产率也加快了同质产品的更新换代，部分企业因为技术和设备原因无法提供最新产品而失去市场，企业为保证企业的正常运转很可能会缩减规模和裁员，导致智能化技术对低技能产业工人的规模扩张作用受到限制。

其三，**新岗位创造效应**。智能化技术发展的同时也会创造新的行业、领域，从而衍生出新型岗位。但针对低技能产业工人的新岗位创造效应却在现实中存在阻碍，低技能产业工人掌握的知识有限，相比高技能产业工人而言技能培训成本更高，在岗位转换过程中处于劣势地位，所以新岗位创造效应在低技能群体中的作用非常微弱。

其四，**生产率效应**。生产效率的提升减少了产品的时间成本，产业工人有更多的空闲时间可以去学习知识，提升自身素质，尤其是对于低技能产业工人而言是提升技能水平的绝佳契机。

综上所述，工业智能化通过新岗位创造效应、生产率效应和互补效应提高了对高技能产业工人的需求。通过替代效应降低了对低技能产业工人的需求，而通过规模扩张效应和新岗位创造效应增加了对低技能产业工人的需求。但结合实际发现，规模扩张效应和新岗位创造效应都只是起到辅助作用，而替代效应才是工业智能化对低技能产业工人的主导作用，降低了低技能产业工人的需求。高技能产业工人需求的增加和低技能产业工人需求的减少提升了整个产业工人群体的技能水平，进而推动产业工人队伍全面发展。

6.4　智能化背景下技术技能、职业教育与产业工人发展互动分析

在科技日新月异的现代社会，一个合格的产业工人必须是掌握先进的科学技术的产业工人。随着现代科学技术的发展，科技成果广泛应用于生产，现代社会的工厂自动化、办公自动化和家庭自动化已逐步向工厂智能化、办公智能化和家庭智能化等社会智能化的方向转变，此外还有农业生产与管理智能化及未来将会普及的城乡一体化、智能化。智能化生产工具与过去生产力中的生产工具不一样的是，它不是一件孤立分散的东西，而是一个具有庞大规模的、自上而下的、有组织的信息网络体系。这种网络性生产工具将改变人们的生产方式、工作方式、学习方式、交往方式、生活方式、思维方式等，将使人类社会发生极其深刻的变化。

6.4.1　产业工人与技术技能

产业工人分为技术产业工人与非技术产业工人，两者是不同的劳动力资源。不是任何一种劳动力都可以出售，只有生产需要的劳动力才具有经济价值，而技术使产业工人的劳动力变得可以出售，所以获得技术技能就成为关键。

20世纪以来，由于科技的进步、机器的复杂化，对技术产业工人的需求增加。产业工人阶层分为三个群体：

(1) 高技术的产业工人，这是一个增长的阶层，他们越来越多地与工程师和白领雇员相融合；

(2) 半技术产业工人，这是一个稳定的阶层，他们具有特殊的工业劳动经验；

(3) 无技术产业工人，这是一个日益减少的阶层。

产业工人的阶层位置虽然较低，但在工业社会中发挥着不可替代的功能，是整个工业社会的基础。产业工人的技术技能培养在现代社会中已经有了专门的职业学校来承担，同时在工厂，企业也在强化对这种职业群体技能的训练。

6.4.2 职业教育的社会职能

职业教育狭义的概念指在职业学校传授职业技能，广义的概念还包括学徒训练、企业培训、机构培训。

职业教育具有三大社会职能：

(1) **整合功能**。通过职业教育，可以把一批又一批具有一定知识技能的劳动力统合到社会经济结构中去。

(2) **平等化功能**。职业教育本身就是一部平等化机器，它提供了"公平竞争"的阶梯，不管社会背景如何，人人都可以凭自己的才智和努力，在这个阶梯上往上爬，接受教育越多，今后的经济成就和社会地位就越高。

(3) **发展职能**。职业教育能促进人的充分而圆满的发展。

6.4.3 职业教育的阶级再生产功能

职业教育固然有增加个体收入和就业机会以及降低社会的失业危机等方面的益处，但是在某种程度上职业教育也承担了阶级再生产的功用。其内在的机制简单说来，可以归结为以下几个方面：

其一，进入职业学校的往往是家庭经济和社会地位都比较低的阶层的学生，而且这些学生多是普通教育的失败者；

其二，目前的职业教育课程与实际操作脱节，不能使学生在接受教育之后获得良好的技术；

其三，学生在毕业之后往往从事的是工资比较低、技术含量也较低、缺少保障的工作。

随着国家现代化进程和市场经济进程的推进，以职业分工为阶层定位基本依据的趋向越来越明显，产业工人阶层分化出了以体力劳动为主的蓝领工人、以脑力劳动为主的白领工人以及介于两者之间的技术蓝领工人。

6.4.4 职业教育的现状

从我国职业教育现状来看，首先，学生入学时期就表现出综合素质偏低的特征，且大多数学生是在与同龄人中的较量中，因为文化水平和综合实力相对较弱而被迫进入职业院校的，实际上是一种无奈的选择。其次，职业院校整体而言水平有限，很少有响亮的学校为大众所熟知，导致了社会认可度低，且这些学校的教育模式也弊端突出，教学内容缺乏对学生综合素质的培养，与实践需要差距甚远；教学形式相对单一，固守传统方式，革新力度不足；教学年限相对较短，学生还未真正掌握技能便被慌促推向市场。

最后，从师资力量上看，职业院校优秀教师匮乏，教研团队有针对性地进行课程开发的能力严重不足，且一部分兼职教师属于企业技术骨干，只能在生产工作之余为学生上课，教学时间严重不足。总之，多种因素共同导致了职业教育教学效果普遍不佳的现实，人才培养的总体目标也难以达成。

6.4.5　国内产业工人的现状

为适应当前产业升级需求，我国亟待大批优秀的产业工人，但我国实际的现状却是产业工人队伍技术技能素质偏低，以致完全无法支撑起国家产业发展战略，与经济发展形成掣肘。中国制造业的转型升级动力不足在一定程度上是源于高素质产业工人的缺乏。因此，需要提升产业工人技术技能为经济发展助力。

我国当前产业工人素质之所以不高是因为我国的职业教育未能跟上社会形势的发展。提高劳动者的素质，为经济社会发展提供稳定的高素质劳动人才是开展职业教育的终极目的。客观上，我国职业教育历史虽然悠久，也培养出一定的人才，但总体上与我国市场化需求还不相适应，并未为国家发展提供大批定制化人才。因此，可以认定我国职业教育发展之路仍在探索之中。

6.4.6　新时代技术技能、职业教育与产业工人互动发展

新时代提升产业工人技术技能的关键在教育。因此，要探索建立与社会主义现代化相配套的职业教育制度，拓宽产业工人发展的可能性，帮助产业工人成长成才。

我国已建立起庞大的职业教育体系，但却一直遭到诟病，归根到底与职业教育没有培养出社会真正所需的人才有关。而职业教育在教育内容上的弊端成为矛盾的攻击点，因此要针对职业院校进行教学改革，为企业发展培养对口专业人才。

首先，**关于课程设置**，要结合产业工人队伍目前所处的实际状况与整体水平，把行业与企业的需求作为向导，设置双方都能接受并且认同的课程。

其次，**关于课程内容**，要尽量避免出现传统落后的现象。内容的选择要彰显新时代的诸多变化，同时加大对课程内容的开发力度，并在此基础上做出及时更新，把更多符合时代要求的内容补充进职业教育当中。

再次，**关于理论课与操作课的衔接**，不能只顾某一方面，要坚持使学校课程与企业相对接，选拔一批优秀的企业作为实践基地，让学习者有充分的自由去选择更加适合自己的企业。

最后，**关于师资力量**，要建立高素质师资队伍。师资水平对于教学质量具有重要影响。然而在我国师资却成为制约职业教育深入发展的因素，这主要表现为师资整体水平不高，且缺乏终身教育通道。鉴于职业教育的实践性，要探索建立职业教育教师进修制度，教师除了应该加强学历教育，努力提升自己综合素质外，也应该增加企业研学经历，充实自己的教学经验。

在 2004 年《关于进一步加强职业教育工作的若干意见》中，首次提出"技术技能人才"的说法。技术与技能两个词语的有机结合，也说明社会对人才的双重需求，也就是说，职业教育的目标逐渐转变为培养技术技能型的人才。社会不仅需要技术型的人才，更需要技能型的人才，那么职业院校作为培养的主体，就承担了不可或缺的作用。

产业工人通过在高质量的职业院校学习，掌握相应的技术技能，然后通过大量的实践，又会提升技术技能，甚至进行创新，实践和创新之间不断互助发展。

新时代以来，在如何提升产业工人技术技能方面，我国提出了很多新颖的观点，做出了很多重要的举措，这对促进我国产业工人全面发展，弘扬我国产业工人优良传统以及继续保持我国产业工人的先进属性具有重要意义。因此，新时代中国产业工人队伍建设要坚持与时俱进的观念，更好地体现时代性，不断增强自身发展活力。

第七章 人工智能时代产业工人队伍改革发展面临的挑战及对策

7.1 人工智能时代产业工人发展面临的挑战

人工智能的进步给人类生产、生活、思维、交往等方面带来了翻天覆地的影响，也引起了人们对其风险的关注。人工智能是一种具有远大前途的、新兴的技术，但同时也是尚未成熟，难以预料的颠覆性技术。人工智能技术的不断发展弱化了产业工人的主体能力，加剧了科技的异化，对产业工人的劳动权利和人类隐私与现有法律体系带来了冲击和挑战。

7.1.1 人工智能弱化产业工人的主体能力

人工智能技术的研发在很大程度上弱化了产业工人的主体能力。对智能高新技术的使用，易使产业工人沉溺于智能载体新事物中，使得产业工人在面对困难时首先想到的是借助智能载体来解决问题，导致产业工人的实践能力、创新能力被削弱。受智能环境的影响，产业工人的主体能动性和个性受到人工智能载体在时间和空间上的制约，从而弱化了产业工人的主体能动性。

1. 弱化产业工人的实践能力、创新意识与创新能力

人工智能技术的进一步发展在某些层面上会削弱产业工人的主体能力。随着智能技术越来越多地植入产业工人的日常生活，产业工人在生活中将面临着失去智能载体就瘫痪的可能。人工智能技术存在的意义主要是为了在产业工人劳动存在不足时进行弥补，用以减轻产业工人在劳动中的负担，进而大大提升产业工人工作的效率。但是，随着人工智能载体的广泛使用，产业工人的实践动手能力却明显弱化，这一趋势尤其体现在新一代青年群体身上，遇到困难时，产业工人首先想到的是借助智能体来解决问题。作为主体的产业工人要想提高自己的素质、能力，需要不断挖掘自身潜在能力，并通过实践将其转变为现实能力，但是，在人工智能的环境中，产业工人失去智能体犹如失去了大脑，人工智能的发展在一定程度上剥夺了产业工人的创新意识与创新能力。对人工智能的过分依赖，将造成产业工人的思维异化，弱化产业工人的主体能力。

2. 减弱产业工人的主体能动性，削弱产业工人的个性

产业工人的主观能动性因人工智能的广泛使用在一定程度上不断减弱。不得不认识到，人工智能的出现和发展在诸多层面弱化了产业工人的情感认知力，使产业工人不再像以往那样，能动地反映客观事物，而常常是被动地接收。人工智能的主体性与人类智能的主体性在上述情形下产生了错位和颠倒。产业工人的认知能力是以满足人自身的需求为出发点的。人工智能时代，在受到客观人工智能环境的影响后，产业工人的主体能力反而受到人工智能载体的制约，这样一来，产业工人的主体认知能力反而在不经意间转化成了人工智能载体的附庸之物，从而减弱了产业工人的主体能动性。对人工智能载体的依赖使得产业工人丧失了灵活的应变能力，如智能机器人的出现，使得产业工人的反应速度比以前迟钝了，要增强产业工人的主体能动性就需要培养人的逆向思维能力，突破常规的机械性人工智能逻辑。

7.1.2 人工智能加剧科技的异化

人工智能时代，科技异化的表现是多方面的，其中最为主要的表现是利用社会的影响来增加对产业工人的控制，进而对产业工人的意识产生影响，同时在产业工人的认识论方面设置了隐形的"框架"。除此之外，科技异化还体现在部分产业工人对科学技术的过度崇拜所导致的科学"迷信"等。

1. 人工智能技术使产业工人失去"自由自觉"的特性

人工智能时代，人工智能科技的普遍使用，给产业工人"自由自觉"的活动带来了新的挑战，表现在科技力量对产业工人的直接和间接控制上。人工智能科技是通过对社会各个领域的渗透来达到对产业工人的间接控制的。人工智能科技通过削弱产业工人的主体地位和主体力量来实现对产业工人的直接控制。产业工人的本质力量在其发展过程中始终不能脱离实践和创造，产业工人的主体地位保持亦是如此。而当机器大大影响产业工人的劳动实践和创造性发展时，产业工人的发展就无从谈起。在智能科技面前，产业工人丧失了独立思考、自由判断的能力，沉迷于智能技术带来的舒适环境和各种智能服务功能，导致的结果是产业工人的生活压力加剧，生存空间缩小，产业工人的自我实践能力被减弱。因此，产业工人只能在其固有的规则制度内进行简单的、重复性动作或活动。

2. 人工智能技术制约产业工人的认识框架

人工智能与人类认识之间存在着一定的联系和相互影响，人工智能科技现已成为产业工人认识事物和世界的支配力量。在人工智能时代背景下，产业工人的认识能力有了质的飞跃，埃吕尔、温纳等技术哲学家指出，过去的机器由于缺乏智能，为了提高生产效率，产业工人必须配合机器，这样就使得产业工人通常需要"三班倒"，在这个阶段，产业工人

的自主性是被牺牲了的。如马丁·海德格尔将现代技术比喻为巨大的框架，他在其"存在"的哲学理论中认为：技术时代的威胁来自技术的框架。随着科学技术的进一步发展，人们的所有认识都打上了科技的烙印，人们通过科学技术认识周围的事物。因此，产业工人对外界的所有认识必然受到这个"框架"的制约。

人工智能科技是人的产物，同时也是人类用来改造自然的工具，对产业工人的发展起着重大的反作用。人工智能时代的今天，这种反作用已经转换成了一种主导作用。在科学技术的不断推动下，产业工人对世界的认识逐步对象化，"将一切事物'框架'为自己的储备物，不断地膨胀自我主体意识和力量，不断地限定和强求、谋算事物，包括产业工人本身也成为了储备物——人力资源。在科学技术的框架中，事物的发展被局限于一种样式。"人工智能的迅猛发展，一方面为产业工人的发展提供了必要的物质基础，但另一方面，产业工人的所有认识都被打上了人工智能科技的痕迹，产业工人的认识能力被无形地制约了。

7.1.3 人工智能科技载体挑战产业工人的劳动权利

人工智能的广泛使用使得部分产业工人的劳动权利受到挑战。自由自觉的活动是人类的本质，产业工人的本质通过劳动体现出来，产业工人在劳动过程中肯定自我，实现自我价值。然而，随着人工智能的普遍使用，部分劳动者的劳动权利将受到威胁，产业工人将面临失业和就业不公的问题。

1. 人工智能技术使产业工人面临失业风险

智能化背景下越来越多的岗位将被人工智能取代。人工智能的问世在很大程度上是为了提升产业工人的工作效率，尤其是在产业工人劳动强度和能力难以覆盖的领域。但随着人工智能的进一步发展，人工智能机器挑战着产业工人的劳动权利，出现机器排挤产业工人的趋势。也正是因为人工智能效率高、不畏惧高强度劳动的特点，单纯依靠产业工人个体简单劳动行为就能实现的岗位逐渐被优化甚至被彻底淘汰。

首先摆在我们面前的是一个简单的事实，工厂里的产业工人已经被自动化机器所代替，从而使得大批产业工人减少了工作机会。当今是人工智能的时代，人工智能越强大，人工智能技术达到的层次越高，产业工人劳动存在的局限和单一性就会越加凸显。尽管在目前的认知领域，我们仍然认为，"现如今能够思维的人脑的存在仍然是一个奇迹"。但人工智能不仅能够替代简单劳动的产业工人，而且开始慢慢影响中产阶级已是不争的事实，在人工智能突飞猛进的优势面前，产业工人的劳动能力已然望尘莫及。

智能机器人的大量使用可能严重破坏可选职业的多样性。随着人工智能技术的进一步发展，单调的、劳作性的工作岗位大多已被智能机器所取代，新机器的不断出现，更多职业被取代也将是不可避免的。日本的一项调查显示，601 种职业中，将近 49% 的产业工人现在从事的工作可以被人工智能机器人代替，这就表明，智能化机器人的广泛使用，更多产业工人将面临失业的危机，产业工人可选择的职业减少，可选职业的多样性将被严重破坏。

2. 人工智能对就业公平带来的挑战

人工智能的进一步发展在一定程度上会加剧就业不平等。随着人工智能深度学习技术的发展，其对就业结构的影响将更为广泛，涉及生活的方方面面，从餐饮服务、库房物品搬运，到高等教育、医学诊断、法律行业等等。作为新一轮的技术革命，人工智能在经济效益及资源分配方面将产生较大的差异性，这主要表现在如下三个方面：

1) 就业地区间的不平等将进一步加剧

首先，经济发达与欠发达地区就业情况本就不平等，人工智能时代下这种地区间的不平等就愈加明显。经济发达地区人工智能发展较快，欠发达地区人工智能整体发展缓慢，人工智能科技的发展将进一步拉大地区间的就业差距，未来地区间就业结构及收入将出现较大的不平等现象。其次，城乡就业不平等现象加剧。人工智能技术的发展应用会进一步扩大城乡间的发展差距，随着人工智能技术在发达城市的发展，劳动力城市化将愈来愈严重。

2) 就业行业间的不公平进一步加剧

随着高新科技的发展，未来人才、技术和资金都将推动人工智能转化为生产力与社会物质财富，非技术类行业(传统行业)的生产力相对落后，物质财富的转换较为落后。其次，人工智能技术的发展会降低企业的生产成本，提高企业的生产效率，有利于促进大企业的形成；大型企业将不断推动技术优化，从而保持竞争中的领先地位，相反，规模小、实力弱的企业将在竞争中处于劣势。

3) 就业群体间的不公平将进一步加剧

人工智能技术的发展，使得财富聚集在上层少数人手中，而人工智能的风险却在下层聚集，造成富者越富，贫者越贫的现象，劳动力需求变化带来的失业和收入差距不断加大，这些都有可能成为人工智能时代新的社会不稳定因素。图 7-1 分析了人工智能对就业的影响。

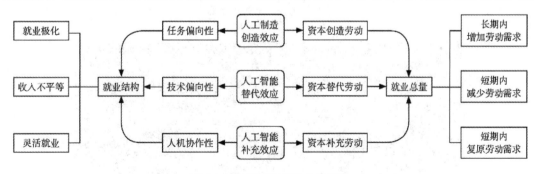

图 7-1　人工智能对就业的影响

7.2 人工智能时代产业工人全面发展的路径选择

7.2.1 传承勤学苦干的劳模精神

1. 用科学理论武装头脑，厚植精神家园

习近平总书记指出："理论上清醒，政治上才能坚定。坚定的理想信念，必须建立在对马克思主义的深刻理解之上，建立在对历史规律的深刻把握之上。"他认为，只有真正学懂弄通了马克思主义基本原理，领会了马克思主义立场、观点、方法，才能认识和准确地把握"三大规律"，才能坚定理想信念。

2. 发扬实干精神，统一理想与现实

忘记远大理想，离开实际工作空谈远大理想，都是不切实际的表现。因此，既要"顶天"，又要"立地"；既要志存高远，又要脚踏实地，把"顶天"的理想落实到"立地"的行动中去。习近平总书记指出，是否具有理想信念是有客观标准的，这个标准主要是指勤勉的工作、实实在在的行动。

3. 勤学苦干，弘扬劳模精神

在长期实践中，我们培育形成了爱岗敬业、争创一流、艰苦奋斗、勇于创新、淡泊名利、甘于奉献的劳模精神。无论是在革命战争年代、社会主义建设时期、改革开放时期抑或是进入新时代以来，无数劳动模范以高度的责任感和忘我的拼搏奉献鼓舞广大群众，带动群众锐意进取共同奋斗，推动了我国经济社会发展，形成了伟大的劳模精神，诠释了社会主义核心价值观。伟大事业需要伟大精神，新时代的产业工人更需要深刻掌握好劳模精神的思想内核，树立劳动最光荣的价值观，弘扬劳模精神，并把劳模精神融入自己的日常实践中。劳模精神的内涵如图 7-2 所示。

劳 模 精 神

爱岗敬业、争创一流、艰苦奋斗
勇于创新、淡泊名利、甘于奉献

劳模精神、劳动精神、工匠精神是以爱国主义为核心的民族精神和以改革创新为核心的
时代精神的生动体现，是鼓舞全党全国各族人民风雨无阻、勇敢前进的强大精神动力。

★★★★

[2020年11月24日习近平在全国劳动模范和先进工作者表彰大会上的讲话]

图 7-2 劳模精神的内涵

7.2.2 讲究精益求精的工匠精神

1. 敢于担当，遇难题迎难而上

面临的任务越重、矛盾越多、难度越大，产业工人越要牢固树立进取意识、机遇意识、责任意识，越需要产业工人大力倡导和弘扬敢于担当的精神；担当大小，体现着一个人的胸怀、勇气、格调，有多大担当才能干多大的事业。坚持原则、敢于担当是新时代产业工人必须具备的基本素质，敢于担当就是一种责任，就是敢于鲜明旗帜，敢于较真碰硬。

2. 讲究奉献，以集体利益为重

新时代产业工人要讲奉献，就是要把集体利益放在首位，始终做到兢兢业业，脚踏实地地为自己的事业做贡献，更要乐于付出，勤勉敬业，尽自己最大的努力，做好自身的本职工作，真正做到奉献不为索取，谋事不为谋利，不看重名利得失，荣辱进退。

3. 精益求精，传承工匠精神

不管在以前还是人工智能时代，工匠始终是中国制造业的重要力量，工匠精神始终是创新创业的重要精神源泉。中国制造、中国创造需要培养更多高技能人才和大国工匠，需要激励更多劳动者走技能成才、技能报国之路，更需要大力弘扬工匠精神，为经济社会发展注入充沛动力。因此，需要产业工人在长期实践中，形成"执着专注、精益求精、一丝不苟、追求卓越的工匠精神"。如图 7-3 所示总结了工匠精神的内涵。

图 7-3　工匠精神的内涵

7.2.3 发扬敢为人先的创新精神

1. 持续学习，不断提高技能素质

人工智能时代可以随时随地学习，不受时间和空间限制，要利用"互联网+教育"的优

势，积极探索自主学习新思路，不断提高自己的技能素质。结合各方面的学习平台，不断补充自己的知识短板，让自己在行业中越来越有竞争力。积极参与各项培训，真正做到"活到老，学到老"。

2. 积极参与劳技竞赛和科技创新

积极参与劳技竞赛，面对新形势新任务，调动学业务、钻技能、争当创新骨干的积极性，通过"赛场练兵"，在竞赛中检验技能，查找不足，提升水平，提高自己的综合业务素质。围绕工作中的难点痛点，以提高效率、提升质量、创新技术、安全生产和节能减排等为重点，积极参与小革新、小发明、小改造、小设计、小建议"五小"创新活动，不断激发自己的科技创新热情。

3. 敢为人先，发扬创新精神

万变不离其宗，懂技术会创新是新时代产业工人立身之本，也是产业工人成长为"大国工匠"的基本要求，发扬创新精神，是新时代产业工人全面发展的必备要素。新时代产业工人需要在关键领域和核心技术上全力攻关，在培育新技术、新产品、新业态、新模式上大胆探索，闯出新路子，展现新作为。

7.3　人工智能时代促进产业工人全面发展的合理性建议

7.3.1　提升产业工人政治地位

1. 筑牢思想根基

以科学的理论武装产业工人，加强理想信念教育，深入学习宣传贯彻习近平新时代中国特色社会主义思想，增强"四个意识"，坚定"四个自信"，做到"两个维护"，坚定不移地听党话、跟党走，不断增强职业认同感和自豪感。以丰富的活动凝聚产业工人，把产业工人思想政治建设融入企业文化建设和制度建设；加强社会公德、职业道德、家庭美德、个人品德建设，强化职业精神和职业素养教育，在产业工人中广泛培育和践行社会主义核心价值观。

2. 强化党建创新

加大在产业工人中发展党员的力度，将党员发展指导性计划指标向产业工人领域适当倾斜，重视在生产服务一线、重要创新领域、重大工程项目的产业工人中培养发展党员，重视在劳模工匠、技术能手、创新人才等优秀产业工人骨干中培养发展党员，提高工人党员的比例。

3. 保障参政议政

适当增加产业工人在各级党代会、人代会、政协会议、工会、团委、妇联代表大会代表和委员会委员中的比例。建立完善的产业工人在人民团体挂职和兼职制度。探索在新就业形态下劳动者集中的头部企业中建立协商协调机制，推动健全协调劳动关系三方机制、政府和工会联席会议制度等，有效调整和规范劳动关系。坚持企业重大决策听取产业工人意见，涉及产业工人切身利益的重大问题必须经职代会审议通过；完善职工董事制度、职工监事制度，保证产业工人以主人翁姿态有效参与企业管理。

7.3.2 维护产业工人合法权益

1. 健全完善产业工人经济权益保障制度

保障就业机会公平，实现更高质量就业。完善工资平等协商机制、正常增长机制、支付保障机制，健全向一线产业工人倾斜的分配制度。明确提高技术工人待遇相关政策规定，完善体现技能价值激励导向的薪酬分配制度，健全技能人才培养、考核、使用、待遇相统一的激励机制，推进人才引进激励政策向优秀产业工人特别是高技能人才倾斜。加大创新能力、现场解决问题能力和业绩贡献在技术工人评价中的权重，将评价结果与待遇挂钩，激发产业工人创新创造活力。鼓励规模以上企业完善首席技师制度，引导企业设置技能津贴、班组长津贴、师带徒津贴等各类津贴。健全技术工人创新成果按要素参与分配制度，支持优质项目享受促进科技成果转化政策。

2. 健全完善产业工人维权服务制度

加强对涉及产业工人权益的发展规划、政策举措、重大决策的调查研究和分析论证，健全党政主导的维权服务机制，推进劳动就业、收入分配、社会保障、劳动保护、生产安全、技能培训、休息休假、文化生活等方面的改革，做细做实维权服务项目，使维权服务工作由粗放型管理向精准化服务发展。建立工会、人力资源社会保障部门、司法行政部门、法院共同参与的劳动争议多元化解机制，依法调节处理劳动关系矛盾。加强劳动关系发展态势监测、分析研判、风险排查化解、应急处置功能，维护产业工人队伍团结统一与社会和谐稳定。保障产业工人职业健康权益，监督企业严格遵守国家职业卫生标准，落实职业病预防措施，坚守职业健康"红线"。

7.3.3 提高产业工人技能素质

1. 将产业工人技术技能素质提升与个人成长成才相结合

将产业工人技术技能素质提升与个人成长成才相结合，在提升产业工人的技能水平和素质的同时，拓展产业工人晋升发展渠道，畅通产业工人流动渠道，健全公共就业服务体系，让有能力有付出的产业工人看到职场上升的渠道和空间，更大程度地促进产业工人提升自我技能和素质的意愿和初心。

2. 将产业工人技术技能素质提升与劳动技能竞赛相结合

将产业工人技术技能素质提升与劳动技能竞赛相结合，通过真刀实干的比拼，一方面进一步激发产业工人学习、钻研技术技能的积极性，推动产业工人技能素质跃上新台阶，实现"以赛促学、以赛促训"；另一方面通过竞赛体现产业工人个人价值，改善就业，满足广大产业工人对美好生活的向往；第三方面通过多层次技能竞赛，助推"工匠"精神，为产业工人搭建成长"云梯"，推动由"工"向"匠"的转变，同时营造劳动光荣、技能宝贵、创造伟大的社会风尚。

3. 将产业工人技术技能素质提升与劳模创新创效相结合

将产业工人技术技能素质提升与劳模创新创效相结合，以创建劳模创新工作室为引领，发挥劳模(职工)创新工作室的典型示范作用，激发全体产业工人的热情；汇聚众智，群策群力，让广大职工的创新创效"金点子"、精细管理"妙招儿"、节支降本"绝活儿"汇聚成智慧宝库。提高全员创新创效能力，既在企业提质增效和高质量发展中起到了不可忽视的作用，同时又促进产业工人发展成为知识型、技能型、创新型的复合型人才。

4. 将产业工人技术技能素质提升与产业工人培训相结合

将产业工人技术技能素质提升与产业工人培训相结合，即推广"五联"培训模式，整合政府、企业、工会、社会多方资源力量，构建产业工人入职即入学的终身技能培训平台，促进产业工人技术技能素质提升，为产业工人终身学习、提升技能提供有力支持和通畅渠道。"五联"培训模式即职业院校与企业"双向联合"、理论老师和实践师傅"双师联力"、线上学习与线下实践"双线联动"、职业技能竞赛与创新成果评比"双赛联创"、劳模(金牌工匠、高技能人才)工作室与专家(教授)工作室"双室联手"。

7.3.4 提升服务产业工人水平

1. 强化政府职能的精准履行

运用现代信息技术，摸清产业工人需求，做好公共服务的顶层设计。充分利用大数据技术，借助网格化服务管理模式对产业工人进行公共服务需求摸底，从而形成产业工人公共服务需求数据库，并以此来优化公共服务供给结构，强化公共服务的有效供给。此外，在维护城市空间整体规划的前提下，围绕产业工人的基本需求，牵头搭建公共服务平台，优化城市公共服务设施布局与建设。

2. 大力建设并推广"数字工会"

运用大数据、互联网、云计算等现代信息技术，打造"数字工会"服务职工平台，建设工会组织和会员实名制管理、普惠服务项目管理、职工医疗互助管理、融媒体矩阵、工会业务管理、大数据分析运用系统，搭建结构清晰、数据准确、动态管理的工会会员基础数据库。推动各地区各部门、各有关企事业单位及工会组织相关信息互联互通、数据共享，厘清各部门数据管理及共享的权利和义务，打通数据壁垒，消除信息孤岛。回应产业工人关切的问题，有针对性地开发服务项目，完善"互联网＋"普惠性服务，提供网上入会转会、医疗、就业、帮扶救助、法律援助和日常生活优惠等服务，构建以产业工人需求为导向、以产业工人服务为核心、以产业工人服务卡为载体、以信息系统为支撑、以品牌建设为抓手、网上网下融合的工会"互联网+"普惠职工工作体系。智慧工会架构示例如图 7-4 所示。

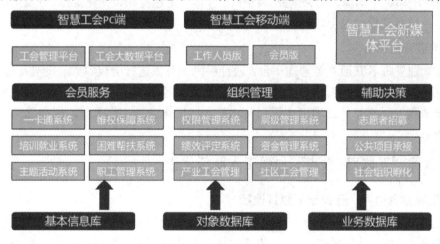

图 7-4　智慧工会架构

7.4　人工智能时代促进产业工人改革的合理性对策

7.4.1　借助"互联网+党建"强化思想政治建设

在人工智能时代，可以借助"互联网+党建"推进党建工作的智慧化，通过提高产业工人群体的政治觉悟，从而带动整个产业工人群体的发展，让产业工人心有所属。通过创新思想政治工作方式方法，提升产业工人主人翁意识，注重培养产业工人的理想信念、职业精神和职业素养，弘扬三种精神。注重产业工人的培育和挖掘，广泛开展形式多样、接地气、通俗化、互助式的宣讲活动，努力营造劳动光荣的社会风尚和精益求精的敬业风气。

1. 构建党建大数据

通过构建党建大数据，整合党员信息、党组织信息，管理者登录数据平台系统，就可以直接了解到党员的基本信息、党员诉求和学习状况、党组织分布和数量，以及党费交纳情况等基本数据信息，让管理者可通过数据分析了解党建整体状况，以便对基层党建进行动态跟踪和针对性管理。

2. 发展移动党务

基层党员可以利用手机移动网络传播速度快、覆盖范围广的优势，充分利用碎片化时间进行随时随地的党建学习，并通过学习社区进行学习交流、沟通探讨，实现党建学习教育形式"由传统向现代、由封闭向开放、由实体向虚拟"的突破。移动党务的核心功能应该有：两学一做、中国梦、一带一路、两个一百年、党建视频、党建资讯、专题学习小组、学习心得、党章党规学习等。

3. 推进智能党务

可为党建管理者开通党务管理平台，通过手机端可以进行会议签到、投票及结果统计、党委信息通知、党务工作汇报、会议查看、党费交纳等活动，并可开通书记直通车功能，使得传统繁琐的日常党务管理工作得到简化整合，优化党务工作流程，提高党务工作办理效率和质量。

7.4.2 依靠"互联网+教育"加强工人队伍建设

1. 拓展教育边界，开辟新的教育途径

计算机技术、信息技术、大数据技术等先进技术的飞速发展，标志着新媒体时代的到来，它拓宽了传统教育的传播范围、传播方式以及传播渠道，职业教育也要利用新媒体手段开辟新的教育途径，以开放、透明、包容的视角，搭建全方位、全时段、多层次、立体化的学习平台。一方面，职业院校在课程设置上应打通在校学生和校外产业工人学习的界限，设立线上学习平台，提供优质共享、开放灵活、低成本、全天候的教育资源，为产业工人提供工作之余的学习机会，创造终身学习的便利条件，让产业工人技有所长。另一方面，聘任校外专家开展网络课堂、网络讲座，传授生产实践中积累的职业技能，补足在校学生课堂学习的短板。

同时，利用创办微信公众号、设立网络论坛、微课慕课、网上测评系统等手段，形成高效、快捷的网络自主学习系统，通过微信群、QQ群、直播网站等新型社交媒体和学员开展互动。和一线企业开展合作，开展模拟商务活动、模拟生产活动等模拟实训活动，使线上的学员身临其境地进行技能演练和培训，充分实现职业教育在新媒体环境下对产业工人的技能形成的培养路径。

2. 建立产业工人基础数据库和学习资源数据库

建立产业工人队伍基础数据库，一方面是产业工人基本信息的采集和登记，另一方面

也是更重要的就是运用云计算的资源分布式存储技术与大数据分布式数据库技术，统一数据采集项目和采集标准，及时准确掌握产业工人的生产生活、技术技能和思想状况，推动各地区、各部门、各有关企事业单位及工会组织的相关信息互通互联、数据共享。加强顶层设计和统筹规划，明确各部门数据共享的范围边界和使用方式，打通数据壁垒，对产业工人队伍的基本状态进行常态的跟踪，对产业工人技能水平进行评估和测试，形成基于大数据的全过程、全方位的综合素质评价系统。互联网同时也改变了产业工人的传统学习模式，移动学习、双向实时互动学习、网上社区等种种学习形式的出现，丰富了产业工人学习的内容和形式。

因此，构建产业工人学习资源数据库，需要整合职业技术院校的在线教育培训资源，通过构建校企合作的优质教育资源建设联盟，为产业工人提供专业齐全的实操案例、模拟实训、工匠讲坛等在线学习资源，以满足产业工人在线学习的需求，形成线上线下有机结合的网络化泛在学习新模式，全面提升产业工人队伍的技能水平。

3. 校企合作

产业工人的技能形成始于职业教育。现代职业教育是构建产业工人技能形成体系的基础，对于推进产业工人队伍建设具有重要意义。在互联网背景下加强和推动产业工人队伍建设，可以借助互联网有效解决产业工人供需矛盾，实现技能人才供需的有效衔接。从需求侧来看，企业可以依托产业工人队伍信息平台，基于产业工人基础数据库中的信息，明确企业所需要的技能人才数量和类型，向有关职业院校发布企业人才需求的信息，消除人才招聘过程的信息不对称，提高信息传递效率，构建职业院校与企业间高效联系沟通的机制。从供给侧来看，产业工人队伍信息平台可以有效地整合企业培训资源和职业院校的教育资源，利用企业的设备与技术优势，与职业院校共同开发产业工人技能提升和培养的优质教学资源，使企业在实践教学、实习实训、课题研究等方面与职业院校展开积极合作，形成深度融合的校企合作模式。

7.4.3 打造"互联网+平台"拓展工人发展空间

1. 用"互联网+"打开劳动和技能竞赛新大门

探索在人工智能新背景、新产业、新业态、新组织中开展竞赛的有效途径，推进各领域、各行业构建常态化岗位练兵、制度化劳动竞赛的组织体系和机制，让产业工人念有所期。持续推动竞赛技术标准与国家竞赛标准、世界竞赛标准相衔接，提高职业技能竞赛科学化、规范化、专业化水平。

创建"互联网+"信息化竞赛平台，创新竞赛形式，拓宽参赛边界，创新劳动和技能竞赛的形式与内容，建立健全竞赛同劳模评选、职称评定、技术等级认定、工资收入等相融合的体制机制，提升竞赛活动质效水平。聚焦经济社会发展重点领域，以国家和省重大战略、重大工程、重大项目、重点产业和重大活动为主要阵地，以建设知识型、技能型、创新型产业工人队伍为重点，搭建产业工人展示平台，组织优秀产业工人参与世界技能大赛、全国技能大赛。

2. 广泛开展职工技术创新活动

通过线上线下相结合的形式，开展以产品创新、管理创新、服务创新等为主要内容的职工技术创新活动，鼓励支持产业工人参与技术创新中心、制造业创新中心建设。通过微信、QQ 群、网页等网络传播手段，提高产业工人技术创新信息传播的广度和深度，将产业工人技术创新工作适当"放大"，通过宣传辐射效应，吸引更多产业工人对创新给予关注，让广大产业工人看到职工技术创新工作的魅力。

借助网络在更广泛的区域内推进行业企业建立职工创新工作室、劳模和工匠人才创新工作室、技能大师工作室，组建跨区域、跨行业、跨企业的创新工作室联盟，联合高校、职业院校(技工院校)和科研机构，构建线上+线下的智慧创新创业平台。大力开展产业工人创新项目孵化工作，通过举办职工创新成果展，开展职工优秀创新成果交流活动，为职工搭建展示平台。

7.4.4 推行"互联网+服务"建设网上职工之家

1. 打造"有温度"的智慧工会服务平台

认真落实党中央关于群团改革工作的部署要求，把增强政治性、先进性、群众性贯穿工会深化改革创新全过程，推进学习型、实干型、服务型、创新型、廉洁型、节约型工会建设，充分发挥工会作为党联系职工群众的桥梁纽带作用、国家政权的重要社会支柱作用、职工利益的代表者维护者作用。

按照"统筹结合"原则，搭建"互联网+"智慧工会体系，遵循"职工在哪里、工作的触角就要延伸到哪里""职工需要在哪里、服务的支架就要架设到哪里"的原则，将权益维护、困难救助、教育培训、技能提升、创新创优、文体活动等纳入服务体系，为职工提供更直接、更精准、更普惠、更便捷、更暖心的服务帮助。

2. 推进"互联网+"普惠性服务

推进"互联网+"普惠性服务，以产业工人队伍信息平台为基础，运用大数据、云计算等技术对产业工人队伍基础数据库和学习资源数据库中的数据信息进行分析处理，更加迅速地动态了解产业工人的多样化需求，实现服务职工工作的有机整合。做到各项服务可记录、可追溯，打造方便快捷、务实高效的服务职工新通道，提高工会服务产业工人的精准化水平，更好地满足产业工人的个性化需求，进一步密切工会与产业工人的联系，使工会服务更加直接，更加深入，更加贴近职工群众，让产业工人行有所靠。

把智慧工会+智慧服务相结合，通过"学、惠、乐"三方面打造"互联网+"服务升级版，发挥深度优势、拓展服务广度。通过推行"菜单式"体检、疗休养"自助游"等，细化服务工作，引入民生信息服务资源，让"普惠"服务更便捷。以"互联网+"形式开展活动，同时不断深入践行"快乐工作、健康生活"理念，不断引导员工参与体育、文化活动，让文体活动的参加方式更加多元。

参 考 文 献

[1] 施瓦布. 第四次工业革命[M]. 北京：中信出版社，2016: 11-91.

[2] 连玉明，张涛，宋希贤. 大数据蓝皮书：中国大数据发展报告 No. 4[M]. 北京社会科学文献出版社，2020: 13-44.

[3] 中国互联网络信息中心. 第 48 次中国互联网络发展状况统计报告[R]. 2021: 15-36.

[4] 德勤. 全球人工智能发展白皮书[R]. 2019: 19-30.

[5] 中华全国总工会研究室编. 产业工人队伍建设改革进行时[M]. 北京：中国工人出版社，2018: 32-51.

[6] 中华全国总工会研究室编. 中国工人阶级四十年(1978-2018)[M]. 北京：中国工人出版社，2018: 8-27.

[7] 高靓. 锻造大国工匠　奠基中国制造：新中国 70 年职业教育改革发展历程[N]. 中国教育报，2019-09-27(01).

[8] 李旭辉，彭勃，程刚，魏瑞斌. 长江经济带人工智能产业发展趋势演进及空间非均衡特征研究[J]. 情报杂志，2020，39(05): 190-201+189.

[9] 金双龙，隆云滔，陈立松，刘叶婷. 基于文本分析的区域人工智能产业政策研究[J] 改革与战略，2020，36(3): 44-53.

[10] 刘叶婷，隆云滔，唐斯斯. 中国人工智能产业发展现状与策略研究：以五大城市群为例[J]. 东北财经大学学报，2020，(05): 82-89.

[11] 赵玉林，高裕. 技术创新对高技术产业全球价值链升级的驱动作用：来自湖北省高技术产业的证据[J]. 科技进步与对策，2019，36(3): 52-60.

[12] 赵越，苏鑫. 中国大数据产业创新系统协同演化机制：基于哈肯模型的实证分析[J]. 技术经济与管理研究，2021(3): 106-111.

[13] 余维新，熊文明，顾新. 关键核心技术领域产学研协同创新障碍及攻关机制[J]. 技术与创新管理，2021，42(2): 127-134.

[14] 郭凯明. 人工智能发展、产业结构转型升级与劳动收入份额变动[J]. 管理世界，2019，35(7): 60-77+202-203.

[15] 宋琪，谷灏. 政策"工具－功能"视角下人工智能产业央地政策研究[J].科学与社会，2022，12(01): 84-102.

[16] 张涛，马海群. 基于文本相似度计算的我国人工智能政策比较研究[J]. 情报杂志，2021，40(01): 39-47+24.

[17] 石伟平，郝天聪. 从校企合作到产教融合：我国职业教育办学模式改革的思维转向[J]. 教育发展研究，2019，39(01): 1-9.

[18] 王继平. 30 年中国职业教育的回顾、思考和展望[J]. 职业技术教育，2008(30): 45-46.

[19] 王扬南. 新时代新要求、新目标新行动:职业教育改革发展迈入新阶段[J]. 中国职业技术教育，2019(7): 5-8.